GREEN INFRA STRUCTURE

決定版！グリーンインフラ

編 グリーンインフラ研究会
三菱UFJリサーチ＆コンサルティング
日経コンストラクション

日経BP社

国内外のグリーンインフラ

下はシンガポールのビシャン・パーク。公園と一体的に整備され、多機能型の都市型河川公園として生まれ変わった。上は整備前。直線的で画一的な河川断面だった（写真：Ramboll Studio Dreiseitl）
▶216ページ参照

2016年3月にリニューアルされた横浜市のグランモール公園。保水性レンガの下には、雨水を貯留、浸透し、蒸発散作用を通して大気を冷却するグリーンインフラの要素技術を活用した(写真:日経コンストラクション) ▶119ページ参照

京都学園大学の京都太秦キャンパス。京都の伝統的な枯山水庭園の持つ「雨庭機能」をデザインに取り入れて、自生種や地域性種苗などを導入した(写真:百生 太亮) ▶134ページ参照

東京都調布市にある深大寺門前。水神の沙悟浄を祭る深沙大王寺があり、都西郊に位置する都市河川である野川では有数の湧水拠点。貴重なグリーンインフラの資産だ（写真：神谷 博）
▶173ページ参照

グリーンインフラの先進都市の一つである米国・ポートランド市。駐車場と歩道の間に緑溝（植栽された線状の窪地）を整備している（写真：加藤 禎久）　▶207ページ参照

佐賀県北部を流れる松浦川の河口から15.6kmの位置にあるアザメの瀬。水田を買収し、氾濫を許容する地区とすることで下流域の洪水流量を低減している。上は平常時、左は洪水時の様子（写真：林 博徳）
▶314ページ参照

2015年に東京都港区に整備された下水処理場「芝浦水再生センター」。処理施設の上部を人工地盤化して、商業施設と事務所の複合用途の高層ビル「品川シーズンテラス」を建設した。様々な生態系を提供する（写真：SS）
▶228ページ参照

食用や土砂流出防止などの目的で植えられたモウソウチクが無居住区域に拡大している例。居住地としての機能が不要となった場所を適切に管理することもグリーンインフラの重要な役割だ（写真：深澤 圭太）
▶ 333 ページ参照

静岡市にある麻機遊水地。洪水時に水害を防ぐだけでなく、平常時には地域住民にレクリエーションや環境学習の場を提供する。適切に管理すれば生物多様性の保全にも寄与する（写真：西廣 淳）　▶ 198 ページ参照

北海道中部の日本海側に面した石狩海岸。国内では、大都市圏内において開発されずに自然状態のまま残っている海岸砂丘は珍しい。自己修復能力を備えたメンテナンスフリーの自然堤防として注目が集まる(写真:谷 彩音) ▶294ページ参照

積水ハウスは2001年から、「3本は野鳥のために、2本は蝶のために」という思いを込めて、「5本の樹」と名付けた在来種を活かした緑化を進めている(写真:積水ハウス)
▶144ページ参照

ニカラグアの山岳地域における農地と放牧地の景観。河川流域の森林管理や植林事業を通じて、水土保全機能の回復を踏まえた防災対策を実施した（写真：川島 裕）　▶352ページ参照

首都高速道路の大橋ジャンクションの屋上に整備された「目黒天空庭園」。周囲の高層マンションなどと渡り廊下で接続してある。水田がつくられ、地元の小学生が昔ながらの農作業を体験するイベントが毎年開催されている（写真：安川 千秋）　▶164ページ参照

CONTENTS

国内外のグリーンインフラ ——————————————————— 2
プロローグ ————————————————————————— 12
欧州委員会よりメッセージ ——————————————————— 14
米国・ポートランド市よりメッセージ ———————————————— 16

第1部　グリーンインフラって？ ———————————————— 19
　グリーンインフラとは ————————————————————— 20
　なぜ今、グリーンインフラが求められるのか ——————————————— 25

第2部　高まるグリーンインフラへの注目！ —————————— 43
　先行する欧米のグリーンインフラから学ぶ ———————————————— 44
　日本のグリーンインフラに関する政策動向 ———————————————— 58
　学術分野における検討状況 ——————————————————— 70
　減災のためのグリーンインフラ —————————————————— 81
　グリーンインフラ・ビジネスの可能性 ———————————————— 89

第3部　グリーンインフラ実践編 ——————————————— 99
　庭から国土まで、グリーンインフラの広がりを俯瞰する ——————————— 100
　▶都市
　　1. 公園・緑地：地震大国・日本の都市を支える公園緑地 ———————————— 108
　　2. 都市緑化：自然の力を、都市のちからに！ ——————————————— 119
　　[コラム1] 駿河台ビル周辺の緑化と雨水マネジメント ———————————— 132
　　3. 庭：都市は雨庭でよみがえる ——————————————————— 134

CONTENTS

[コラム2] グリーンインフラとしての宅地 —————————————— 144
4. 都市農地：都市農地のグリーンインフラとしての活用 ————— 146
5. 緑道：緑道―低環境負荷型多機能交通網― ———————————— 155
6. 道路：道路のグリーンインフラ化に向けて ——————————— 164
7. 河川：都市河川における雨水活用とレクリエーション ————— 173
8. 河川：荒川流域での協働のエコネット ————————————— 184
[コラム3] 自然を守り増やすJHEP認証 ——————————————— 196
9. 遊水地：グリーンインフラとしての遊水地 ——————————— 198
10. 公園・緑地：米国ポートランド市での敷地・街区スケールの取り組み — 207
11. 公園・緑地：都市スケールのグリーンインフラ、ビジョンとアプローチ — 216
[コラム4] 下水処理場に生まれた都市部のグリーンインフラ「品川シーズンテラス」— 228
12. 公園・緑地：ニューヨーク市周辺のグリーンインフラとこれからの都市生態学 — 230
13. 公園・緑地：ロンドングリーングリッド計画 —————————— 241
[コラム5] ビオ ネット イニシアチブ ——————————————— 252
14. 公園・緑地：持続可能な土地利用とグリーンインフラ ————— 254
[コラム6] 持続可能な土地利用を加速させるABINC認証 ——————— 265
15. 空地：「空」マネジメントによるグリーンインフラ整備 ———— 268

▶農山漁村

16. 農地：農地・農業用施設はグリーンインフラの形成にどう貢献できるか？ — 275
17. 森林：市民参加による景観保全と森林セラピーの両立 ————— 283
18. 海岸：グリーンインフラとしての海岸砂丘系 —————————— 294
19. 海岸：グリーンインフラとしての海岸湿地・干潟 ——————— 304

［コラム7］人口減少、気候変動下におけるグリーンインフラ ──── 312
20. 遊水地：アザメの瀬と加茂川流域再生 ──────────── 314
21. 集落：地域がつなぐグリーンインフラ ──────────── 324
22. 集落：無人化地域のグリーンインフラ ──────────── 333
23. 森林：グリーンインフラの経済評価 ───────────── 343
［コラム8］東日本大震災とEco-DRR ─────────────── 350
24. 森林：国際協力におけるEco-DRRの事例 ─────────── 352

第4部　将来のグリーンインフラは？ ─────────── 365
鼎談「これまでのグリーンインフラ、これからのグリーンインフラ」──── 366

執筆者、コラム執筆者一覧 ────────────────── 387
グリーンインフラ研究会など編者の紹介 ─────────── 390

プロローグ

　自然の多様な機能を活用したインフラ・土地利用である「グリーンインフラ」は、二つの意味で革新的な概念である。一つは、環境のプラスの価値に光を当てること。もう一つは、協働によるイノベーションの創出である。20世紀以降、環境問題の対策は、基本的に環境負荷の削減というマイナスの改善であった。しかしグリーンインフラは、環境の持つプラスの価値により社会課題の解決を狙うものであり、環境へのアプローチを大きく変えている。

　国内外の社会課題を挙げれば、環境問題だけでなく、経済成長の鈍化、資源・エネルギーの枯渇、人口減少・高齢化、災害リスクの高まりなど、枚挙にいとまがない。しかし近年、多くの社会課題の解決に向けて、多様な学問や主体の協働によるイノベーションが進んでいる。グリーンインフラも、まさに分野横断的、統合的なアプローチであり、環境価値を軸とした協働によるイノベーションを生み出すための概念と言える。

　多様な分野の実務家、専門家と一緒になり、2014年4月にグリーンインフラ研究会を立ち上げ、新たな概念であるグリーンインフラの可能性について数多くの議論を重ねてきた。本書は研究会の議論を土台にしつつ、グリーンインフラに関わる第一線の実務家、専門家に国内外のグリーンインフラの動向、実例について執筆してもらった。その結果、日本のグリーンインフラの現状を最も幅広く捉えている書籍に仕上がったと自負している。

　読者の皆様が、本書から多様な主体や学問における取り組みとグリーンインフラとのつながりを発見して頂くことで、日本のグリーンインフラの議論、事業、研究がより一層活性化するきっかけになれば幸いである。

　なお、本書の出版においては、50人の執筆者をはじめ、本研究会の関係者、三菱UFJリサーチ＆コンサルティングの皆様から多大なご協力、ご支援を頂いた。この場を借りて、厚くお礼を申し上げたい。

著者を代表して　西田 貴明

私がなぜグリーンインフラの考え方に魅せられ、グリーンインフラ研究会の立ち上げや新たな国土計画にグリーンインフラを盛り込むことに至ったのか、その背景について触れておきたい。

　私自身、自然環境行政に携わる中で、これまでの関係者の大変な努力と熱意にもかかわらず、自然保護を直接の目的ないしは地域にそのように受け止められてしまった結果、地域の理解や資金、人材が十分に得られない事例を幾つか目の当たりにし、何か良い策はないかと常々思っていた。それに対するヒントを与えてくれたのが現地で担当した新潟県・佐渡におけるトキの野生復帰プロジェクトである。このときに心掛けたのは、トキの自然保護を直接の目的とするのではなく、トキと自然環境を活用し、地域の経済や社会を活性化することにより、結果としてトキの自然保護につなげるという発想の転換であった。

　実際にトキのプレミアム米などが誕生し、自然保護と地域の活性化の双方に相乗効果をもたらしている。この経験がグリーンインフラ政策立案の際の大きな原動力となった。他方、今後の成熟社会の実現のためには、従来の分野ごとの課題解決型や部分最適のアプローチから、分野間の連携と協働による未来創造型や全体最適といった新たなアプローチが必要となる。この新たなアプローチこそグリーンインフラがとるべき道そのものであり、まずはグリーンインフラの考え方を一人でも多くの方に知っていただきたいという思いで誕生したのが本書である。

　本研究会が目指す次のステージは、グリーンインフラの地域社会への実装である。できない理由ではなく、「どうやったらできるのか」を本書を手に取って下さった皆様と一緒に考え、行動したい。おわりに、これまでお世話になった全ての方々に、この場を借りて心より感謝を申し上げたい。

著者を代表して　岩浅 有記

欧州委員会よりメッセージ

　2013年に欧州委員会（EC）は、「欧州内の都市並びに地方におけるグリーンインフラの発展を推進すること」を目的としたグリーンインフラ戦略を採択しました。これは、国連生物多様性条約に基づく「愛知ターゲット」や「2020年までの欧州連合（EU）における生物多様性戦略」、特に後者で、2020年までにグリーンインフラを導入し、さらに劣化した生態系の少なくとも15％を回復することで、生態系およびその生態系サービスを維持または向上させる目標を達成する上での重要なステップであると言えます。

　グリーンインフラは、広範な生態系サービスを提供するために策定・管理された、多様な環境的要素を伴う自然および半自然区域の戦略的・計画的ネットワークと定義できます。都市部におけるみどりの空間（水域生態系を対象とするならば青の空間）や沿岸域を含むその他の陸域、海域の物理的特徴を内包する概念です。

　みどりのネットワークは、人々と自然の双方に有益です。生活の質を改善し、グリーン経済を支え、社会的なつながりを強めることに貢献します。さらに、生物多様性の保全に寄与し、水質や大気の浄化、レクリエーション機会の提供、気候変動の緩和や適応などで、主要な生態系サービスを守ることにもつながります。そのほか、災害のレジリエンスやリスク管理の改善にも寄与します。

　欧州や日本で頻繁に発生する恐れのある洪水や土砂崩れ、雪崩、山火事などによる被害は、グリーンインフラ（例えば、機能的な氾濫原や川辺林の整備、森林保護など）によって低減できることが多いです。また、自然の持つ創造力や防御力、供給力、適応力を利用する費用対効果の高い手法とも言えます。そのためグリーンインフラは、都市部および地方における土地・空間利用計画に生態学的知見や持続可能性を組み込む際、より論理的な意思決定手法を提供できるのでしょう。

EUの自然保護ネットワークである「Nature2000」は、EUの全加盟国（28カ国）における2万7000カ所以上の保護区によって構成されています。こうした保護区ネットワークは、EUの自然保護に関する法制度に基づいて策定されており、EU国土の18%以上、海域の6%以上を占めているのです。Nature2000は、欧州のグリーンインフラの中核であり、非常に多くの自然と文化遺産を支えています。こうした欧州の文化・自然的遺産を保全、回復し、持続的に利用することが、グリーンインフラのさらなる発展の鍵となります。

　欧州の地理的構成要素（山脈、河川、森林、野生動物の移動経路など）の多くは国境をまたいでおり、EUにおいて共有される自然や文化遺産、アイデンティティーの一部となっています。そのため、こうした構成要素の適正管理には、協調的かつ統合的な行動と、全欧州的なビジョンが必要です。こうした統合的な取り組みは、グリーンインフラのための欧州横断ネットワーク（TEN-G）と言われており、その発展は欧州における象徴的な生態系のレジリエンスや持続力を確保する上で重要な役割を果たし、社会的・経済的な利益にも貢献するでしょう。ECは現在、EU理事会および各地域のEU議会やEU委員会から寄せられているTEN-Gに関する要望を考慮しつつ、グリーンインフラに関する調査を進めています。

　今後EU・日本間の協力関係をより強固にし、この革新的で持続可能な解決策の開発を進めていけることを期待しています。

Julie Raynal
European Commission
Directorate-General for the Environment Unit D2-Biodiversity

＊当記事における情報や見解は著者のものであり、必ずしもEUの公式見解を反映したものではない。EU機関およびその代理人のいずれも、当記事に含まれる情報の利用に対して責任を有しない

米国・ポートランド市よりメッセージ

　グリーンインフラの保全、再生、創出に取り組むことが、いまほど重要な時はありません。小さな屋上庭園から限りなく広がる河口域まで、グリーンインフラは私たちがこれから進むべき道筋を的確に示してくれるものです。

　米国のポートランドでは、グリーンインフラは少数の人々が求めた夢ではなくなり、町中で市民の誰もが体験できるものになりました。私たちはグリーンインフラの便益を実感をもって体験することができますが、これから先には山ほど成し遂げるべき目標があることも知っています。

　人口が増加し続けるなか、行政組織では専門性の高い技術者が限定的な領域で業務に取り組むという縦割りの構造を維持してきました。都市内のあちこちでインフラ整備が調整不足のまま進行し、プロジェクトの持つ機会を活かせず逆に環境に過大な負荷を与えているような現場を多く散見します。

　グリーンインフラの専門家は多領域の専門家や部局の知恵を借りて、より複雑で不確実な課題に長期にわたって全力で取り組む責任があります。最初の第一歩としては、多領域にまたがるチームを編成し、デザインや環境のシステムを理解した上で相互依存しながら協働できるプロジェクト体制を整えることが重要です。政治的なリーダーシップや財政的な支援ももちろん重要ですが、これは行政と民間組織の両方の仕事です。私たちはより協働的に働き、新しい技術を取り入れ、早期にこのような取り組みを実現する主体を評価していかなければなりません。

　正確な調査分析に基づき、インフラ分野の機能やリスクを明確化し、それらを改善するための実践のプロセスを検討することも可能です。現在の状況と課題を整理することで、ギャップ分析を行い将来の土地利用計画や経済、環境、平等性への影響シナリオを検討することも可能でしょう。また、私たちが目標としている変化を可視化し、他者と正確にコミュニケーションを取ることも重要です。グリーンインフラのビジョンを構想し、実験的思考で取

り組み、アクションプランを作成し、実施結果のモニタリングから学んだ課題を共有することが、私たちグリーンインフラ部局の仕事の流れです。

　究極的には、このようなグリーンインフラの仕組みを地域のコミュニティーのニーズや自然資源と統合しながら、地域に固有の魅力的な場所をつくることが理想だと考えています。

　非常に高いレベルで包括的に構想されたグリーンインフラは、これからの日本の社会にとって必要不可欠な考え方だと私は思います。日本は世界の中でも突出して恵まれた力と知識を持ち合わせる国だからです。

　グリーンインフラは、私たちの生活と自然を再び結びつける機会を創出し、これからの時代を切り開くためのヒントを与えてくれるものです。

　最後に、話を庭に戻しましょう。私は、人間の持つ時間とエネルギーを常に変化を続ける庭のようなものに注ぐことが、最も重要なことに思えてなりません。日本は非常に豊かで長い歴史と経験を持つ国です。この本を読んでいるあなたがグリーンインフラを夢から現実に実行する一人になれるように、大きな期待を寄せています。

ドーン 内山
ポートランド市環境局
アシスタント・ディレクター（グリーンインフラ担当）

第1部

グリーンインフラって？

グリーンインフラとは

グリーンインフラ研究会（吉田丈人、西廣淳、西田貴明、岩浅有記によるまとめ）

「グリーンインフラ」という言葉から皆さんは何を想像するだろうか。「グリーン（緑）」な「インフラストラクチャー」という字面からは、緑の多いインフラ、従来型のインフラに緑が足されたもの、という印象を受けるかもしれない。しかし「グリーンインフラ」には、ただグリーンなだけでなく、より深くより包括的に、自然環境や多様な生きものがもたらす資源や仕組みを賢く利用したいという中心的なコンセプトがある。さらには、その自然が持つ多様な機能を上手に活用することで、様々な課題を抱える現代社会をより豊かで魅力あるものにしたいという、希望とも信念とも言える思いが「グリーンインフラ」にという言葉には込められている。

実は、グリーンインフラの定義は、国内外の状況を見てみると一つには定まっていない（第2部参照）。新しい概念であり、これからの時代に求められているからこそ、様々な見方や方向性が提示されている。ここではグリーンインフラ研究会（390ページを参照）が検討してきたグリーンインフラの定義を紹介し、グリーンインフラのあるべき方向性を示したい。

グリーンインフラ研究会では、グリーンインフラを以下のように定義した。

「自然が持つ多様な機能を賢く利用することで、持続可能な社会と経済の発展に寄与するインフラや土地利用計画を、グリーンインフラと定義する」。

「自然が持つ多様な機能」は、自然環境や動植物などの生きものが人間社会に提供する様々な自然の恵み（生態系サービス）を指す。多機能な生態系サービスの提供こそが、グリーンインフラの最大の特徴とも言える。生態系サービスには、人間が利用するモノだけでなく、自然が持つ防災・減災機能や水質浄化など、人間の安全で快適な暮らしに役立つ様々な機能が含まれる。

一般に、自然の恵みの大きさやその多機能性は、生物多様性が高いほど大きく、より持続的であるといわれる。
　多機能性だけでなく、環境の変化や人為的な影響に対する安定性（しなやかさ、レジリエンス）もグリーンインフラの特徴である。豊かな生物多様性に支えられた健全な生態系は、一定の範囲内で変動しながらもその働きを維持していく性質を内在している。また生態系の状態が大きく変わる場合でも、環境と生物の関わりを介して、生態系は自律的に回復していく性質をある程度備えている。
　この定義の通り、グリーンインフラはとても広い概念であり、従来の「インフラ」がダムや道路といった特定の構造物を指すのとは異なっている。グリーンインフラには、高潮対策のための砂丘地形の保全、河川の治水施設である遊水地の多面的な活用、災害ハザードの低い場所への居住地の誘導など、自然の多機能性と安定性を活用した様々な取り組みが含まれる（具体例は第3部参照）。
　自然が持つ多様な機能を活かすには、その場所で人間が住み始める以前を含め、歴史的にどのような生態系が成立し、維持されてきたのかということの理解が重要である。過去の生態系こそが理想型であるとは限らないが、様々な自然の変動を経て成立した生態系の姿を出発点に、人と自然のより良い関わりを検討することが賢明だろう。その意味でも、グリーンインフラの推進では、「緑（＝植物）」を増やすことにこだわらず、例えば砂丘のようにあまり植物が繁茂しない場所ではむしろその特徴を活用するといった、自然から謙虚に学ぶ姿勢が不可欠である。
　グリーンインフラは新しい概念だが、自然の活用という意味では人間は長い歴史を持つ。そのため、グリーンインフラの計画や実施では伝統的な知識や技術に学ぶところが大きい。一方で、本来の自然の働きや仕組みには、一定範囲のゆらぎや、必ずしも事前に予期できない事象が生じる不確実性がある。自然が持つ多様な機能を賢く利用するには、それを深く理解することに加えて、順応的な管理や予防原則のアプローチが必要となる。

このような自然の性質を理解しつつ、インフラストラクチャーとして社会と経済のために活用するとき、グリーンインフラの整備や維持管理にかかるコストは、従来のインフラに比較して低くなるだろう。生態系サービスを貨幣価値で換算する近年の研究の多くは、グリーンインフラが経済的にも有利な選択であることを示唆している。

　グリーンインフラは、複数の機能を発揮する多機能性が特徴である。期待される主な機能を下に挙げる。機能はグリーンインフラの種類によっても異なるし、同じグリーンインフラであっても、それが整備される場所が都市なのか農山漁村なのかによって異なる。

> (1)治水、(2)土砂災害防止、(3)地震・津波減災、(4)大災害時の避難場、(5)水源・地下水涵養、(6)水質浄化、(7)二酸化炭素固定、(8)局所気候の緩和、(9)地域のための自然エネルギー供給、(10)資源循環、(11)人と自然にやさしい交通路(グリーンストリート)、(12)害虫抑制・受粉、(13)食料生産、一次産業の高付加価値化、(14)土砂供給、(15)観光資源、(16)歴史文化機能の維持、(17)景観向上、(18)環境教育の場、(19)レクリエーションの場、(20)福祉の場、(21)健康増進・治療の場、(22)コミュニティー維持

　このようなグリーンインフラの多機能性と、その設置と維持管理に必要な順応性は、おのずと多様な関係者の関わりを必要とする。なぜなら、あるグリーンインフラが発揮する多様な機能の恩恵は、様々な人々にもたらされ、逆にグリーンインフラからより高い機能を引き出すためには様々な人々の知恵や技術が必要となるからである。行政だけでなく、住民、地域の団体、民間事業者、教育関係者、専門家・研究者など、地域の多様な主体が共にグリーンインフラに関わることで、地域社会が中心となって社会基盤が整備され、持続可能なグリーンインフラが構築される。また、行政や学術分野においても、分野横断の連携が求められる。例えば、流域管理のグリーンインフラで

は、砂防や河川、下水道、農業土木、海岸、自然環境など、多様な行政部局や学術分野が関係するため、分野横断の連携がなければ、本来持つ多機能性を十分に発揮することができないだろう。

　一方、人工構造物から成るグレーインフラには、どのような特徴があるだろうか。これまで多用されてきたグレーインフラは、期待される機能の水準が想定された条件のもとで発揮するように設計されており、目的とする限られた機能を高い精度で実現してきた。また一旦基準が決まると、一般性のある規格を設けて基本技術を確立することができ、インフラを品質管理しやすくなる。グレーインフラは、導入した直後から目的とする機能を発揮できるというメリットを持つ。しかし計画された寿命があり、機能を持続させるためにはインフラの更新が必要となる。

　このように、グリーンインフラとグレーインフラは相互に異なる特徴を持つ。そのためどちらのインフラが一方的に優れているかではなく、従来多用されてきたグレーインフラと新しい概念であるグリーンインフラが相互に補い合い協調することで、より良い社会基盤を形成しようとする視点が重要である。また、グレーとグリーンは対極にある概念であり、その中間段階には、自然の要素や構造と人工構造物が組み合わされたハイブリッド型のインフラが幅広いスペクトルで存在している。

＜関連用語の紹介＞

グリーンインフラ

　自然が持つ多様な機能を賢く利用することで、持続可能な社会と経済の発展に寄与するインフラや土地利用計画。

生態系インフラ

　広義のグリーンインフラから人工的な緑地・水域などによるインフラを除いた、生態系（自然・半自然環境）を活かすインフラ。日本学術会議自然環境保全再生分科会によりつくられた語。「Natural Infrastructure」という語も国

際的には使われている。

グレーインフラ
　人工構造物によりつくられた、限られた社会・経済目的のみに寄与するインフラであり、グリーンインフラとは概念的な対極をなす。

ブルーインフラ
　グリーンインフラがしばしば陸上のインフラを指すのに対して、水域において自然が持つ多様な機能を利用したインフラ。

グリーンレジリエンス
　国土強靭化の基盤となる強靭な地域づくりの一層の推進に向けて、地域の自然が有する機能や自然がもたらす資源を賢く活用することで、防災・減災と地方創生に資する手法。

生態系を活用した防災・減災
（Eco-DRR、Ecosystem-based Disaster Risk Reduction）
　自然災害に脆弱な土地の利用を避けて災害への暴露を回避するとともに、生態系が持つ多様な機能を活かすことで、自然災害に強く持続可能な社会を構築しようとする手法。グリーンインフラを構成する手法の一つ。

生態系を活用した適応（EbA、Ecosystem-based Adaptation）
　気候変動による負の影響に対応するため、生物多様性と生態系サービスを活用することで、社会へ多様な利益をもたらすとともに生物多様性保全に寄与しようとする適応手法。

なぜ今、グリーンインフラが求められるのか

地球環境問題だけでなく、人口減少・高齢化、グローバル化、自然災害リスクの増加など幅広い社会課題がグリーンインフラを後押しする背景になっている。このため、グリーンインフラは環境保全だけでなく、防災・減災、経済振興など、多様な社会課題を解決する方策として期待される。

西田 貴明（三菱UFJリサーチ&コンサルティング 経営企画部グリーンインフラ研究センター）
加藤 禎久（岡山大学グローバル人材育成院）

　昨今、多方面で関心を集めているグリーンインフラ（Eco-DRR、生態系インフラなどを含む）とは、自然の機能や仕組みを活用した社会資本整備、土地利用管理を進めるための考え方である。古来、森林の適切な管理や治水堤防における樹木の利用など、日本では自然の力を効果的に引き出す努力がなされてきた。また、近年でも、大規模な裸地の森林再生による治山や砂防事業、多様な公益的機能が発揮される河川や都市公園の整備など、自然の機能を引き出す様々な事業がなされてきた。グリーンインフラという考え方には、これらの取り組みをさらに進めるとともに、自然の機能を引き出す動きを後押ししつつ、個々に展開されている取り組みのつながりを強化することで、幅広い主体に対して大きな効果を引き出すことが期待されている。

　グリーンインフラへの期待は、一見すると自然環境保全の動きに起因すると捉えられがちである。しかし、近年の幅広い主体や学問領域におけるグリーンインフラへの関心の高まりを見ると、むしろ環境以外の多様な観点から期待されている。国際的には、地球環境問題や生物多様性保全だけでなく、資源・エネルギーの枯渇、グローバル経済による地域経済の停滞、世界規模の防災リスクの高まりもグリーンインフラを後押しする背景として考えられている。また日本においては、少子高齢化・人口減少による経済需要の変化、担い手不足による地域経済の停滞、土地需要の変化、気候変動に伴う災害リスクの増加など、様々な社会的課題が背景として捉えられる。その

上で、豊かな環境を備えた生活空間の整備、地域資源を活用した経済振興、費用対効果の高いインフラ整備・維持管理、都市・地域間の競争力の強化に向けた方策として、グリーンインフラという考え方の必要性が議論されている。第3部の個々の事例でも詳しく紹介されるが、ここではグリーンインフラを後押しする背景にある課題を整理しておきたい。

グリーンインフラを巡る社会情勢
(1) 少子高齢化・人口減少、グローバル化

　日本全体の特に大きな社会課題としては、少子高齢化・人口減少とグローバル資本主義経済が取り上げられることが多い。

　まず現在、日本が直面している少子高齢化・人口減少は、未曾有の経験であり、そのインパクトは経済活動をはじめ、幅広い分野に及ぶことが懸念されている。実際、日本の人口は既に2008年に1億3000万人弱でピークを迎え、2050年までに9700万人まで減少し、高齢化率は2010年の20%程度から40%程度に上がることが予測されている（図1）。この大規模な人口構造の変化により、低未利用地の拡大、国土管理・経済活動の担い手の不足、国内需要の変化、行財政の悪化など、様々な社会的課題が発生することが懸念されている。

　確実に進行するとみられる少子高齢化・人口減少は、あらゆる場所の土地利用を大きく変えてしまう。前世紀までの人口増加期においては、森林、農地、緑地などの自然的な土地利用は、基本的には宅地や商業地への開発圧力にさらされていた。しかし既に始まっている人口減少期においては、一部の地域を除き開発圧力は極めて小さくなり、農山漁村であれ、都市であれ、既存の土地の維持管理、活用が中心的な課題となっている。実際、森林や農地においては、人口減少のみが要因ではないが、全国的に管理不足による荒廃森林や、耕作放棄地の面積が急速に拡大しており、現時点でも農地の10%である約40万ヘクタールが使われていない状態にある（図2）。ただし、この数字は全国的な平均であり、人口減少が顕在化している地域では90%以上の

図1　日本の急激な人口減少

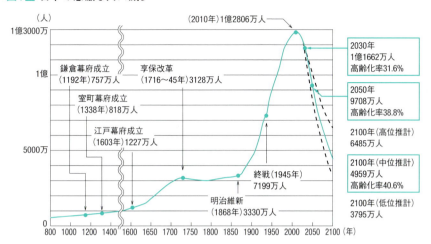

(資料：国土交通省国土政策局(2014)「国土の長期展望」中間とりまとめ)

農地が耕作放棄地になっている集落も珍しくない。また、森林に関してはより深刻だ。世界的な木材需給の構造変化にも大きな影響を受け、森林の利用や管理どころではなく、既に所有者の確認すらできない状態に突入している。そして長期的な人口動態の予測においては、今後さらに全国的に無居住化が進み、2050年には現在の居住地域の3割程度の地域で土地管理者が不在となることが予測されており、国土管理の担い手の不足という深刻な問題が発生することが見込まれる。

　このような少子高齢化・人口減少は、農山漁村や都市において様々な問題を発生させることが懸念される。まず、地域産業の担い手の不足や、消費活動の高い若年層の減少による国内需要の低下を引き起こし、経済活動が低下する要因となる。実際、世界的なグローバル経済の拡大という経済構造の変化の影響も大きいが、地域の人口減少・高齢化も、それらの動きに拍車を掛け、地域経済の停滞をもたらす大きな要因となっている。こういった経済活動の低下とともに、人口減少に伴う荒廃森林、耕作放棄地、空き家・空地と

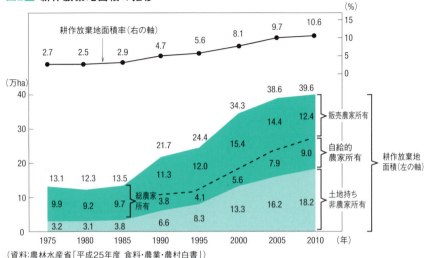

図2 耕作放棄地面積の推移

（資料：農林水産省「平成25年度 食料・農業・農村白書」）

いった低未利用地の拡大は、地域の生活環境の悪化、防災・減災機能の低下など、様々な負の影響をもたらすことが懸念されている。また都市や住宅地の空き家・空地の放置は、不法投棄や犯罪、災害の発生リスクの高まりなど、生活空間としての質の低下をもたらす。農山漁村においては、本来の森林や農地が備えている多面的な公益的機能（水源保全、自然災害の発生抑制、生物多様性保全など）を低下させることが懸念されている。さらに、森林や農地における多面的機能の低下は、農山漁村地域にとどまらず、都市の自然災害の抑制力も減少させている。つまり、地域の管理水準の低下による土地の機能の低下は、国土や地域の魅力、地域の安全・安心を低下させ、日本全体の社会経済活動を停滞させることにつながる。

一方、資本主義経済とICT（情報通信技術）の飛躍的な拡大は、世界中にグローバル化という大きな社会変革をもたらした。グローバル化は、単一基準の市場主義経済が世界中に広がることで、世界的に経済的発展を促した一方で、国家間、都市間、地域間の競争を激化させ、世界のあらゆる場所にお

いて従来の産業構造を大きく変化させている。その結果、日本の経済が停滞するなかで、アジアにおける中国経済をはじめとしたかつての発展途上国が急速な経済成長を遂げている（図3）。

グローバル化により、日本においても産業構造は顕著に変化しており、国際的な木材、農産物の競争が農山漁村の経済活動の停滞の大きな要因となり、地域における少子高齢化・人口減少に拍車を掛けている。一方で、考え方を変えれば、これまで日本では得難かった土地や自然資源を活用できる機会とも捉えられる。特に、土地不足の時代では、森林や緑地などの土地の機能を発揮させるだけの規模の空間を得ることが難しかったが、土地需要が変わっていくなかで、都市や農山漁村において余剰空間が生まれており、新たな活用の方策が模索されるようになっている。このような状況下において、自然の機能や仕組みを積極的に活用するグリーンインフラの考え方は、人口減少に伴う余剰空間の新たな活用方策として期待されつつある。

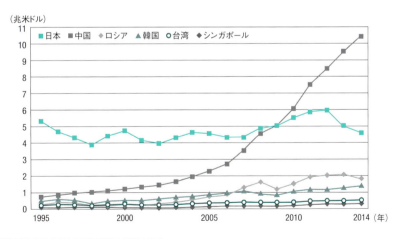

図3 アジア諸国とロシアのGDP（名目）の推移

（資料：国土交通省「平成27年度国土交通白書」）

(2) 都市、地域間競争

　今後、都市の社会経済的な役割はこれまで以上に増加し、都市への人口の集中はますます進むと見られている（図4）。このため、世界から人・モノ・金・情報を引き付け、魅力的な都市・地域ブランドの構築が強く求められる。その基盤としての都市の自然環境や緑地への注目が集まっている。

　日本においては、都市公園の面積と設置箇所は年々増えており、一人当たりの緑地の面積も増加している（図5）。しかし、都市間競争が進む中、都市における自然環境や緑地への需要は変わりつつある。つまり、緑の量だけでなく質についても関心が高まり、野生動植物の生息地となるだけでなく、健康増進やレクリエーションの場、地域の景観形成の場として重要である。さらに近年では、自然災害の影響に対する緩衝帯としての空間、災害避難場所や経路、バイオマスエネルギーの供給源、都市の農業生産の場としての役割が期待され始めている。

　日本においても製造業を中心とした経済成長時代における都市の緑は、開発に対する保護といった二項対立的な対象であった。しかし、先進諸国を中心として、グローバル経済を牽引する高度な技術・サービスを有する産業においては、広大な土地空間よりも専門性の高い人材、企業の誘致が求められており、そのような人材、企業にとって、様々な自然環境からのサービスが得られる緑豊かで快適な空間は、大きな魅力となる。

　さらに、「50年に一度の」、「観測史上初めての」と冠される記録的な大雨も珍しい現象ではなくなってきた。異常高温・熱波や、ヒートアイランド・ゲリラ豪雨など、都市においても時には人々の生命や財産を脅かす事象が頻発しているなかで、安心・安全な都市への関心も高い。つまり、世界的にも一定の機能を備えた都市や地域が増えてきた段階において、緑豊かで安心・安全なより良い居住環境に対する都市住民のニーズは、世界のあらゆる先進都市において、高まりを見せている。

　魅力的な都市や地域に備えるべき要素として、多様な機能を発揮する自然環境、緑は欠かすことのできない存在となっている。さらに、都市といえど

図4 都市への人口集中

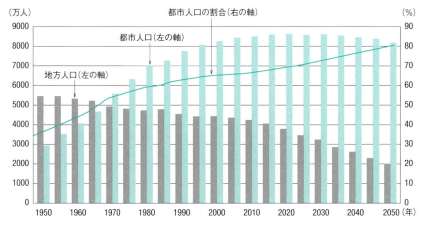

(資料:環境省「平成22年版環境白書・循環型社会白書・生物多様性白書」)

図5 都市公園などの面積・箇所数の推移

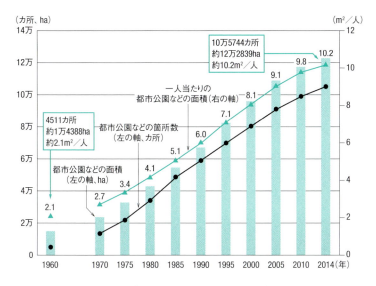

(資料:国土交通省都市局公園緑地・景観課「公園とみどり 都市公園データベース」)

も、そこに存在する自然環境、緑は、都市の位置する気候や地形によって、熱帯林から、温帯林、草原、湿地、砂丘や砂浜まで、様々なタイプがある。さらに、公園のレクリエーションの質、景観など、それらの自然環境の持つ機能は、地域の文化、産業と関わることにより、多様なバリエーションがもたらされる。実際に、ニューヨークのセントラルパーク、シンガポールの公園都市、京都の寺社仏閣などでは、自然環境と文化や経済活動が関わることで、それぞれの特異性、固有性を高め、都市や地域のブランドが創られている。その結果、魅力ある都市として、都市間競争においても優位に立ち、海外からのビジネスパーソンや観光客の増大など、交流人口の増加につながっている。

　一方で、現在の日本においては、都市近郊においても人口減少に伴う空き家・空地が増加しつつあり、さらにグローバル化による産業構造の変化から、大規模な工場の移転などにより、未利用の土地が増加する傾向にある。こういった都市の土地需要の変化は中長期的に進むとみられており、自然環境に対する開発圧力は下がり、残された緑を活用するだけでなく、都市住民の新たなニーズに応えた自然環境や緑地を創出する余地が出てきている。さらに、近年注目されている公共空間の民間活用を推進するPPP（官民連携）やPFI（民間資金を活用した社会資本整備）は、官民が連携して公園緑地などを含む公有地を民間事業として活用していくものであり、自然環境や緑を資源として活用する後押しになり得る。

　また、従来は、広域的に広がる自然環境、緑地の利用や管理には、大きな社会的なコストが掛かっていたが、IoT（モノのインターネット）の発達が解決策になると期待されている。森林、農地、公園緑地などの自然環境や自然資源に関するビッグデータが整備され、ドローンなどによる局地空間における情報収集も容易になっており、これらの情報を活用することで自然環境の管理や利用は飛躍的に進むと期待される。

　こういった都市を巡る社会的な情勢から、自然の機能を活用するグリーンインフラという考え方が求められつつあり、グローバル化時代における都市や

地域の生き残り策として期待が集まっている。

(3) 自然災害リスクの増大、インフラの老朽化

日本だけでなく、世界各国で自然災害のリスクは高まりつつあり、防災・減災への関心は世界共通である。国際的な規模でみれば、自然災害のリスクの増大は、台風や豪雨、高潮、気候変動に伴う異常気象と、発展途上国を中心とした急速な人口増加が主な要因である。

気候変動に伴う異常気象は既に地域的には顕在化しており、集中豪雨や熱波などの極端な気象が世界各地で頻繁に発生している。さらに、既に地球温暖化の影響を受けて海面上昇も始まっており、今後、人工資本が集積している沿岸域において高潮や暴風の被害がより増加すると予測されており、気候変動が高い確率で進行するとすれば、自然災害の発生リスクは高まると見込まれる。特に、局地的な集中豪雨の頻度は日本においても増加傾向にある（図6）。2014年に広島県で発生した豪雨による森林の斜面崩壊、2015年の鬼

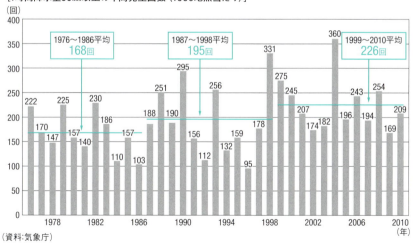

図6 ■ 局地的な集中豪雨の発生

[1時間降水量50mm以上の年間発生回数（1000地点当たり）]

（資料：気象庁）

怒川の氾濫による洪水が記憶に新しい。これらの自然災害の被害は、これまでに想定した規模以上の降雨が発生したことで、対応が困難だったことが大きな原因だ。このため、想定規模を超えた自然災害の発生リスクを抑える対応策が求められている。

　また、発展途上国を中心とした急速な人口増加も、既に問題として顕在化しており、今後も続くことがほぼ確実視されている。急速な人口増加は、防災施設や上下水道などの生活インフラが整わない状況において、住宅地などの生活圏の無秩序な広がりを生じさせる。自然災害の発生リスクの高い場所にも、住宅や商業施設が建設されてしまうことで、災害にさらされる確率（暴露リスク）を高める。これらは、発展途上国における自然災害の大きな要因となっている。つまり、気候変動と都市の人口集中から、自然災害は発生リスクと暴露リスクの両方が高まっている状態にある。さらに気候変動に伴い想定外の規模への対応も求められており、社会的な大きな課題となっている。こういった自然災害リスクが高まるなか、防災・減災に対する考え方として、防潮堤や下水道、遊水地など、特定の防災施設や空間だけで災害対策を実施するのではなく、流域スケールにおいて災害発生を管理し、想定規模以上の災害に備える対応策への関心が高まりつつある。

　防災・減災対策は、政府や地方自治体の重要な役割の一つだ。ただし、よく言われている通り、日本は1000兆円の債務を抱え、極めて厳しい財政状況にある。国全体の債務残高は先進国でも極めて高い水準にあり、国や地方自治体のいずれにおいても防災・減災を含めた公共事業を積極的に行う財政的な余裕はない状態にある（図7）。

　さらに、防災・減災の施設に限定されるものではないが、日本においては社会資本全般の老朽化が大きな問題だ。現在、高度経済成長期に建設された多くの土木インフラが老朽化による更新時期を迎えている。近年も、老朽化したトンネルや道路などにおける事故が発生しているが、国土交通省所管の治水、下水道など、8分野の社会資本の長期的な維持管理・更新費用の推計結果をみると、土木インフラの老朽化の懸念はますます大きくなる。国土交

図7 債務残高の国際比較(対GDP比)

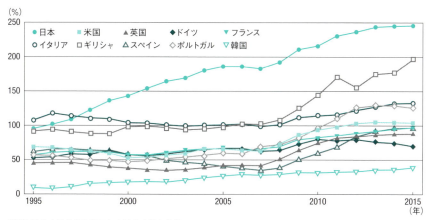

(資料:国土交通省「平成27年度国土交通白書」)

通省の推計では、現在の社会資本だけを対象としても、老朽化による更新に係る費用が今後増大し、2035年以降には維持更新費用が莫大なものになることが予測されている(図8)。このため、社会資本整備においては、維持管理や更新の低コスト化、維持管理コストの多様な主体による負担の分散化などが求められる状況にある。

　防災・減災の文脈において、森林などの自然地だけで自然災害の被害を確実に制御することは難しい。しかし、生態系を活用した計画的な土地利用の推進は、災害リスクの高い土地を避けることで災害の暴露リスクを下げ、想定規模以上の災害発生に対する備えとして有効であると考えられている。また、グリーンインフラの特徴として、森林など生態系を使うことで安いコストによる整備や維持管理、地域への様々な便益の発揮による多様な主体の参画促進を実現できると考えられている。グリーンインフラによるコストの低減効果には様々な議論もあるが、老朽化する社会資本の維持更新費の抑制に貢献することが期待されている。

図8 社会資本の老朽化(維持管理・更新費の推計の一例)

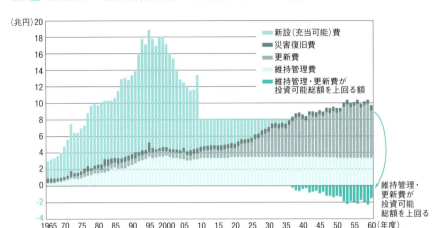

(資料:国土交通省「平成21年度国土交通白書」)

(4) 地球環境問題、環境市場

　地球環境問題の深刻化は、グリーンインフラの推進における大きな原動力となっている。国際的には、人類の生存基盤の持続可能性の評価として、「地球の境界」という言葉が頻繁に用いられる。「地球の境界」とは、「その境界内であれば、人類は将来世代に向けて発展と繁栄を続けられるが、境界(閾値)を越えると、急激な、あるいは取り返しのつかない環境変化が生じる可能性がある境界」のことである（幸せ経済社会研究所）。

　近年、国際的に著名な29人の科学者グループによって、九つの「地球の境界」の特定および測定結果についての論文が発表された（Rockström et al. 2009, Steffen et al. 2015）。これらの一連の研究によると、気候変動、生物圏の健全性、物質循環、および土地利用の四つの分野に対する人間活動の影響は、既に地球が対応し得る境界を越えていると警鐘を鳴らしており、人類の生存基盤の劣化は看過できない水準に達していると言われている（図9）。

　特に地球環境問題の中でも、温室効果ガスの増加による気候変動、地球温

暖化の影響に関する研究が活発に行われ、数多くの成果が得られている。地球温暖化の影響として、永久凍土や氷河の融解、洪水や干ばつの発生、食糧生産の変化、熱波やヒートアイランドの増加、野生動植物の絶滅など、多岐にわたる影響が世界中で観測されており、今や地球環境問題の代表例として幅広く知られている（図10）。

　気候変動の問題に関しては先行して議論が進み、1997年の京都議定書の採択を経て、2015年のパリ協定において世界全体で大幅な温室効果ガスの削減が約束され、今後一層の対策が求められることになっている。また生物多様性においても、2010年の名古屋市で開催された生物多様性条約締約国会議で、2020年までの世界共通目標（愛知目標）が採択され、野生動植物の保全と共に、持続可能な生物資源の利用に向けた取り組みが強く求められ

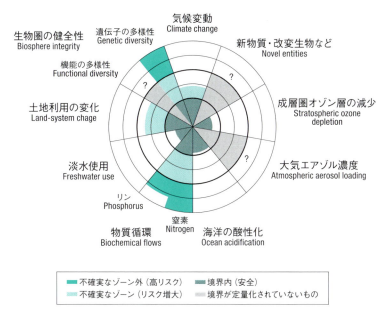

図9　「地球の境界」（Planetary Boundaries）の現況

（資料：Steffen et al. 2015）

図10 世界で起きている地球温暖化の影響

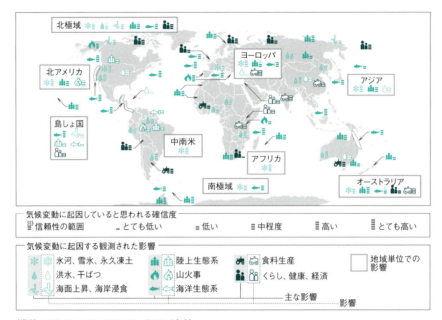

(資料:IPCC AR5 WGII SPM Fig. SPM. 2(A))

ている。さらに近年では、地球環境問題は社会的課題の一つとして扱われるのではなく、貧困や福祉、教育など、様々な分野や主体と結びつけた議論がなされている。2015年の国連総会において決議されたSDGs（持続可能な開発目標）は、環境だけでなく幅広い社会課題の関係性をつなげ、政府や民間企業、全ての主体の参画を求めている。近年、国際的には、環境問題を単一の分野として捉えるのではなく、様々な分野の統合化が進んでいるとも捉えられる。こういった議論は、自然の多機能性を活かし、多様な主体の連携により、様々な社会課題の解決を目指すグリーンインフラの議論と高い親和性がある。このため、グリーンインフラの考え方は、SDGsをはじめ、国連防災世界会議、気候変動枠組条約や生物多様性条約の締約国会議、G7首脳国会議など、様々な国際会議において推奨されている。

グリーンインフラを後押しする環境保全のポイントとなるのが、近年拡大が目覚ましい環境市場だ。世界のあらゆる場所において、開発と保護の二項対立的な構図が長く続いてきた。しかし、2000年代以降、地球環境問題の認識が共有されると共に、温室効果ガスのクレジット取引をはじめ、温室効果ガスの削減技術、環境保全型の農林水産物、エコツーリズムなど、環境に関する市場価値の顕在化が急速に進んでいる。グリーンインフラに関わる産業全体の市場ではないが、国際的な研究プロジェクト（TEEB、生態系と生物多様性の経済学）の報告においても、生態系保全の取り組みが認証された

表1　生物多様性に関わる環境市場の拡大

生物多様性と生態系サービスの市場チャンス	市場規模（米ドル／年）		
	2008年（実際）	2020年（推定）	2050年（推定）
認証農作物（有機、フェアトレードなど）	400億ドル（世界の食品・飲料品市場の2.5％）	2100億ドル	9000億ドル
認証林業生産物	50億ドル（FSC認証製品）	150億ドル	500億ドル
規制市場における森林ベースのカーボンオフセット（CDM、REDD+など）	様々な試験プロジェクト（ニューサウスウェールズのGHG減少計画など）：50万ドル	50億ドル	50億ドル
任意市場における森林ベースのカーボンオフセット（VCSなど）	2006年に2100万ドル	50億ドル	50億ドル
政府介在による生態系サービスへの支払い	30億ドル	70億ドル	150億ドル
水関連の生態系サービスへの政府による支払い	52億ドル	60億ドル	200億ドル
流域管理のための任意の支払い	コスタリカやエクアドルにおける様々な試験プロジェクト：500万ドル	20億ドル	100億ドル
規制市場における生物多様性補償（US湿地銀行など）	34億ドル	100億ドル	200億ドル
任意の生物多様性補償	1700万ドル	1億ドル	4億ドル
バイオプロスペクティング契約	3000万ドル	1億ドル	5億ドル
土地信託、地役権、その他環境保護のための金融インセンティブ（北米およびオーストラリアにおけるTNCプログラムなど）	アメリカのみで80億ドル	200億ドル	予測困難

（資料：IGES訳（暫定版（2011年9月現在））「TEEB for Business：生態系と生物多様性の経済学（TEEB）ビジネス編」）

農林水産物など、生物多様性保全に関わる市場だけでも、世界中で将来的な拡大が予測されており、「環境」が「市場の価値」になりつつある（表1）。

　すなわち、地球環境保全の取り組みに対して、倫理的価値と共に市場価値が認識されることで、これまで以上に幅広い主体から関心を集め、環境保全に貢献する経済活動が進んでいる。こういった状況において、グリーンインフラの概念は、自然を「保護する」のではなく、「活用する」という視点を重視している。このためグリーンインフラは、現在の環境市場の拡大をけん引する役割を担うことで、企業の経済活動を駆動力としながら、地球環境問題への貢献を果たす方策としても期待されている。

グリーンインフラが期待される理由

　グリーンインフラが解決できる社会課題として、人口減少・高齢化、グローバル化、都市間競争、防災・減災、地球環境問題など様々なテーマを概観してきた。グリーンインフラは、これら全ての社会的課題の解決策になり得る可能性を秘めており、グリーンインフラという共通の概念を基に、関係する様々な主体が協働して問題に当たることができる。こういった意味で、グリーンインフラを、多様化する社会課題と国民のニーズを統合的に議論するためのキーワードとして捉えることが妥当かもしれない。環境だけでなく、経済も福祉もその他の様々な課題も、どれも単独では解決できない状況になるなかで、国家や地域、国民の意識の高まりや志向の多様化、情報通信技術の発達による個人の発信力の強化が進んでいる。社会の問題は複雑化している一方で、人々の意識やニーズには大きな差があり、新たな方向性に向けた社会的な合意形成を図ることが難しい状況になっている。そういったなか、グリーンインフラは自然資源を活用したインフラを進めるため、幅広い主体や分野の認識を共有するための概念として有効であると期待されている。つまり様々な社会課題を結び付けて、多様な主体が議論するためのキーワードとして、グリーンインフラを活用することも重要だ。

■ 引用・参考文献

- 地球の境界線(プラネタリー・バウンダリー)(幸せ経済社会研究所)、http://ishes.org/keywords/2014/kwd_id001451.html、(2016年10月11日確認)。
- 環境省(2016)「生態系を活用した防災・減災に関する考え方」環境省ウェブページhttp://www.env.go.jp/nature/biodic/eco-drr/pamph01.pdf(2016年10月25日確認)
- 環境省「図で見る平成22年版環境白書・循環型社会白書・生物多様性白書」、環境省ウェブページhttps://www.env.go.jp/policy/hakusyo/zu/h22/html/hj10010000.html(2016年11月7日確認)
- IGES(暫定版(2011年9月現在))「TEEB for Business:生態系と生物多様性の経済学(TEEB)ビジネス編」、IGESウェブページhttp://www.iges.or.jp/jp/archive/pmo/pdf/1103teeb/teeb_d3_j.pdf(2016年11月8日確認)
- 国土交通省国土政策局総合計画課国土管理企画室(2014)「国土の長期展望」中間とりまとめについて～国土資源・環境分野を中心に～. 季刊政策・経営研究2014 Vol.1 p16-27.
- 国土交通省「平成27年度国土交通白書 第Ⅰ部第1章第1節 3 国際環境」、国土交通省ウェブページhttp://www.mlit.go.jp/hakusyo/mlit/h27/hakusho/h28/index.html(2016年11月7日確認)
- 国土交通省「平成21年度国土交通白書 第Ⅰ部第2章第1節 1 生活、経済活動を支える基盤の再編」、国土交通省ウェブページhttp://www.mlit.go.jp/hakusyo/mlit/h21/hakusho/h22/index.html(2016年11月7日確認)
- 国土交通省「平成27年度国土交通白書 第Ⅰ部第1章第1節 2 我が国の財政状況」、国土交通省ウェブページhttp://www.mlit.go.jp/hakusyo/mlit/h27/hakusho/h28/index.html(2016年11月7日確認)
- 国土交通省都市局公園緑地・景観課「公園とみどり 都市公園データベース」、国土交通省ウェブページhttp://www.mlit.go.jp/crd/park/joho/database/t_kouen/pdf/01_h26.pdf(2016年11月8日確認)
- 内閣府「平成24年度 広報ぼうさい(図表の出典:気象庁)」、内閣府ウェブページhttp://www.bousai.go.jp/kohou/kouhoubousai/h24/67/special_01.html(2016年11月7日確認)
- 西田貴明、岩浅有記(2015)わが国のグリーンインフラストラクチャーの展開に向けて～生態系を活用した防災・減災、社会資本整備、国土管理～. 季刊政策・経営研究2015 Vol.1 p46-55.
- 西田貴明(2016)「グリーンインフラ」で地方創生～自然の力活用し整備、経済効果も.時事通信社、金融財政ビジネス(2016年1月25日号)p14-18.
- 農林水産省「平成25年度 食料・農業・農村白書」、農林水産省ウェブページhttp://www.maff.go.jp/j/wpaper/w_maff/h25/pdf/z_1_2_1_2.pdf(2016年11月7日確認)
- Rockström, J., W. Steffen, K. Noone, Å. Persson, F. S. Chapin, III, E. Lambin, T. M. Lenton, M. Scheffer, C. Folke, H. J. Schellnhuber, B. Nykvist, C. A. de Wit, T. Hughes, S. van der Leeuw, H. Rodhe, S. Sörlin, P. K. Snyder, R. Costanza, U. Svedin, M. Falkenmark, L. Karlberg, R. W. Corell, V. J. Fabry, J. Hansen, B. Walker, D. Liverman, K. Richardson, P. Crutzen, J. Foley, Planetary boundaries (2009)「Exploring the safe operating space for humanity」Ecology and Society 14, 32. http://www.ecologyandsociety.org/vol14/iss2/art32/
- Steffen, W., K. Richardson, J. Rockström, S.E. Cornell, I. Fetzer, E.M. Bennett, R. Biggs, S.R. Carpenter, W. de Vries, C.A. de Wit, C. Folke, D. Gerten1, J. Heinke, G. M. Mace, L. M. Persson, V. Ramanathan, B. Reyers, S. Sörlin, (2015)「Planetary boundaries: Guiding human development on a changing planet」Science Vol. 347 Issue 6223, 736-746.
- IPCC (2014): Summary for policymakers. In: Climate Change 2014: Impacts, Adaptation, and Vulnerability. Part A: Global and Sectoral Aspects. Contribution of Working Group II to the Fifth Assessment Report of the Intergovernmental Panel on Climate Change [Field, C.B., V.R. Barros, D.J. Dokken, K.J. Mach, M.D. Mastrandrea, T.E. Bilir, M. Chatterjee, K.L. Ebi, Y.O. Estrada, R.C. Genova, B. Girma, E.S. Kissel, A.N. Levy, S. MacCracken, P.R. Mastrandrea, and L.L. White (eds.)]. Cambridge University Press, Cambridge, United Kingdom and New York, NY, USA, pp. 1-32.

> 執筆者プロフィール

西田　貴明（にしだ・たかあき）
三菱UFJリサーチ&コンサルティング 経営企画部グリーンインフラ研究センター 副主任研究員

京都大学大学院理学研究科博士後期課程修了、理学（博士）。徳島大学環境防災研究センター客員准教授。欧州におけるグリーンインフラ政策に注目し、日本へのグリーンインフラの導入に向けた調査研究に参画。「グリーンインフラが経済活動と環境保全を両立するツールになると期待」

加藤　禎久（かとう・さだひさ）
岡山大学グローバル人材育成院 准教授

アメリカの「環境スクール」の「御三家」の一つのミシガン大学で、生態学・自然資源管理学およびランドスケープアーキテクチャーを学ぶ。博士課程では、グリーンウェイ研究の第一人者のJack Ahern（マサチューセッツ大学教授）に師事。専門は、都市スケールでの景観生態学に基づくエコロジカル・プランニング

第 2 部
高まるグリーンインフラへの注目!

先行する欧米のグリーンインフラから学ぶ

欧米発のグリーンインフラは、今や世界の環境保全と社会経済活動を結ぶ結節点になりつつある。欧米をはじめとする国際社会におけるグリーンインフラの捉え方、展開状況を振り返りつつ、今後の日本におけるグリーンインフラの推進方法を考えたい。

西田 貴明（三菱UFJリサーチ&コンサルティング 経営企画部グリーンインフラ研究センター）

　数年前、欧米から投げかけられた"グリーンインフラ（グリーンインフラストラクチャー、Green Infrastructure）"は、ここ数年で経済振興や防災・減災、環境保全の取り組みをつなぐ、世界共通のキーワードになりつつある。日本でも自然の多機能を活用するグリーンインフラの概念は、環境保全だけでなく社会資本整備・国土管理の課題に対しても、ブレイクスルーが期待されている。

　欧州においては、欧州委員会（EC、European Commission）が2013年6月に「欧州グリーンインフラ戦略」を発表したことが大きな契機となり、自然環境を利用した地域開発を進める取り組みに大きな関心が集まりつつある。2015年6月、欧州各国の環境政策の実務家が集う「Green Week」では、「グリーンインフラ」はおそらく最頻出のキーワードであった。そこでは、欧州閣僚からグリーンインフラという概念の重要性が示され、気候変動への適応策、水資源の確保、地域資源を活用した観光業の振興、環境保全型の農林水産業の展開など、地域社会が抱える社会的課題の解決策としてのグリーンインフラの活用に向けた活発な議論がなされた。

　一方、米国においては、グリーンインフラは雨水管理、洪水対策と環境保全を同時に実現させる手法として捉えられており、雨水管理機能を高めるグリーンインフラの整備を推進する制度構築、技術蓄積が進んでいる。さらに近年では、ハリケーンなどの災害復興においても、グリーンインフラの視点が取り入れられ、気候変動適応や防災・減災の側面からも大きな注目を集め

ている。

　このような欧米の動向を踏まえ、様々な国際会議においても、グリーンインフラの推進を後押しする動きが活発化している。環境分野では、2014年の生物多様性条約第12回締約国会議、2015年の気候変動枠組条約第21回締約国会議、防災分野においては2015年の国連防災世界会議、さらには2016年に日本で開催されたG7首脳会議においては、経済・開発の文脈でグリーンインフラの推進が期待されている。このように世界では、グリーンインフラが、環境保全、地域開発、防災・減災などの様々な分野の融合を促す新しい概念として取り入れられつつある。

欧州におけるグリーンインフラの展開状況

　欧州のグリーンインフラは、直言すれば、「自然環境保全から地域開発を進めるテーマ」として捉えられる。欧州の国や都市の行政文書を見ると、生態系の多機能性とネットワーク性に着目していることが多いのに気づく（表1）。欧州委員会におけるグリーンインフラの定義は、特に多様な生態系サービスの発揮と、自然的土地利用のネットワーク構築に重きを置いている（図1）。また、欧州の国や都市の空間計画、環境計画においても、グリーンインフラという文言が頻繁に用いられているが、その多くが生物多様性保全の視点を重視しながら、多様な生態系サービスの発揮を強調したものとなっている。

　生態系サービスは、日本では1990年代から多面的機能（公益的機能）としても理解されてきた。生態系サービスとは、森林の水源涵養機能や洪水の抑制機能、レクリエーションの場の提供など、自然的な土地利用（森林、

図1　欧州委員会におけるグリーンインフラに関する基本的な捉え方

多様な生態系サービスを享受するためにデザインされ、管理されている自然環境・半自然環境エリアおよびそのほかの環境要素（動植物、景観など）をつなぐ戦略的に考えられたネットワーク

（資料:EU Green Infrastructure Strategy, European Commission）

表1 欧米の行政におけるグリーンインフラに関する基本的な捉え方

		グリーンインフラの定義	主な対象
EU	欧州委員会	自然が人間に便益を提供する空間的構造であり、きれいな空気あるいは水といった多面的価値を持つ生態系利益およびサービスをもたらす自然の能力を強化することを目的としたものである	河川、干潟、森林、農地、沿岸、道路、建物、公園、湿地、牧草地
EU	英国	グリーンインフラは戦略的に計画されたネットワークで質の高いグリーンスペースやそのほかの自然環境の範囲を最も広くするものである。また、それらは多目的性を持ち、生態系サービスや地域社会が求める生活への利益を満たすようにデザインされ管理されなくてはいけない。新たなグリーンスペースは既存の環境の周辺や都市エリアと郊外とを結ぶ必要がある	都市公園、森林、農地、河川、住宅地、草原、湿地、道路
EU	フランス	グリーン・ブルーインフラは、生物(種)が移動できる自然環境ネットワークを保護し、また復元することによって、生物多様性の損失を防止するように設定されている	国土計画、都市・地域整備、森林、農地、河川、湿地
EU	スペイン	グリーンインフラは、生物多様性の保全のための基礎を構成し、農産物や林業資源、洪水などの自然リスクに対する水や空気の質と防御の調節など、社会のための環境サービスを提供する	国土計画、都市・地域整備、森林、農地、河川、交通システム(道路、鉄道、水路)
EU	バルセロナ市	緑のネットワークと同様に、グリーンインフラのコンセプトは、公私の農村的な、または美しい自然の植生を持った空間ネットワーク、生態系・環境・社会・経済サービスを提供する多目的資源である	野生動物の生息地、公園緑地、屋根緑化、学校緑化、街路樹、河川、海岸、林、農園、池、街区、道路、建築物
米国	EPA	広域な地域スケール、水域スケールではグリーンインフラはそれぞれが不可欠な環境的機能を有する、保全された土地や水域の相互につながったネットワークである。大規模なグリーンインフラは生息地のコリドーや水源地保護も含む	国土計画、河川、農地、自然再生、森林、道路、都市、家屋
米国	ポートランド市	グリーンインフラは樹木、小川、オープンスペースそして自然に雨を管理している湿地のような都市の自然資源が含まれている。グリーンインフラは道路、橋、下水管や水道管のような他のインフラ設備と同様に、多くの不可欠なサービスと便益を提供している	都市緑化、道路、河川、屋根緑化、街路樹、遊水池、雨水浸透型花壇

重視する グリーンインフラの視点	主に期待される生態系 サービス（多面的機能）	主に期待される 経済的効果	参考資料
生態系保全・再生、生態系サービスを生み出す土地利用、エコロジカルネットワークの形成、生態系を活用した地域開発、防災・減災	生物多様性保全、水質浄化、洪水緩和、気候変動緩和・適応、レクリエーション、観光、精神活動、農林水産業（受粉媒介、害虫管理）、土壌保全・改善、災害予防	地域経済振興、公共事業などの削減、農林水産業振興、雇用創出、都市の活性化、不動産価値の向上、エネルギー保障	Building a Green Infrastructure for Europe, 2013
生態系保全・再生、生態系サービスを生み出す土地利用、エコロジカルネットワークの形成	生物多様性保全、水質浄化、洪水予防・緩和、健康・レクリエーション、気候変動適応、観光、精神活動、農林水産業、教育・文化的価値の向上、コミュニティー・ネットワークの構築、健全な生活環境、地形の多様性保全	地域経済振興、農林水産業振興、雇用創出、観光促進、エネルギー効率改善、再生エネルギー利用・販売、災害による経済リスク・保険リスクの減少	Natural England's Green Infrastructure Guidance, 2011
生態系保全・再生、生態系サービスを生み出す土地利用、エコロジカルネットワークの形成	生物多様性保全、野生生物生息地の保全、生態系ネットワークの構築、花粉媒介、水質改善、洪水予防、生活環境の改善	雇用創出	The Green and Blue Infrastructure in Mainland: Challenges and Experiences, 2010
生態系保全・再生、生態系サービスを生み出す土地利用、エコロジカルネットワークの形成、生態系を活用した地域開発、防災・減災	生物多様性保全、水質浄化、洪水緩和、レクリエーション、気候変動適応、観光、精神活動、農林水産業	緑地管理に関する雇用創出	Newsletter "Habitat Fragmentation due to Transportation Infrastructure"
生態系と、自然の要素を追加した人工構造物において、生態系サービスを活用する施設、土地利用	レクリエーション、水質・水量管理、健全な都市環境、野生生物の保全、観光、精神活動、炭素貯留、防風・防音、大気浄化、教育・文化的価値	医療費削減、観光収入増加、省エネ（冷暖房費削減）、グリーンビジネス、青果市場	Barcelona Green Infrastructure and Biodiversity Plan 2020, 2013
生態系機能が強化された人工構造物（雨水管理施設など）	雨水の管理、洪水予防・緩和、水質浄化、健全な都市環境、野生生物の保全、大気浄化、レクリエーション、環境教育、ヒートアイランド現象緩和	公共事業費の縮減（既存設備の代替、管理費削減）、地域の環境市場の拡大、不動産価値の向上、省エネ、災害関連リスク・費用軽減	Green Infrastructure Case Studies: Municipal Policies for Managing Stormwater with Green Infrastructure, 2010
生態系機能が強化された人工構造物（雨水管理施設など）	雨水管理、大気・水質の浄化、都市環境改善、洪水被害緩和、生態系保全、コミュニティーの活性化、レクリエーション、環境教育	公共事業費の縮減（既存設備の代替、管理費削減）、地域の環境市場の拡大	"What is green infrastructure?" https://www.portlandoregon.gov/bes/47203

農地、緑地、河川、湿地など）が人間の活動にもたらす様々な恵みのことである。そして、欧州の環境政策としてのグリーンインフラの新しさは、この生態系サービスの確保・向上に焦点を当てたことであるといっても過言ではない。

　欧州は世界的な環境政策の先進地域として見られているが、実際のところ、2000年代から注目が集まった自然環境分野や生物多様性保全に対しての社会的な関心は、なかなか高まらない状況であった。数年前まで、欧州委員会は、「生物多様性保全」をキーワードに、生物多様性の保全と持続可能な利用を進める「欧州生物多様性戦略」の推進に向け、希少な生物や生態系に着目し、域内の自然地をつなぐエコロジカルネットワークの推進（自然地の連続性を担保する）に力を入れていた。しかし、自然環境の保全や希少動植物の保全を政策目標に掲げるだけでは、環境以外の部局に対して十分な理解が得られないという状況であった。この状況を打破するために導入された概念が「グリーンインフラ」である。自然環境を守る存在とせず、人間活動に活用される対象と捉え、また人間活動への便益（サービス）を発生させることを目的化している。簡単に言えば、グリーンインフラの概念は、"生きものの保全"から、"自然の機能の利用"に目的を変えることで、経済活動と環境保全を融合するロジックを構築したと言える。

　ここに至るまで、欧州においては欧州委員会の「欧州グリーンインフラ戦略」だけでなく、2000年代中頃から各国政府機関や地方自治体、学術研究機関などにおいて、グリーンインフラの概念形成に向けた議論が進められてきた。グリーンインフラの行政計画への導入は、英国、フランス、ドイツをはじめ、欧州各国の様々な行政において議論されてきた。なかでもスペイン・バルセロナ市における捉え方は、欧州の議論を象徴した事例と言える。同市では、グリーンインフラと生物多様性保全とを連動させた行政計画である「グリーンインフラ・生物多様性戦略2020」を策定している。つまりバルセロナでは、市民への関心が薄かった生物多様性保全の取り組みについて、市民に対するメリットを説明しやすいグリーンインフラを用いることで、環

境部門だけでなく多様な事業部門との連携を促し、生物多様性保全の取り組みの幅を広げることに成功している。

　2013年に策定された欧州委員会の「欧州グリーンインフラ戦略」は、欧州域内におけるグリーンインフラの取り組みを統合したものである。同戦略は欧州議会において決議され、欧州政府として欧州域内の行政機関が立案する計画や事業においてグリーンインフラを推進する根拠となっている。そして、この戦略の策定は、欧州の「生物多様性戦略」の達成に向けた現実的な方策として、都市再開発、農林水産業振興、観光レクリエーションなど、様々な領域において生物多様性保全の取り組みを推進させる機会になったといえる。

　しかし、欧州のグリーンインフラの推進は、生物多様性保全への関心が一つの議論の基点ではあるが、近年は、自然環境保全の取り組みの推進だけを目的としていない。現在、欧州の環境政策担当者の大きな関心は、生物多様性保全への貢献もさることながら、地域開発、防災・減災に有効なグリーンインフラ事業の推進に向いている。実際、2015年の欧州閣僚も参加した「グリーンインフラ会議」においては、生物多様性保全よりも、地域開発、防災・減災の効果に焦点が集まっていた。

　例えば、ドイツのエンプシャーパークは、生態系を活用した再開発事業の成功例として日本でも良く知られている。エンプシャーパークは、かつて炭鉱地域として有名であったルール地方に位置する。主要産業であった炭鉱産業の衰退により生じた工場跡地、排水路などの未利用地について、生態系の機能を活かした森林や公園緑地、河川に再整備している。つまり、生態系管理の視点から公園を再整備したグリーンインフラの取り組みが、観光やレクリエーションの場として地域に魅力度の高い空間を生み出し、新たな企業の誘致など地域の雇用創出にも大きな貢献をしていると評価されている。

　また、スウェーデンのマルメ市では、1980年代に洪水が頻繁に発生し、地域経済の衰退や生活環境の悪化が進んでいたが、1990年代後半において洪水対策の水路と遊水地を設置するとともに、屋上緑化やグリーンロード、自

然湿地をこれらの下水システムと統合した。これらは、地域の環境負荷の軽減や生態系の保全に貢献しただけでなく、周辺地域の雇用が30〜60%増加し、失業率は30%から6%に減少。地域に顕著な経済効果を生み出しており、グリーンインフラを活用した都市再生の成功事例として高い評価を受けている。

　また同様に、ロンドンのクイーンエリザベスパーク（241ページ参照）も、環境保全とともに、社会経済的な効果が期待されたグリーンインフラとして捉えられている。ここでは、公園に隣接する氾濫原を生態系保全の場としてだけでなく、洪水の調整池としての役割を持たせており、防災・減災を発揮させる場として整備されている。さらに、欧州の関係者の中では、他にも生態系の活用による都市整備の取り組みを推進してきたデンマークのコペンハーゲン市（216ページ参照）や、フランスのナント市の事例を先進事例として捉えており、生態系機能の活用による地域の産業の活性化を図るグリーンインフラに注目が集まっている。

　欧州委員会は、このような地域の動きを加速させて関係者へのグリーンインフラの理解を広げるため、考え方をまとめたパンフレットの提供や、モニタリングや実施例の共有ができるグリーンインフラライブラリーの構築を進めている。さらに2014年からは、多様なステークホルダーとの効果的な連携と戦略的な運用のための機会を設け、政府や企業、自治体の担当者の人材育成を進めている。さらに資金的な支援として、グリーンインフラによる事業の創出支援にも着手している。2015年から欧州投資銀行と欧州委員会が共同して新たな事業ファンド（NCFF、Natural Capital Financing Facility）を構築し、2016年から本格的にグリーンインフラの事業化に向けた支援を進めている。

　欧州グリーンインフラ戦略では、当初想定した幅広い層に対して生物多様性保全の浸透を図るツールとして、欧州生物多様性戦略の目標達成を目指しながらも、既存の生態系や緑地を活用した取り組みに焦点を当てつつ、地域経済の活性化など、地域開発や防災・減災といった社会課題への解決策としてグリーンインフラの推進を図っている。

米国におけるグリーンインフラの展開状況

　欧州のグリーンインフラの特徴が、「生物多様性」と「地域開発」だとすると、米国のそれは「雨水管理」と「洪水対策」の側面が重視されている。もちろん、グリーンインフラの基本的な概念である、「自然の機能を活かす」という点においては欧州と共通しているが、雨水管理に関わる機能に焦点を当てていることが特徴だ（図2）。

　米国環境保護庁（EPA、United States Environmental Protection Agency）は、2008年に「グリーンインフラによる雨水管理の行動戦略」を策定し、その後数回改定を行いつつ、グリーンインフラの推進に向けた方策が整理されている。この行動戦略は、米国各地において問題となっている雨水管理、特に合流式下水道からの越流による水質汚濁への対応として、米国の水質浄化法の行動計画として捉えられる。従って、米国の環境保護庁のグリーンインフラに関する行政文書の記載に関しては、いずれの定義の文章においても、はっきりと雨水管理に関する重要性が強調されている。そして、米国のグリーンインフラの主な対象施設としては、雨水管理を前提とした「道路、河川、屋根緑化、街路樹、遊水池、雨水浸透型花壇」が提示されており、欧州で記載されている「森林や農地、湿地、干潟」などの純粋な自然的な土地利用とは大きく異なっている。

　このため米国では、森林や湿地など、いわゆる自然の持つ生態系サービスの重要性というよりも、雨水管理に有効なグリーンインフラ設備（雨水管理施

図2 ■ 米国環境保護庁（EPA）のグリーンインフラの定義

> グリーンインフラは植生や土壌、自然のプロセスを用いて、水管理を行い、より健全な都市環境を創出する。市や州規模では、生息地の確保や洪水防止、大気質・水質の浄化をしてくれる自然エリアの集合体のことを指す。近隣地や敷地といった空間でも、水を吸収・貯留することにより、自然を模倣した雨水管理システムも対象となる

（資料:米国環境保護庁ホームページ "What is Green Infrastructure?"）

設、緑道、植生帯、浸透升など）に焦点が定まっている。そして、グリーンインフラ行動戦略には、雨水管理の有効性や運用、連携手法、資金確保の手法など、雨水管理におけるグリーンインフラの推進の在り方が具体的に記載され、これまでにも様々な施策が展開されている。行動戦略では、水質浄化法への対応として、調査研究、普及啓発、技術・評価、人材強化、連携推進、法制度、資金調達の七つの項目ごとに必要とされる取り組みが整理されている。特に、米国環境保護庁のホームページでは、政策担当者や事業者がグリーンインフラを整備する上で、実務的に参考となる情報が充実している。例えば、「グリーンインフラに用いる植生帯、浸透性側溝など」、「個別の要素技術について浄化能力や貯留機能など」、「雨水管理に必要な機能を定量的に把握できるモデル（EPA Storm water Management Model、SWMM）」、「グリーンインフラ事業の実施地域に適用可能な樹木や植生の特性」、「期待される生態系サービスのタイプなどが把握できるソフトウェア（i-Tree）」が紹介されている。

　さらに、グリーンインフラの適用に向けた合意形成を進める手法もある。グリーンインフラの整備を進めるための費用対効果を簡易的に評価し、複数のシナリオから適切な整備手法を検討することができる。そして行動戦略においては、雨水管理を中心としたグリーンインフラ推進のための資金的な支援情報、税制優遇策についても整理されている。また、各地域におけるグリーンインフラ事業の推進に向け、地方自治体用のハンドブック（Municipal Handbook、Managing Wet Weather with Green Infrastructure）も作成され、グリーンインフラの基本的情報（捉え方、留意点など）をはじめとして、様々な支援ツールや先行した事例、資金的な枠組みが紹介されている。

　このような米国環境保護庁の方向性と重なるが、米国のグリーンインフラの取り組みとしてオレゴン州ポートランド市が頻繁に紹介される（207ページ参照）。同市は、1980年代から独自に雨水管理の手段としてグリーンインフラに着目し、市内各所に排水・浄水機能の高い雨庭やグリーンストリートを整備。これらを効果的に統合することで、水質浄化や洪水防止、環境

保全を成し遂げた都市として世界的に有名である。ポートランド市の成果は、先進的な企業の関心を引き付け、近年では毎年のように全米の中で住みたい都市ランキングの上位に入るなど、都市ブランドの向上に大きな貢献を果たした。環境面だけでなく、結果的に経済面に対しても大きなインパクトを与えた。

さらに近年、米国でグリーンインフラにより注目が集まった背景として、ハリケーンに対する復興過程がある。2012年に大きな被害を出したハリケーン・サンディの復興計画においては、国際的なコンペが開催されたが、その際にグリーンインフラの基本概念である「生態系の活用」といった視点が数多く用いられることになった。またグリーンインフラは、米国の気候変動対策計画「Climate Action Plan」の中に組み込まれ、今後予見される異常気象に対する災害対策としても重要視されている。2015年には大統領令として、官民連携によるグリーンインフラの推進に向けた方針（Executive Office of President of United States）が示され、連邦機関や関係機関に対するグリーンインフラの積極的活用が推進されている。

こういった災害の復興過程におけるグリーンインフラの適用においては、雨水管理としての生態系の浸透機能、水貯留機能だけでなく、高潮などの災害時における洪水の被害の緩衝帯としての役割も期待されている。つまり、グリーンインフラは災害への被害軽減としての意味だけでなく、災害の暴露を回避する場としての役割も期待されている。従って米国では、局所的な空間の洪水被害、水質汚染と環境保全に向けた「雨水管理」とともに、総合的な「防災・減災」の視点も取り入れたグリーンインフラの推進に着手している。

国際会議におけるグリーンインフラの展開状況

欧州や米国の動きと呼応しながら、様々な国際条約、国際会議においてもグリーンインフラの推進が提唱されている（表2）。ただし、国際連合や国際自然保護連合、国際会合においては、グリーンインフラに類似するEco-DRR（生態系を活用した防災・減災、Ecosystem based Disaster Risk Reduction）

という概念が頻繁に用いられる（81ページ参照）。Eco-DRRとグリーンインフラの細かな相違点はあるが、生態系の活用による社会資本整備を推進する基本的な考え方は同じである。国際連合は、2000年から国連防災世界会議において各国の防災・減災の取り組みの推進を図っているが、2015年に仙台で開催された第3回国連防災世界会議において、2015年以降の防災・減災に関する国際的指針として「仙台防災枠組2015-2030」が採択された。ここでもEco-DRRの推進は提唱されている。また、防災・減災におけるEco-DRRの重要性に関しては、生物多様性条約においても取り上げられている。2014年に韓国・平昌で開催された第12回締約国会議では、各国が国内の災害リスク削減に関する施策の中で、生態系を活用した手法を取り入れるよう

表2 ■ 主な国際会合などにおけるグリーンインフラの議論

名称等	年	主なグリーンインフラの記載内容(仮訳)
生物多様性条約第12回締約国会議（CBD-COP12）	2014	都市および地方自治体の生物多様性施策に関する議題の決定文書 締約国に対し、都市、近郊、土地利用計画、およびインフラにおいて、「グリーンインフラストラクチャー」など、生物多様性への配慮を適切に取り入れ、地方政府や自治体が生物多様性を都市計画やその他の空間計画のプロセスに取り入れるためのキャパシティーを強化することを求める。
第3回国連防災世界会議「仙台防災枠組」	2015	○世界レベル及び地域レベル (d) 強靱性の構築と、感染症や住居移転などの災害リスク削減を行うため、河川流域内や海岸線沿いなどの共有資源について、生態系に基づいたアプローチの実施に関する政策及び計画立案を可能とする越境的協力を促進する。 ○国家レベル及び地方レベル (n) 生態系の持続可能な利用及び管理を強化し、災害リスク削減を組み込んだ統合的な環境・天然資源管理アプローチを実施する。 （外務省HP）http://www.mofa.go.jp/mofaj/files/000081166.pdf
G7伊勢志摩首脳宣言の付属文書「質の高いインフラ投資の推進のためのG7伊勢志摩原則」	2016	原則4:国家及び地域レベルにおける、気候変動と環境の側面を含んだ経済・開発戦略との整合性の確保 質の高いインフラ投資は、案件準備及び優先順位づけ段階からのステークホルダーとの対話を通じ、国家及び地域レベルにおいて、経済・開発戦略に沿ったものとすべきである。(中略)生態系に基づいたアプローチやグリーンインフラのさらなる推進なども通じ、気候変動への強じん性、エネルギー安全保障と持続可能性、生物多様性の保全、防災も、考慮に入れられるべきである。 （外務省HP）http://www.mofa.go.jp/mofaj/files/000160310.pdf

に勧告している。また、気候変動枠組条約においては、パリ協定が採択された2015年の第21回締約国会議において、異常気象による洪水などに対する気候変動の適応策として、グリーンインフラの推進が求められている。

さらに、生物多様性条約第12回締約国会議においては、防災・減災の文脈だけでなく、地方自治体における生物多様性保全の取り組みを推進するため、欧州がグリーンインフラの活用を提案し、各国の地方自治体の行政計画、都市計画におけるグリーンインフラの推進についても推奨している。このような流れを受け、2016年に日本で開催されたG7会合においてもEco-DRRやグリーンインフラが取り上げられた。グリーンインフラは環境保全の議論の場だけでなく、G7伊勢志摩首脳会議の付属文書である「質の高いインフラ投資の推進のためのG7伊勢志摩原則」において、今後の経済・開発戦略としてのインフラの整備の推進方策の一つとしても位置付けられている。

このようにグリーンインフラは、国際会議の場においては、環境保全だけでなく、防災・減災、経済・開発の文脈の中でも明示されており、多様な文脈からの議論の統合を進めるための手法と期待されている。

欧米の動向からグリーンインフラの活用を学ぶ

欧州と米国の動向から、グリーンインフラの捉え方や方向性、推進方策を概観してきたが、両者の捉え方において共通項が見られる一方で、方向性や推進方策は異なる点が多かった。

欧州のグリーンインフラは生態系やエコロジカルネットワークの再生に重きを置いており、米国では都市機能の向上や、雨水管理の点から位置付けられていることが分かる。また、このような位置付けは、米国の定義に見られるようにスケールレベルでも異なり、その地域の背景を考慮している。

このことはグリーンインフラの事業が、地域の自然的社会的条件に応じて具体的な取り組みの内容を設定すべき性質を持っているためだと考えられる。このため、日本におけるグリーンインフラの定義においても、各地域の実情に合致したグリーンインフラの事業が各主体の判断の下に実施され、様々な

解釈ができるように、幅広い意味を持たせることが重要であるといえる。これからグリーンインフラを活用していく上で、定義は重要であり、その設定については柔軟に調整していく必要がある。

　これまで見てきたように、グリーンインフラの多機能性を発揮していくには、地域性を重視することが不可欠だということが分かる。グリーンインフラの機能というものは、その地域固有の生態系が基盤になっており、それに適した歴史文化、そして産業を結び付けていくことで効果を発揮することができるからである。地域の固有性を重視することで、地域にある自然資本やその土地固有の技術が必要となり、それが地域経済に貢献し、そして社会資本整備や土地利用が進むことが期待される。

　グリーンインフラは多様な分野、主体、空間で行われる施策や、事業、取り組みを自然資源の活用によって統合化することにより、新たな社会的価値を生み出すものとして捉えていく必要がある。このグリーンインフラを実現していくためには、制度や仕組み、そして技術面で解決していくべき課題が多くある。制度や仕組みの構築には、多様な分野をまとめる統合的な土地利用計画の策定、地域の多様な主体による事業構築、事業を創出する人材の育成や活用などが必要になってくる。そして技術面では、多様な機能が発揮されるインフラの施工・維持管理の技術開発、その評価システムの開発など、今後新たに求められる技術も多くある。

　これらを具体化し、日本においてグリーンインフラを推進していくためには、技術的ガイドラインやその効果を可視化する技術開発、そして民有地や企業のグリーンインフラに取り組むための枠組みづくりなどを考えていく必要がある。現在、日本においてもグリーンインフラをテーマに、「グリーンインフラ研究会」をはじめ、様々な場所で専門家と実務家の連携が進められており、行政や学術、産業、NGOなどの多様な主体がグリーンインフラの活用や展開について議論している。今後、行政や学術研究、産業の連携・協働が活発に行われ、グリーンインフラの制度や技術開発などの検討が進められることにより、新たな社会価値の創造が期待される。

■ 引用・参考文献

- Barcelona green infrastructure and biodiversity plan 2020. http://w110.bcn.cat/MediAmbient/Continguts/Documents/Documentacio/BCN2020_GreenInfraestructureBiodiversityPlan.pdf （2015年9月25日確認）
- 米国環境保護庁（EPA）ホームページ "What is Green Infrastructure?" http://water.epa.gov/infrastructure/greeninfrastructure/gi_what.cfm （2015年9月25日確認）
- City of Portlandウェブページ "Grey to Green" http://www.portlandoregon.gov/bes/47203 （2015年9月25日確認）
- European Commission. (2013) EU Green Infrastructure Strategy, Communication from the Commission. http://ec.europa.eu/environment/nature/ecosystems/index_en.htm （2016年10月25日確認）
- 環境省（2016）「生態系を活用した防災・減災に関する考え方」環境省ウェブページhttp://www.env.go.jp/nature/biodic/eco-drr/pamph01.pdf（2016年10月25日確認）
- 西田貴明、岩浅有記（2015）わが国のグリーンインフラストラクチャーの展開に向けて～生態系を活用した防災・減災、社会資本整備、国土管理～. 季刊政策・経営研究2015 Vol.1 pp.46-55.
- 西田貴明（2016）「グリーンインフラ」で地方創生～自然の力活用し整備、経済効果も.時事通信社、金融財政ビジネス（2016年1月25日号）pp.14-18.

執筆者プロフィール

西田　貴明 （にしだ・たかあき）
三菱UFJリサーチ＆コンサルティング　経営企画部グリーンインフラ研究センター　副主任研究員

42ページ参照

日本のグリーンインフラに関する政策動向

2015年、日本でもグリーンインフラの推進が始まった。日本のグリーンインフラの概念について、国会や政府の計画などにおける導入状況を概観しながら、防災・減災、国土管理、経済振興の観点からグリーンインフラの展開の可能性を紹介する。

西田 貴明（三菱UFJリサーチ&コンサルティング 経営企画部グリーンインフラ研究センター）
岩浅 有記（環境省関東地方環境事務所国立公園課（元国土交通省国土政策局総合計画課））
中山 直樹（環境省自然環境局自然環境計画課 生物多様性施策推進室）

　わが国では、古くから森林、農地、都市、公園緑地、河川、沿岸など、様々な分野において、自然環境の多機能性を活用した社会資本整備や土地利用が行われており、グリーンインフラとして捉えられる取り組みは多数存在する。現在、注目されているグリーンインフラとは、これらの既存の自然機能を活用した取り組みを後押しするものであるとともに、ハードとソフトの対策をより効果的に連動させ、また異なる土地利用における個々の取り組みの空間的なつながりを強化することで、一層大きな社会、経済的な便益の確保を目指す動きでもあると言える。

日本におけるグリーンインフラの動向
　国内の自然の機能を活用した取り組みは、古くから数多く実施されてきた。ただし、海外で確立したグリーンインフラという概念が推進され始めてからいまだ日が浅い。欧州グリーンインフラ戦略が策定されたことを受け、2013年11月に日本生態系協会と地球環境国際議員連盟（超党派の国会議員で構成）の共催による勉強会が開催された。この際に、欧州環境省の専門家から、同戦略について紹介があり、国会議員や政策担当者が高い関心を示したことが日本でのグリーンインフラの議論のきっかけと言える。
　さらに、2014年2月13日の衆議院予算委員会では安倍晋三総理大臣よりグ

リーンインフラについて次のような発言があった。

「自然が持つ機能を防災、減災に有効に活用しようという取り組みが、近年、西欧を中心に進められているということは承知をしております。わが国が、わが国の豊かな自然を活用しながらグリーンインフラの整備を進めていくことは、経済、社会両面で有効であり、重要であると思います。わが国においても、緑の防潮堤や海岸防災林の整備のような、自然の機能を生かした事業を減災、防災などの取り組みとして進めているところであります。グリーンインフラという考え方を取り入れて、将来世代に自然の恵みを残しながら、自然が有する機能を防災、減災などに活用していきたいと考えております」

その他、2013年11月21日の衆議院災害対策特別委員会、2014年10月6日の衆議院予算委員会、2015年3月10日の衆議院予算委員会第八分科会においても関連する議論が行われ、日本におけるグリーンインフラの政策的な活用に関する注目が集まった。

このような国会での議論を踏まえ、グリーンインフラに関する政府計画（表1）が策定され始めた。

まず、2014年6月に閣議決定した国土強靱化基本計画では、環境分野における国土強靱化施策の推進方針として、海岸林や湿地などの自然生態系が有する防災・減災機能や平時の生態系サービスを評価し、それらを積極的に活用した防災・減災対策を推進することを掲げられた。また、2015年8月に閣議決定した国土形成計画においては、「本格的な人口減少社会において、豊かさを実感でき、持続可能で魅力ある国土づくり、地域づくりを進めていくために、社会資本整備や土地利用において、自然環境が有する多様な機能（生物の生息・生育の場の提供、良好な景観形成、気温上昇の抑制など）を積極的に活用するグリーンインフラの取り組みを推進する。このため、社会資本整備や土地利用におけるグリーンインフラの考え方や手法に関する検討を行うとともに、多自然川づくり、緑の防潮堤および延焼防止などの機能を有する公園緑地の整備等、様々な分野において、グリーンインフラの取組を

表1　日本の行政計画におけるグリーンインフラ

名称（所管）	年月	主なグリーンインフラの記載内容
国土強靱化基本計画（内閣官房）	2014.6	海岸林・湿地などの自然生態系が有する防災・減災機能や平時の生態系サービスを評価し、それらを積極的に活用した防災・減災対策を推進すること
国土形成計画（国土交通省）	2015.8	本格的な人口減少社会において、豊かさを実感でき、持続可能で魅力ある国土づくり、地域づくりを進めていくために、社会資本整備や土地利用において、自然環境が有する多様な機能（生物の生息・生育の場の提供、良好な景観形成、気温上昇の抑制など）を積極的に活用するグリーンインフラの取り組みを推進する。このため、社会資本整備や土地利用におけるグリーンインフラの考え方や手法に関する検討を行うとともに、多自然川づくり、緑の防潮堤及び延焼防止などの機能を有する公園緑地の整備など、様々な分野において、グリーンインフラの取り組みを推進する。
国土利用計画（国土交通省）	2015.8	上記と概ね同様。
社会資本整備重点計画（国土交通省）	2015.9	多自然川づくりや緑の防潮堤、延焼防止などの機能を有する公園緑地の整備など、自然環境が有する多様な機能を活用するグリーンインフラの取り組みにより、自然環境の保全・再生・創出・管理とその活用を推進する。
地球温暖化に関する「適応計画」（環境省）	2015.11	生態系を活用した適応策に関する知見や事例、機能評価手法などを収集する。沿岸域における生態系による減災機能の定量評価手法開発を推進する。
国土強靱化アクションプラン2016（内閣官房）	2016.5	第1章 アクションプラン2016の策定について 2 特記すべき事項 (2)地方創生につながる強靱な地域づくりの推進 （地域資源を活用した地方創生につながる国土強靱化の取組） 地方公共団体においては、地域計画の策定や見直しに際して、防災・減災機能など自然生態系が有する多様な機能を「グリーンインフラ」として積極的に用いるなど、地域が有する自然や地形など地域資源を有効に活用し、地域の豊かさを維持・向上させるよう、両者を十分連携させることが望まれる。 【プログラム共通的事項に係る推進方針】 11.環境 （自然生態系を活用した防災・減災の推進） ○　「グリーンインフラ」の効果に着目し、サンゴ礁、海岸部の森林、湿地、森林などに係る国内外の事例を収集して自然生態系の有する防災・減災機能を定量的に評価・検証し、自然環境の保全・再生を推進する。【環境省】
森林・林業基本計画（林野庁）	2016.5	＜再生利用が困難な荒廃農地の森林としての活用＞ 農地として再生利用が困難な荒廃農地であって、森林として管理・活用を図ることが適当なものについては、多面的機能を発揮させる観点から、地域森林計画への編入に向けた現況等調査、早生樹種等の実証的な植栽等に取り組む。また、住宅等の周辺にあり、既に森林化した荒廃農地については、保安林に指定して整備・保全するなど、自然環境の有する防災・減災等の多様な機能を発揮させる「グリーンインフラ」としての活用を図る。

推進する」ことが明記された。なお、同日付で閣議決定された国土利用計画においても同様の方針が明記されている。

　さらに、2015年9月に閣議決定した社会資本整備重点計画においては、「多自然川づくりや緑の防潮堤、延焼防止などの機能を有する公園緑地の整備など、自然環境が有する多様な機能を活用するグリーンインフラの取り組みにより、自然環境の保全・再生・創出・管理とその活用を推進する」ことが明記された。さらに、同年11月に閣議決定された地球温暖化に関する「適応計画」においては、「生態系を活用した適応策に関する知見や事例、機能評価手法等を収集する」ことや「沿岸域における生態系による減災機能の定量評価手法開発を推進する」ことが明記された。

　その後、2015年12月には、産学官連携による国土強靭化を推進するためのワーキンググループ（一般社団法人レジリエンスジャパン推進協議会グリーンレジリエンスWG）が立ち上がった。同ワーキングの議論を踏まえて、2016年5月に発表した「国土強靭化アクションプラン2016」において、グリーンインフラによる国土強靭化、地方創生の取り組みを推進することが明記されている。

　さらに、森林分野においても、荒廃農地の問題に対してグリーンインフラを活用していくことが、2016年5月に閣議決定した森林・林業基本計画に明記されている。このように、グリーンインフラに関する議論が活発に行われ、政府の関連計画においてもグリーンインフラの概念、重要性、施策の推進が位置付けられつつある。

グリーンインフラ推進の背景

　国内でのグリーンインフラの推進は、環境保全への関心の高まりのみならず、気候変動などの災害リスクへの対応、人口減少下における国土管理、地域社会の経済振興といった、社会課題への対応策として期待が集まっている。これら三つの観点から、グリーンインフラの活用の可能性について改めて考えてみたい。

(1) 防災・減災から見たグリーンインフラの活用可能性

　防災・減災におけるグリーンインフラの活用は、Eco-DRR（生態系機能を活用した防災・減災）とも呼ばれるが、自然災害の被害軽減だけでなく、発生リスクの抑制、災害後の回復・復興の観点から捉えると、その重要性が分かりやすい。

　まず、生態系による自然災害の被害軽減から見ると、森林、マングローブ林、サンゴ礁、砂浜など、様々な生態系のタイプで報告されている。例えば、海岸林には津波の波力の減衰効果がある。東日本大震災で発生した大規模な津波でも、海岸林が津波の進路を変えて、背後にある農地の被害を軽減したり、漁船などの二次ガレキの捕捉に効果を発揮したりしたことが報告されている。また、サンゴ礁は、外洋から波の物理的な障壁となり、波力を減衰させて陸地への影響を軽減することが知られている。

　それ以外にも、森林による土石流の緩和機能や砂浜による波浪減衰、消波の効果など、幅広い生態系の被害軽減効果が明らかになっている。これらの森林の被害軽減の効果は、特定の災害抑制の機能だけを切り出して評価すれば、既存の人工物のインフラに比べて劣るものの、災害の被害軽減の機能を過小評価することなく、さらにその多様な機能を効果的に活用することが望ましいと考えられる。

　一方、発生リスクの抑制について、地域固有性に配慮した森林や水田においては、斜面崩壊の抑制機能、降雨時の遊水機能など、災害の発生確率を下げる（災害リスクを低下させる）効果があることは広く理解されている。例えば樹木は、雨水を葉や幹など、樹体全体で捕捉し、一部を蒸発散させる。また森林土壌は雨水の移動を複雑な構造により遅らせる。これらの作用により、森林は雨水が河川に流出する量を減少させ、また時間的な遅れをもたらすことで、洪水発生を抑止するので、グリーンインフラとして生態系の機能を活用することは有効であると考えられる。

　さらに、災害後の復旧・復興においては、まず災害発生によりライフラインなどが遮断された際には、森林は一時的な燃料や食料、水の供給源となり、

外部からの救援までの地域住民の生存力を高めることができる。さらに生態系は、自然災害によって損傷を受けても自律的に回復するため、防災機能は時間経過とともに元に戻ることもある。実際、東日本大震災のような大規模な津波被害でも、一部の地域では一定の植生の回復が報告されている。また、地域の固有性が確保されたグリーンインフラであれば、地域の自然資源として農林水産業、観光業といった地域産業の振興や地域のコミュニティーの強化などに活用することで、地域の復興に役立てることもできる。さらに、都市緑地は大規模災害時の火災の延焼防止や災害時の避難場所などに活用されることが知られており、復旧復興のプロセスにおいて、生態系は特に重要な役割を担うと期待される。

　つまりグリーンインフラは、あらゆる防災・減災の施設整備に取り入れられるものではないが、防災・減災の多様なプロセスにおいて有用であり、これからの防災・減災を進めるための基本概念の一つに位置付けられる。また、グリーンインフラは既存の人工構造物のインフラと対立する概念ではなく、両者の長所を活かした新しい社会資本の付加価値を高める取り組みと捉えられる。

(2) 国土管理から見たグリーンインフラの活用可能性

　グリーンインフラは、国土管理・土地利用の観点からも重要とされている。日本は既に人口減少社会を迎えており、今後、地方や郊外部を中心に急激な人口減少が予想されている。大都市などでは、今後も人口増加や新たな機能の集積に伴い、一定程度、土地需要が増加する地域も想定されるものの、全体として土地需要は減少し、これに伴って国土の利用は様々な形で縮小していくことが想定される。その結果、国土管理水準の低下や非効率な土地利用の増大などが懸念されることから、今後の国土利用においては、本格的な人口減少社会における国土の適切な利用・管理の在り方を構築していくことが求められている。

　そういった社会情勢において、グリーンインフラは放棄森林、荒廃農地、

空家・空地など、低未利用地において自然環境の保全・再生・活用を図るための方策とも位置付けられる。つまり、グリーンインフラによる再生可能な資源・エネルギーの供給や防災・減災、生活環境の改善など、自然が持つ多様な機能を積極的に評価し、地域における持続可能で豊かな生活を実現する基盤として、社会経済的な観点からもその保全と利活用を図ることが重要である。

さらに、わが国は災害リスクの高い35％の地域に人口の70％以上が集中するなど、国土利用上、災害に対して脆弱な構造となっている。人口減少は、国土の空間的な余裕を生み出す機会であり、グリーンインフラを用いて、中長期の視点から計画的・戦略的に、より安全で持続可能な国土利用を推進する好機と捉えることができる。

人口減少下で生じる低未利用地の適切な利用・管理は、生物多様性の保全、健全な水循環の維持や回復などを通じて、防災・減災や自然との共生などを促進する効果に加え、これらを通じた持続可能な地域づくりにも効果を発揮する。今後はグリーンインフラの考え方を取り入れながら、複合的な効果をもたらす土地利用施策を積極的に進め、人口減少下においても、自然と調和した持続的な国土の適切な管理が推進されることが期待されている。

(3) 経済振興から見たグリーンインフラの活用可能性

諸外国においても、グリーンインフラの経済的な効果は、グリーンインフラを推進する大きな原動力になるため、様々な分野において調査研究が進められている。既往の研究からグリーンインフラによる経済的な効果の発現プロセスを整理すると、グリーンインフラへの投資は、都市や地域の自然環境の向上がもたらされる結果、①生活環境・維持管理コストの低減、②地域資源の付加価値の創出、③新たなビジネスの創出機会の構築を経て、地域への経済的な効果が生み出される——以上の三つに分かれる。

まず、「生活環境・維持管理コスト」とは、インフラの維持管理に関わるコストだけでなく、地域住民の健康などを維持するコストも含まれる。グリー

ンインフラは、自然の仕組みや機能を活用することから、長期的な観点からみれば、維持管理のコストが小さくなることもある。また、グリーンインフラを活用した良好な自然環境は、清掃や生活環境の維持に関するコストを下げ、地域住民の健康改善を促し医療費の削減にもつながり得る。

　また、「地域の付加価値の創出」としては、グリーンインフラが整備された地域においては、都市のブランドの向上、生産される農作物などのプレミアム価値の付加、さらには地価の上昇が期待される。

　最後に、「新たな雇用・ビジネスの創出」としては、生態系や緑を管理する専門的人材の雇用が増えるだけでなく、生活環境の優れた地域や都市では、新たな事業を創造する環境として好まれるため、優良企業の誘致が容易になることも考えられる。これらのグリーンインフラの経済的な効果については、定量的な評価が容易でないものも含まれる。ここで、国内外の主な事例を見てみたい。

　まず、フランスのパリ市では、市域の生物多様性保全の取り組みの一環としてグリーンインフラの考え方を取り入れ、市内各所に残された廃線の再利用による緑地の整備などを行っている。廃線の再利用による緑地の整備は、地域の景観向上、レクリエーションの場の形成と共に、非常時の物資輸送用線路として利用されるものである。

　「廃線の緑地としての再利用は、周辺地域の生活空間としての質の向上に伴い、整備前に比べて入居率が増加し、さらに、廃線において問題となっていた不法投棄なども減少し、維持・管理コストを下げることに成功している」（パリ市の担当者）。

　さらに、フランスのナント市は、比較的古くからグリーンインフラの施策を展開し、欧州委員会の表彰制度である「European Green Capital Award 2013」を受賞した環境先進都市である。ナント市は、かつて造船業で栄えていたが、国全体の産業構造の変化に伴い衰退が進んでいた都市であった。しかし、1980年代以降、未利用地の再開発においてグリーンインフラの要素を積極的に取り入れた整備を行い、欧州では初めてトラムを再生し、緑道を備えた

自転車専用道路も整備している。さらに、ハードの整備だけでなく、ソフト事業として、環境保全や緑化のイベントも数多く実施しており、近年は、緑地関連だけで年間100回を超える。このようなハードとソフトの両面の事業を組み合わせることで、グリーンインフラを市内全体で広めてきた。その結果、フランスの住みたい都市ランキングの上位に毎年入り、多くの高度な技術産業の誘致に成功し、極めて魅力の高い都市になることに成功している。

他方、国内でもグリーンインフラの経済的な効果は、明らかになりつつある。福岡県福津市の上西郷川では、人工構造物中心の河川からの転換として多自然川づくりを行ったグリーンインフラの事例がある（写真1）。洪水が頻発していた上西郷川において、川幅を広くとり、計画的に流路に構造物を

写真1 ■ 福岡県福津市を流れる上西郷川。右岸側は川幅を拡幅して緩傾斜にした。様々な河道内自然再生工法を採用している（写真：日経コンストラクション）

入れることで、河川の氾濫を抑えつつ、極めて良好な自然再生を実現している。この事例では、周辺地域の間伐材を用いることで地域経済に貢献するとともに、生活環境の向上により周辺宅地の販売が好調であり、地域の経済にも影響が波及していると言える。また、上西郷川の改修においては、計画の初期から地域住民が参画することで、地域の様々なニーズに合わせた河川整備となっており、完成後の河川の維持管理にも地域住民からの積極的な協力が得られている。

また、兵庫県豊岡市の円山川では、治水対策と共に、コウノトリの生息環境を整える湿地を再生した事例がある。円山川の自然再生と共に、周辺の水田でもコウノトリの生息しやすい生産方法を取り入れることで、コウノトリを育むお米としてブランド化に成功し、地域に大きな経済波及効果をもたらしたことが明らかになっている。

わが国のグリーンインフラの発展に向けて

グリーンインフラは、既存の多様な分野、主体、空間で行われる施策や、事業、取り組みを推進しながら、自然の資源、多様な機能の活用の観点から連携を促進し、新たな社会的価値を創出する概念として捉えられる。

このようなグリーンインフラの展開を見据えると、現在の制度・仕組み、技術開発においては少なからず課題が存在する。

まず、制度・仕組みの構築の観点から見ると、グリーンインフラの取り組みの連携を高める上では、多様な分野をまとめる統合的な土地利用に関する行政計画の策定、地域の多様な主体（行政、企業、地域住民、市民団体、研究機関など）による事業構築のプラットフォーム、地域の資源を発掘し、事業を創出する中核人材の育成など、多様な主体の連携とそれを統合化させる人材の活用が必要となる。さらに、技術開発の観点から見ると、多様な機能が発揮されるインフラの施工・維持管理の技術開発、生態系の活用により管理コストを低減する技術、多機能性の一体的な評価システムの開発など、今後新たに求められる技術も多い。

また、これらの制度・仕組みの構築、技術の研究開発は、それぞれの分野、課題に特化するだけでなく、相互の知見の融合による議論が重要になる。そして、このような学際的な議論、制度設計、研究活動においては、多様な主体の連携、多層的な空間、時間スケールに基づく視点が求められる。今後もグリーンインフラの在り方に関しては十分な議論が必要であるが、グリーンインフラの様々な可能性を広げるためには、その定義や適用範囲を限定することなく、幅広い取り組みを対象としつつ、異分野の取り組みを連携、融合させることが必要である。

　2015年に政府計画としては「グリーンインフラ」という文言が導入されたばかりであり、現時点ではグリーンインフラと称する事業、取り組みはまだまだ少ない。しかし、わが国は自然の機能を活用することについては、古くから実施しており、森林や農地、河川、公園など、様々な空間において豊富な実績や知見・技術を有している。これら既存の取り組みを基点とし、相互の連携を推進することで、グリーンインフラとしてより大きな効果が生まれることが期待される。今後、様々な土地利用や学問領域・産官学の多様な連携との協働により、グリーンインフラを通じた社会の新しい価値形成が進むことを期待したい。

■ 引用・参考文献
- 中山直樹(2015)生態系を活用した防災・減災に関する国内外の動向 季刊環境研究 2015 No.179 pp.57-64.
- 西田貴明、岩浅有記(2015)わが国のグリーンインフラストラクチャーの展開に向けて〜生態系を活用した防災・減災、社会資本整備、国土管理〜. 季刊政策・経営研究2015 Vol.1 pp.46-55.
- 岩浅有記(2015)国土交通省におけるグリーンインフラの取組について.応用生態工学18(2)pp.165-166.
- 西田貴明(2016)「グリーンインフラ」で地方創生〜自然の力活用し整備、経済効果も.時事通信社、金融財政ビジネス(2016年1月25日号)pp.14-18.
- 環境省自然環境計画課生物多様性地球戦略企画室(2016)生態系を活用した防災・減災〜人と自然がよりそって災害に対応するという考え方〜.ランドスケープ研究vol.80(2)pp.165-166

執筆者プロフィール

西田 貴明（にしだ・たかあき）
三菱UFJリサーチ&コンサルティング 経営企画部グリーンインフラ研究センター 副主任研究員

42ページ参照

岩浅 有記（いわさ・ゆうき）
環境省関東地方環境事務所国立公園課 自然再生企画官
（元国土交通省国土政策局総合計画課）

2003年環境省入省。国立公園をはじめとした自然環境行政を担当。国土交通省出向時には2015年8月に閣議決定した国土形成計画及び国土利用計画にグリーンインフラを初めて盛り込む。「グリーンインフラは自然環境政策のみならず、持続可能な国土管理、地方創生、都市のイノベーションなど今後の成熟社会のために必須の概念と考えている」

中山 直樹（なかやま・なおき）
環境省自然環境局自然環境計画課 生物多様性施策推進室 室長補佐

2004年環境省入省。主に自然環境行政を担当。生態系を活用した防災・減災を主流化するため、考え方を示したハンドブックの作成、国土強靱化基本計画への位置付け、国際的な普及啓発や生物多様性条約の決議などの提案を担当した。「グリーンインフラは保護と開発の対立を超えた新しい解決策を提案するツールとして期待」

学術分野における検討状況

多機能なグリーンインフラを総合的に評価することが学術分野に求められている。自然科学のみならず人文社会科学も含む幅広い学術分野を横断する連携研究が必須である。しかし、グリーンインフラの研究は、現在のところ定性的・限定的な評価にとどまっている。日本の関連する多くの学会で検討や活動が進みつつあり、今後の発展が期待される。

吉田 丈人（東京大学大学院総合文化研究科）

　グリーンインフラの最大の特徴は、多様な機能を発揮するところにある。自然科学だけでなく人文社会科学も含めた多様な学術分野が共同し、グリーンインフラを総合的に評価することが求められる。様々な生態系サービスがもたらす機能や、環境や生物多様性の保全再生における機能、中長期的な経済効果や地域社会への影響など、多様な評価軸に沿った評価検討が必要となる。総合的な評価により、社会に必要なインフラを計画・整備・更新するに当たって、包括的な費用と便益の検討が可能となり、将来世代への効果を考慮した、より良いインフラの選択が可能となる。逆に言えば、限られた一部の機能のみの評価によってインフラが選択されることは、将来の世代に禍根を残しかねない。

　インフラの総合的な評価を実行するためには、学術分野だけでなく、地域の多様な関係者との協働による超学際的（トランスディシプリナリー）な連携が求められる。しかし、このようなインフラの学際的・超学際的研究は近年始まったばかりであり、政策担当者が標準的な方法でインフラを総合的に評価することを可能にするような知見の集積は、いまだにない。それぞれの地域の社会経済や自然環境の実情に応じて、どのようなタイプのインフラをどこに計画・整備するかについて、各地域社会で検討することが重要だ。

　ここでは、学術分野におけるグリーンインフラの検討状況について、日本学術会議と英国王立協会から近年出された、生態系を活用した防災・減災に

関する報告の内容や、日本の諸学会におけるグリーンインフラの検討状況を紹介する。

提言「復興・国土強靭化における生態系インフラストラクチャー活用のすすめ」

提言「復興・国土強靭化における生態系インフラストラクチャー活用のすすめ」は、2014年9月に日本学術会議から出された。広義のグリーンインフラから人工的な緑地・水域などによるインフラストラクチャーを除き、生態系（自然・半自然環境）を活かすもののみが、「生態系インフラストラクチャー」（生態系インフラ）という新しい用語で定義されている。

日本の里地・里山をはじめとして国内外の伝統的な土地利用においては、災害リスクの高い場所を居住地や集約的な農地としては利用せず、代わりに生物資源の採集地や粗放的な農地として利用してきた。そのような土地利用の在り方を現代的な視点から見直すと、生態系インフラが伝統的な土地利用において活用されていたことが分かる。このような生態系インフラを用いた低コスト・低メンテナンスの防災・減災が、東日本大震災からの復興や国土強靱化の政策において検討されることがほとんどないのが現状であり、生態系インフラの活用を勧める内容の提言となっている。

また、人工構造物によるグレーインフラと生態系インフラについて、定性的ではあるものの具体的な特徴を比較している（沿岸域の津波対策や河川の治水対策を念頭に置いた比較）（表1）。

グレーインフラは、目的とする単一の機能を確実に発揮させることができ、社会からの要求に沿った性能を提供できることが最大の利点とされている。また、グレーインフラの整備においては、短期的ではあるものの地域で雇用が生じるなどの経済効果をもたらし、地域でグレーインフラが歓迎される理由の一つでもあると議論している。

一方、生態系インフラは、生態系が提供する多くの生態系サービスが維持・創出されるところに最大の利点があるとしている。また、生態系の順応的な管理により、計画時には予測できなかった事態（不確実性）に対処しやすい

表1 人工構造物によるインフラ（防潮堤築造）と
生態系インフラ（沿岸生態系の環境空間）の機能比較

	人工物インフラ	生態系インフラ
単一機能の確実な発揮（目的とする機能とその水準の確実性）	◎	△
多機能性（多くの生態系サービスの同時発揮）	△	◎
不確実性への順応的な対処 （計画的に予測できない事態への対処の安易さ）	×	○
環境負荷の回避（材料供給地や周囲の生態系への負荷の少なさ）	×	◎
短期的な雇用創出・地域への経済効果	◎	△
長期的な雇用創出・地域への経済効果	△	○

（資料：日本学術会議）　　　　　　　　　　◎大きな利点　○利点　△どちらかといえば欠点　×欠点

　ことも利点であるとしている。生態系インフラの整備にかかる経済的コストは、初期コストも維持管理更新コストのどちらでも、大規模なグレーインフラと比較してとても小さく、災害がない平時においても多様な生態系サービスを提供することで多くの利益を生み出すとしている。

　また、グレーインフラの整備による環境負荷は、人工構造物が設置される場所での環境や生物多様性に大きな影響をもたらすだけではなく、インフラ整備に利用される資材の調達（コンクリート骨材の砂採取など）においても負の影響が大きい。一方、生態系インフラは、生物多様性の保全を含む自然環境の良好な維持とインフラ整備の両方の目的に寄与するWin-Winの方策だ。生態系の不可逆的な変化をもたらすことがないため、その時々の社会ニーズに基づいて利用方法を変えることが容易で、「悔いをもたらすことのない（no-regret）」方策とも言われている。また、生態系インフラは人工構造物とは異なり、メンテナンスに人的資源を投入する必要がほとんどなく、人口減少・超高齢化社会にとって大きな利点を持つことも指摘されている。

報告「極端な気象へのレジリエンス」

　報告「極端な気象へのレジリエンス」は、2014年11月に英国王立協会か

ら出された。近年、極端な気象による自然災害が増えており、人口増加と相まって、より多くの人々と財産が災害に遭いやすくなっていることが深く関係していると報告している。また、気候変動により、さらに多くの自然災害が今後起こると予測されている。そのような自然災害に対して、人間社会がレジリエンスを備えることが重要であると、本報告は主張している。

　ここで言うレジリエンスとは、個人・地域社会・人間社会と生態系を含む社会生態系が、たとえ自然災害に遭ったとしても、存続・適応・発展し、さらに必要なときには新しい状態へ大きく転換することを、広く指している。レジリエンスを高めるためには、インフラによるハード面と、社会の取り組みによるソフト面を組み合わせることが重要であると、指摘している。極端な気象による災害を減らすためのインフラには、グレーインフラだけでなく生態系の機能を利用したインフラも考慮する必要があると述べるとともに、4タイプの自然災害（河川の洪水や沿岸の高潮、熱波、干ばつ）に対して、各種のインフラを比較している。この各種インフラの比較が、本報告の一番の特徴とも言える。

　比較したインフラは、大まかに三つに分類される。「グレーインフラ」、「生態系の機能を活用したインフラ」、それら二つの中間で人工的要素と自然的要素を組み合わせた「ハイブリッド型のインフラ」である。自然災害のタイプに応じて、具体的な様々なインフラの特徴が評価されている。インフラごとに、防災・減災の有効性（効果の大きさと空間規模）、経済性（短期および長期にわたるコスト）、二次的な効果（食料生産、生計、水供給、生物多様性、気候変動の緩和、複数の自然災害に対する防御）に関して評価している。インフラに詳しい各専門家が評価し、それぞれの評価項目で専門家間の平均スコアが計算されている。

　グレーインフラ、生態系を活用したインフラ、ハイブリッド型のインフラについて、評価の大まかな傾向が示された（図1）。生態系を活用したインフラは、より経済性が高く、より多くの二次的な効果がありつつも（図2）、ある程度の防災・減災効果があった。ただし、これらの評価には不確実性も

図1　各種インフラの有効性と経済性のまとめ

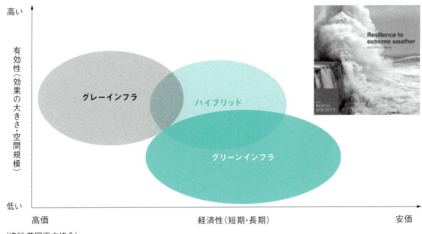

(資料：英国王立協会)

図2　各種インフラの二次的な効果のまとめ

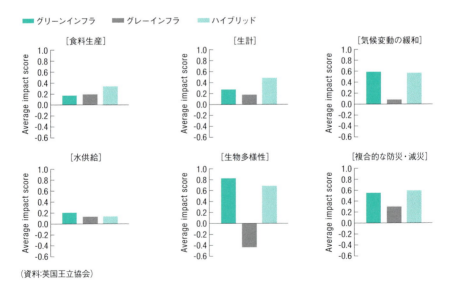

(資料：英国王立協会)

あり、未解明なところが多いとも指摘されている。一方、グレーインフラは、防災・減災の効果は大きいが、他のタイプのインフラに比べて、経済性が低く二次的な効果が小さいと評価されている。また、ハイブリッド型のインフラは、防災・減災効果と経済性は両者の中間にありつつも、二次的な効果が一定程度あるとされる。

　ただし、個別の具体的なインフラを見てみると、必ずしもこの評価が当てはまるとは限らず、インフラごとの差が大きい。そのため、複数のインフラを組み合わせることで、より良い効果が期待できるとも指摘されている。ただし、この評価は英国でなされたものであり、そのまま日本に適用することができないものもあるという点には注意したい。

日本の関連学会における検討状況

　日本でのグリーンインフラの総合的な評価はどこまで進んでいるのだろうか。また、グリーンインフラの社会実装に対する学術分野からの貢献は、どのような現状なのだろうか。ここでは、グリーンインフラに関わりが深い学会での検討状況について、それぞれの学会で中心的に活動されている専門家から、紹介してもらう（学会名の五十音順）。なお、記載内容は 2016 年 11 月時点のものであること、各学会の公式の見解ではなく専門家個人の見解であることに留意したい。

＜応用生態工学会＞

　生態学と土木工学の境界領域を扱う応用生態工学会では、2015 〜 2018 年を対象とした中期計画において「気候変動適応策、大規模災害への対応、防災・減災事業と自然環境保全の両立」を重要項目として挙げ、グリーンインフラと関連の深い研究の推進や普及を進めている。2015 年 9 月に発生した関東・東北豪雨鬼怒川災害では緊急調査団を結成・派遣し、災害後の河川事業と生物多様性保全を両立させるための提言書や、河川周辺の微高地や旧河道を活用した防災計画を検討した報告書をまとめた。（東邦大学　西廣淳）

＜環境アセスメント学会＞
　各種開発行為に際して、あらかじめ環境への影響を調査・予測・評価し、当該事業に環境配慮を組み込みことを目的とする環境アセスメントは、グリーンインフラを実現していく上で関係が深い分野である。学会ではまだグリーンインフラに直接関わる活動は行われていないが、各種インフラ整備に際しての環境アセスメントの実施において、グリーンインフラの考え方を導入し、実現していくことは重要な課題であり、今後、連携した活動が期待される。(日比谷アメニス 上杉哲郎)

＜環境経済・政策学会＞
　グリーンインフラについての学会としての取り組みやシンポジウムなどは特に行われていないが、東日本大震災での減災機能としての自然資本に着目した研究は、個別的に散見され、関心が高まりつつある。経済的評価や制度的研究は、本学会で様々な事例を対象に行われてきた中心的関心事であり、グリーンインフラの有効性がより信頼性の高いものになるにつれ、研究の気運が高まり、研究をより統合的に意義づけるものとして発展することが期待される。他学会との連携は、こうした研究発展をより促進するものであり、必要性が高い。(慶應義塾大学 大沼あゆみ)

＜土木学会＞
　土木学会はインフラストラクチャーを対象とした学会であるが、グリーンインフラに関する土木学会としての組織的な取り組みやシンポジウムは現在のところ行われていない。土木学会は非常に幅広い分野を取り扱っており、参加するメンバーの多様性も高く、また生態系の保全や自然資源を活用した研究は従前から行われており、潜在的な研究ポテンシャルは備わっている。今後、グリーンインフラ分野の研究も行われていくと考えてよい。(九州大学 島谷幸宏)

＜日本景観生態学会＞

　東日本大震災以降、グリーンインフラやEco-DRRに係る検討および意見表明などを行っている。まず2011年5月に「東日本大震災復興支援特別委員会」を設置し、生態系サービスを最大限に活用して復興を行っていくよう方針を提案した。しかし、巨大防潮堤の設置や盛り土上へのマツ植林といった事業が展開され、残存する生態系の回復可能性が奪われるようになった。そのため、日本生態学会、応用生態工学会、緑化工学会、植生学会などと連携し、仙台市や盛岡市在住の会員を核に、シンポジウム、フォーラム、現地検討会などを繰り返し行ってきた。震災から5年経たのを機に、2016年6月、東北での経験を他地域に活かしていくこと、そして、グリーンインフラやEco-DRRの社会実装を行っていくことを目標とする委員会へと、前述の委員会を発展的に改革して活動していくこととなった。（徳島大学　鎌田磨人）

＜日本建築学会＞

　水環境運営委員会の雨水活用推進小委員会で、グリーンインフラに取り組んでいる。2015年夏頃にランドスケープ系の委員から話題が持ち込まれ、2016年4月刊行の「雨水活用技術規準」の冒頭にグリーンインフラの文言が盛り込まれた。2017年2月には「市民のための蓄雨とグリーンインフラ」というテーマでシンポジウムを開催する。建築学会での活動を母体として、NPO雨水まちづくりサポートが2016年9月に立ち上がり、学会技術規準で規定した「蓄雨」の実践を通してグリーンインフラの社会実装を目指している。（建築家・法政大学　神谷博）

＜日本森林学会＞

　グリーンインフラに特化した学会の活動はないが、森林の多面的機能ないし生態系サービス（生物多様性保全、地球環境保全、土砂災害防止、水源涵養、保健・文化など）は森林科学の主要な研究対象の一つである。現状では、樹木根系の表層崩壊防止機能など、個別機能の定量評価や、森林状態、気候変

動の影響に関する研究成果が多い。最近の特徴としては、森林と災害外力（崩壊、土石流、雪崩、津波）あるいは周辺環境（風、降雪・積雪）との力学的相互作用（Eco-Mechanics）を解明し、森林の防災機能や気象害リスクの評価を目指す研究や、複数機能の相互関係（トレードオフ、コベネフィットなど）を明らかにし、地域特性に応じた生態系サービスの総合評価を目指す研究に取り組んでいる。（森林総合研究所 坪山良夫）

＜日本生態学会＞

グリーンインフラに特に着目して活動している組織として「生態系管理専門委員会」がある。同委員会は主として自然再生事業が抱える課題に生態学の視点から答えることを目的として 2003 年に設立され、セミナーの開催や書籍の出版といった活動を行ってきた。2014 年ごろからは、生物多様性保全を目的とするこれまでの議論から手段として活用する議論を活発化させ、グリーンインフラについての研究と推進を主要な活動の一つとし、一般向けのフォーラムなどを開催している。（東邦大学 西廣淳）

＜日本造園学会＞

都市から国土に至るまでの緑地に関する計画制度や施策に関して、長年にわたる研究の蓄積がある。最近の動向としては、2015 年度の全国大会にて公開シンポジウム「ランドスケープ・アーバニズム」および「生態系インフラストラクチャーを活かしたランドスケープ形成」に関するフォーラムを開催。16 年度は「都市インフラとしてのランドスケープ」というテーマで日中韓ランドスケープ専門家会議を開催し、今後はグリーンインフラ関連領域における積極的な議論の展開が期待されている。（神戸大学 福岡孝則）

＜日本都市計画学会＞

緑地に関する研究は古くから継続して行われており、多くの学術的蓄積がある。特に流域圏プランニングの概念は広域スケールでの緑地のネットワー

クを意識するものであり、グリーンインフラの考え方に非常に近い。分散型の雨水マネジメントに関する研究も散見される。しかし、グリーンインフラという枠組みを正面から論じた研究や研究交流は少なく、また、グレーインフラとの調整、グリーンインフラの政策的展開などを含めて、今後、研究者間の交流をより促進していく必要性がある。（名古屋大学 清水裕之）

＜日本緑化工学会＞

　当学会には緑化に関連する個別の課題に取り組む七つの研究部会が設置されており、その一つの都市緑化技術研究部会を中心にグリーンインフラに関連した取り組みが進められている。2014年には米国ポートランド市のDawn Uchiyama氏を招き「グリーンインフラを活用した豪雨対策の潮流」、2016年にはポートランド州立大学のVivek Shandas教授を招き「グリーンインフラを活用した新しい街づくりに向けて」と題した公開シンポジウムをそれぞれ開催し、グリーンインフラの普及と定着に向けた活動を展開している。また、熊本震災を契機に、各研究部会が共同して取り組める災害対応策発信の検討を始めており、その中ではグリーンインフラ整備のための技術開発も重要な柱となっている。（京都大学 柴田昌三、北海道大学 森本淳子）

＜農村計画学会＞

　本学会は、豊かで美しい農村環境と、活力と魅力にあふれた農村社会の創出を目指しており、社会、経済、法律、建築、土木、緑地、地理、環境科学など様々な分野を専門とする会員（教育・研究者、行政職員、技術者など）により構成されている。グリーンインフラは、社会資本や生産基盤、生活環境整備の中に、いわゆる農業や森林などの多面的機能を埋め込み、戦略的に活用しようとするものである。残念ながら現時点では本学会内にグリーンインフラについて検討する組織は設置されていないが、秩序ある農山漁村の土地利用の実現や生産・生活基盤の計画的な整備の観点からグリーンインフラの形成について本学会が貢献する余地は大きいと思われる。（東京大学 橋本禅）

学術分野に求められる今後

　学術分野におけるグリーンインフラの検討は、多様な機能を持つグリーンインフラの総合的な評価ができたといえる段階には進んでおらず、さらなる評価検討が必要な状況である。また、多様な関係者との協働による超学際的な取り組みは、グリーンインフラの推進に欠かせないが、これもまだ十分に進んでいるとは言いがたい。学術分野に求められる期待は大きく、それに着実に応えていくことが必要である。

■ 引用文献

提言「復興・国土強靱化における生態系インフラストラクチャー活用のすすめ」、日本学術会議、2014年9月
"Resilience to extreme weather" The Royal Society Science Policy Centre report 02/14, The Royal Society, November 2014.

執筆者プロフィール

吉田 丈人 （よしだ・たけひと）
東京大学大学院総合文化研究科 准教授

京都大学大学院理学研究科博士後期課程修了、博士（理学）。京都大学生態学研究センター、コーネル大学、総合地球環境学研究所などを経て、2006年より現所属（現在、准教授）。主に淡水域とその周辺環境における基礎生態学・保全生態学が専門。「多くの社会問題を同時に解決するグリーンインフラの可能性に期待している」

減災のためのグリーンインフラ

近年、世界的に防災・減災の分野で生態系を基盤としたアプローチ（Eco-DRR）が注目を集めている。Eco-DRRとはグリーンインフラが発揮する多面的な機能の中で、特に、防災・減災の機能に着目したアプローチともいうことができるだろう。こうしたEco-DRRを巡る最新の国内外の動向をレポートする。

古田 尚也（大正大学／IUCN（国際自然保護連合））

　2011年3月11日に発生した東日本大震災は、日本社会に大きな衝撃を与えた。その後も、豪雨による水害、土砂崩れ、大雪、火山活動など全国各地で毎週のように何らかの災害関連のニュースが報道されている。こうした現象は日本に限ったことではない。過去数十年の間、世界で発生した自然災害の数は増加の一途をたどっており、特に、風水害や極端な気象現象などによって引き起こされる気象学的、水文学的、気候学的な災害が増加している。災害に対する知識や備えが向上したおかげで、自然災害による死者数は長期的には減少傾向にある一方、経済的な被害は世界的にみて指数関数的に増加している[1]。

　災害とは国連国際防災戦略（UNISDR）によって「影響を受けたコミュニティーや社会自身の対処能力を超えるような、人的、物的、経済的、環境的損失などを伴う、コミュニティーや社会の機能を著しく阻害する事象」と定義されており[2]、災害リスクはハザード（危険事象）、暴露、脆弱性の三つの独立した要素の組み合わせによって成り立つと考えらえている（図1）。

　ハザードとは火山噴火や雪崩などの自然現象である。もし、こうした現象が人里離れた場所で発生すれば、災害にはならない。ハザードが発生する場所に人や何らかの資産が存在すること（暴露）、そしてそれらがハザードに耐えることができない（脆弱性）ということによって、はじめてハザードは災害となる。

図1 ■ 災害リスクの定義

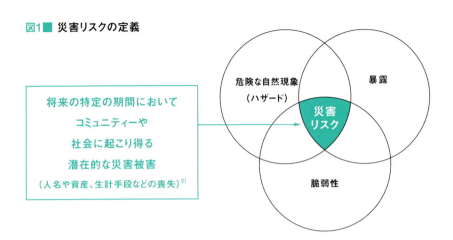

　近年、災害に関する国際的な政策の中で、この災害リスクを削減すること（Disaster Risk Reduction、DRR）がその中心的な戦略となってきた。2005年に神戸市で開催した第2回国連防災世界会議で採択された「兵庫行動枠組（HFA）2005-2015」は、DRRを中核に据えた、初めての世界的枠組みであった[3]。

　健全な生態系や生物多様性を保つことは、ハザード、脆弱性、暴露の三つの要素を通じて災害リスクの削減につながる。例えば、健全な森林は土砂崩れなどのハザードの発生を防止すると同時に、もし発生した場合でもその被害を緩和する役割を果たす。健全な生態系は、災害後の緊急時に必要な水や燃料などを供給するといった脆弱性の強化にも役に立つ。また、ハザードの危険のある場所を保護地域に設定すれば、開発抑制を通じた暴露の減少が期待できる。このように、健全な生態系や生物多様性を保つことは、災害リスクの削減に貢献する。

　生態系の管理や保全、再生を通じて災害リスクを削減すると同時に、持続可能でレジリエントな開発を目指すアプローチは、Eco-DRR（Ecosystem-based Disaster Risk Reduction、生態系を基盤とした防災・減災）と呼ばれ[1]、2004年に発生したスマトラ沖地震に伴うインド洋津波以降、国際的に注目を集める

ようになってきた。言い換えるなら、Eco-DRRとはグリーンインフラが発揮する多面的な機能の中で、特に、防災・減災の機能に着目したアプローチともいうことができる。

国際政策の中で浸透するEco-DRR

　近年、自然環境や防災に関する国際政策の中で、Eco-DRRの位置付けについて大きな進展があった。例えば、2014年10月に韓国で開催した生物多様性条約第12回締約国会議（COP12）では、「生物多様性と気候変動と防災・減災」と題された決議が採択され、Eco-DRRの重要性が認識された。湿地の保全に関するラムサール条約でも、2015年6月にウルグアイで開催したCOP12で、「湿地と防災・減災」と題する決議が採択された。この決議は、2013年に台風ハイエン・ヨランダによる被害を受けたフィリピン政府が、防災・減災に対する海岸マングローブ林などの果たす役割に対する国際社会の認識をより一層高めることを目指して提出したものである。一方、防災の国際政策の分野でも2015年3月に仙台で開催された第3回国連防災世界会議で採択された「仙台防災枠組2015-2030」の中に生態系の防災・減災に果たす積極的役割が位置付けられた[4]。

　これと平行して、気候変動適応の議論の中でも、生態系を基盤としたアプローチに対する認識と関心が近年高まってきている。特に、生態系を基盤した気候変動適応策はEbA（Ecosystem-based Adaptation）と呼ばれ、気候変動による影響に人々が適応するために、生物多様性や生態系サービスを活用するアプローチのことを指す[5]。

　2014年に公表されたIPCC第5次評価報告書WGIIレポート（影響、適応および脆弱性）は、都市部において熱波、豪雨、内陸および沿岸の洪水、土砂崩れ、干ばつ、水不足がリスクを高めていることを指摘しつつ、こうした気候変動の影響に対して工学的、技術的方策に加え、EbAの価値に対する認識が向上していることを指摘している[6]。2015年12月の国連気候変動枠組条約第21回締約国会議（COP21）で採択されたパリ協定でも、同様に生態系

を基盤としたアプローチの重要性が位置付けられた。

　Eco-DRRは、気候変動を直接的な要因としないハザードである地震や火山噴火などの地質学的災害もその対象として含む。ただし、前述したように災害の数としては圧倒的に気象、水文、気候関係が多いこと、また気候変動によって今後さらにその数は増加すると予想されることから、Eco-DRRの考えに沿った対策の多くが、同時に気候変動適応対策としても貢献することが期待されている。

Eco-DRRの長所

　このように、Eco-DRRが近年国際政策の中で注目されてきた理由として、Eco-DRRが従来型の人工構造物に依拠したアプローチ（グレーインフラ）に比べて様々な長所を有していることが挙げられる[7]。例えば、Eco-DRRは、人工構造物による対策に比べて整備・維持管理が低コストであるケースが多い。また、災害発生時以外の平時においても生態系サービスを通じた様々な便益が提供され、ひいてはそれらが地域の魅力となり地域活性化にも寄与するなどのメリットがある。

　こうしたことから、現在Eco-DRRの試みが国内外で実践されるようになると同時に、伝統的に行われていたEco-DRRの考えに沿ったアプローチも見直されるようになってきた。実際、わが国でも古くから、土砂災害の防止や海岸の飛砂対策、河川の水害対策、さらには家屋の暴風対策などのために森林が活用されてきた。近年でも、多自然川づくりや水田・湿地を活かした遊水地の整備など、Eco-DRR的アプローチによる公共事業は各地で実施されている[8][9][10]。

　海外でも、オランダでは河川の拡幅や自然再生、地域活性化を組み合わせた国家的な河川改修に関する事業「ルーム・フォー・ザ・リバー」が1996年から20年間かけて実施された。同事業は、1993年と1995年に発生した洪水により、20万人が避難を余儀なくされたことがきっかけとなっている。その背景には地球温暖化による河川流量の増加があった。ルーム・フォー・ザ・

リバーでは、河川の幅を狭くして堤防の高さを上げるという従来のアプローチを転換し、川幅の拡幅や新たな水路の設置、湿地再生などのアプローチが取られた[11]。

米国では、2012年に発生したハリケーン・サンディからの復興戦略の中で自然を基盤としたアプローチを取り入れることが複数の勧告に盛り込まれ、その方針に沿って復興計画が国際コンペで競われた（図2）。また、同復興戦略の勧告に基づいて、2015年8月には米国連邦政府の科学技術諮問委員会から海岸のグリーンインフラに関する研究ニーズに関するレポートが公表された[12]。さらに同年10月には、これを補完するためにホワイトハウスから各連邦政府機関に対して、今後の計画や意思決定において自然インフラストラクチャーや生態系サービスを組み込むよう求める「メモランダム」が発出された[13]。

一方、途上国でも、津波や高潮の被害対策のための沿岸マングローブ植林を行うプロジェクトがいろいろな国や地域で行われている。

例えば、2004年に発生したインド洋津波をきっかけに、アジア諸国を対

図2 ハリケーン・サンディ復興戦略（抜粋）[14]

- 勧告19：サンディ・インフラ投資の全てにおいて、グリーンの選択肢を考慮すること
- 勧告20：サンディ追加支援資金によるプロジェクトを通じてグリーンインフラの理解と意思決定ツールを改善すること
- 勧告21：サンディ資金を使用して、特に脆弱なコミュニティーにおいて、グリーンインフラ技術と設計のイノベーションのための機会を設けること
- 勧告22：広範囲にわたるグリーンインフラの統合を発展させるために、インフラ開発におけるグリーンアプローチの利点を評価する一貫した方法を開発し、ツール、データ、優良事例を提供すること

象とした沿岸地域のマングローブ再生プロジェクト Mangrove for the Future（MFF）がIUCNとUNDPによって進められている[15]。また、湿地保全に関する国際NGOウェットランズ・インターナショナルは、海岸侵食に苦しむインドネシアのジャワ島北部海岸で、マングローブ再生のプロジェクトを進めている[16]。

整備が進むガイドラインやツール

こうしたEco-DRRに対する世界的な関心の高まりに対応するために、Eco-DRRの基本的考え方や実例などを紹介するガイドラインやツールなどの整備も進んできた。例えば、2014年にオーストラリアのシドニーで開催されたIUCN世界国立公園会議では、保護地域におけるEco-DRRに関する事例集が公表され[17]、その後保護地域を活用した防災・減災に関する実務者向けハンドブックも作成された[18]。

IUCNやUNEPなど10以上の国際機関や国際NGOが中心となって2008年に立ち上げた国際的なパートナーシップであるPEDRR（Partnership for Environment and Disaster Risk Reduction）では、関係団体が協力しながら、世界各国でのトレーニングワークショップの実施、Eco-DRRに関する修士課程のプログラムやオンラインコースの提供などを行っている。特に、2015年に実施したオンラインコースには、世界中から1万人以上が参加した[19]。またPEDRRでは、専門家による国際ワークショップをこれまでに3回開催しており、その成果は2冊の書籍として公表されている[1)20]。

日本でも、東日本大震災をきっかけとして環境省が中心となってEco-DRRについて様々な取り組みを進めてきた。環境省は、東日本大震災の被害にあった三陸沿岸地域に、既存の国立公園や自然公園を統合して「三陸復興国立公園」を設立するとともに、三陸海岸沿いに長距離自然遊歩道「みちのく潮風トレイル」を整備し、自然資源を復興に活かす取り組みを進めている[21]。さらに、Eco-DRRに関する基礎的な情報を取りまとめ、ハンドブック「自然と人がよりそって災害に対応するという考え方」として2016年に公表

した[7)]。国際協力の分野でも、JICA（国際協力機構）が、2015年3月の国連防災世界会議の開催に合わせ、同機構のEco-DRRに関する取り組みをまとめている[22)]。

　民間企業の中でも、Eco DRRに関する関心は高まっており、スイスに本部を置くWBCSD（World Business Council on Sustainable Development）では、Eco-DRRも含むより幅広い概念である自然インフラストラクチャーに関する企業向けのトレーニングマテリアルの作成やトレーニングワークショップを始めている[23)]。

世界から求められる日本の貢献

　日本は、世界でもまれな地震、津波、火山、水害、豪雪など自然災害多発地帯に位置している。災害が多発する地域は、同時に地質学的、気象学的な変動や変異も多様であり、このため生物多様性やその恵みも豊かであると言われている。日本は、この類まれな自然の脅威と恵みのもとに文化と社会を育んでおり、生態系を基盤とした防災・減災の知恵が多く蓄積されてきた。世界的に生態系を活用した防災・減災のアプローチが注目を集めるなか、わが国においても我々の先祖が培ってきた伝統的な知恵や経験を再度見直し、世界各地の取り組みと経験を分かち合いながら世界をリードすべき時期にあるのではないだろうか。

■ 引用文献

1) Fabrice G. Renaud, Karen Sudmeier-Rieux and Marisl Estrella編(2013) The Role of Ecosystem in Disaster Risk Reduction, United Nations University, 2013
2) UNISDR (2009) 2009 UNISDR Terminology on Disaster Risk Reductionn, UNISDR
3) UNISDR (2005) Hyogo Framework for Action 2005-2015: Building the Resilience of Nation and Communities to Disasters, UNISDR
4) UNISDR (2015) Sendai Framework for Disaster Risk Reduction 2015 – 2030, UNISDR
5) CBD (2009) Connecting Biodiversity and Climate Change Mitigation and Adaptation, CBD Technical Series No.41, Secretariat of the Convention on Biological Diversity
6) IPCC (2014) IPCC WGII AR5 Summary for Policymakers: Climate Change 2014: Impacts, Adaptation, and Vulnerability
7) 環境省自然環境局 (2016) 自然と人がよりそって災害に対応するという考え方, 環境省
8) 古田尚也(2015)「水辺環境と地域の再生-上西郷川」地域人、第4号、86-91頁
9) 古田尚也(2016)「水辺環境と地域の再生-アザメの瀬ほか」地域人、第5号、60-65頁
10) 古田尚也(2016)「防災と農業と環境保全の共生を目指して-蕪栗沼」地域人、第8号、60-65頁
11) 古田尚也(2016)「水害との戦いから水との共生の道へ-オランダ」地域人、第10号、66-71頁
12) CGIES Task Force (2015) Ecosystem-Service Assessment: Research Needs for Coastal Green Infrastructure, National Science and Technology Council
13) Executive Office of the President of the United States (2015) Incorporating Ecosystem Services into Federal Decision Making, Executive Office of the President of the United States
14) Hurricane Sandy Rebuilding Task Force (2013) Hurricane Sandy Rebuilding Strategy, Hurricane Sandy Rebuilding Task Force
15) Mangrove for the Futureウェブサイト　http://www.mangrovesforthefuture.org/ （2016年10月11日確認）
16) 古田尚也(2016)「水との共生を目指すオランダ-汎欧州グリーンインフラネットワークへの挑戦」ビオシティ、No.67、113-121頁
17) Murti, R. and Buyck, C. 編(2014) Safe Havens: Protected Areas for Disaster Risk Reduction and Climate Change Adaptation. IUCN
18) ナイジェル・ダドリー、カミーユ・ビュイック、古田尚也、クレア・ペドロ、ファブリス・レナウド、カレン・スドマイヤー=リュー (2015) 保護地域を活用した防災・減災:実務者向けハンドブック, 環境省・IUCN
19) カレン・スドゥマイヤー(2015)「災害と生物多様性についての学びの機会　-MOOCの可能性」ビオシティ、No.61、66-71頁
20) Fabrice G. Renaud, Karen Sudmeier-Rieux, Marisl Estrella and Udo Nehren編 (2016) Ecosystem-Based Disaster Risk Reduction and Adaptation in Practice, Springer
21) 環境省三陸復興国立公園ポータルサイト、https://www.env.go.jp/jishin/park-sanriku/ (2016年10月11日確認)
22) 国際協力機構(2015)「生態系を活用した防災・減災(Eco-DRR)-途上国におけるJICAのEco-DRR協力」国際協力機構
23) Natural Infrastructure for Business　ウェブサイトhttp://www.naturalinfrastructureforbusiness.org/ (2016年10月11日確認)

執筆者プロフィール

古田　尚也 （ふるた・なおや）

**大正大学地域構想研究所 教授／
IUCN（国際自然保護連合）日本リエゾンオフィス コーディネーター**

東京大学大学院農学生命科学研究科博士課程単位取得退学。三菱総合研究所を経て、2009年よりIUCN（国際自然保護連合）の日本オフィスにおいてEco-DRRを中心にした生物多様性に関する内外の政策展開に従事

グリーンインフラ・ビジネスの可能性

この数年で、国内でグリーンインフラを名乗る事業部門が出現するなど、グリーンインフラを社会実装するためのビジネス・チャンスとして期待する企業の機運が高まりつつある。グリーンインフラ・ビジネスを後押しする社会動向を整理した上で、今後のビジネスの可能性と成長の展望について考察する。

原口 真（インターリスク総研 事業リスクマネジメント部環境・社会グループ）
西田 貴明（三菱UFJリサーチ&コンサルティング 経営企画部グリーンインフラ研究センター）

　ビジネスの観点から見ても、自然の機能や仕組みを活用した社会資本整備事業を後押しする動きが国際的には活発化してきている。そこで、国際的な環境ビジネス市場とグリーンインフラの関係性について、主要なトピックスを見てみたい。

　まず企業から、昨今、大きな注目を集めている持続可能な開発目標（SDGs）を取り上げたい。外務省はSDGsについて、「持続可能な開発のための2030アジェンダ（2030アジェンダ）は、2001年に策定されたミレニアム開発目標（MDGs）の後継として、2015年9月の国連サミットで採択された、2016年から2030年までの国際目標です。2030アジェンダは、貧困を撲滅し、持続可能な世界を実現するために、17のゴール・169のターゲットからなる「持続可能な開発目標」（Sustainable Development Goals、SDGs）を掲げています。発展途上国のみならず、先進国自身が取り組むユニバーサル（普遍的）なものであり、取り組みの過程で、地球上の誰一人として取り残さない（no one will be left behind）ことを誓っています」と説明している。

　国際連合は、災害リスクに取り組むことなしにSDGsを達成することは絶対にできないという認識に立っており、グリーンインフラに関連する目標もSDGsには掲げられている（図1）。グリーンインフラに期待される機能が重要な役割を果たす可能性も大きく、目標達成のための有効なアプローチになることが期待される。

図1 持続可能な開発目標（SDGs）のグリーンインフラに関連する目標

目標6. すべての人々の水と衛生サービスの利用可能性と持続可能な管理を確保する

目標9. 強靭（レジリエント）なインフラ構築、包摂的かつ持続可能な産業化の促進およびイノベーションの推進を図る

目標11. 包摂的で安全かつ強靭（レジリエント）で持続可能な都市及び人間居住を実現する

目標13. 気候変動およびその影響を軽減するための緊急対策を講じる

　また、環境分野においては、企業における自然資本管理、情報開示への社会的要請が高まっている。自然資本という考え方そのものは1970年代に既に提唱されており、その後1980年代後半から90年代にかけて、持続可能な発展についての議論が活発化するなかで、自然環境を企業活動の資本の一つとして捉え、企業活動に関わる土地や水、天然資源など、自然資源の適切な利用管理を促す動きが生じた。

　自然資本の議論は、2010年の生物多様性条約第10回締約国会議（CBD-COP10）に合わせて公表された国際的なプロジェクトである「生態系と生物多様性の経済学（TEEB）」が大きなきっかけとなった。TEEBの研究成果は、政策決定者や企業に対して、自然資本の価値を評価し、その意思決定プロセスに組み込むことを強く求めたことである。

　さらに2012年6月の国連持続可能な開発会議（リオ＋20）において、世界銀行は自然資本の価値を国家または企業会計に盛り込む「自然資本会計」を支持・推進する「50：50プロジェクト」を提唱し、59か国、88社（当時）が賛同した。同じくリオ＋20で国連環境計画・金融イニシアチブ（UNEP FI）が提唱した自然資本宣言（NCD）には、39の金融機関（当時）が署名した。また同年に「自然資本を減少させるのではなく、増強させるビジネスへとシフトするために、事業活動による自然資本への影響を評価する手法を開発、試行する」ことを目的とし、「ビジネスのためのTEEB連合」が発足した

（2014年1月に「自然資本連合」に改名）。

　こうした企業の自然資本における機運の高まりを受け、2015年には自然資本連合から「自然資本プロトコル（Natural Capital Protocol）」が発表された。自然資本プロトコルは、企業活動における自然資本への影響を把握し、これを情報開示するためのプロセスを整理しており、自然資本の管理の在り方をまとめたものであるとも言える。自然資本の管理や情報開示を求める国際的な要請は、近年急速に高まっており、温室効果ガスの抑制だけでなく、あらゆる自然資本の適切な管理、情報開示のグローバルスタンダードの構築に向けた動きが加速している。グリーンインフラの考え方は、特定の自然資本を管理するためのものではないが、自然資源の適正利用に向けた概念とも捉えられるため、これらの国際的な潮流への対応策としても期待される。

　また、資本市場から地球温暖化対策や環境プロジェクトの資金を調達するために発行される債券であるグリーンボンドの広がりも注目に値する。2008年に世界銀行が史上初めて「グリーンボンド」という名称で固定金利債券を発行し、その後、グリーンボンドの市場は2010年の約40億米ドルから2014年の370億米ドルへと拡大している。近年では、市場が急拡大するにつれ、グリーンボンドの定義やプロセスの透明化が求められるようになり、国際開発金融機関（MDB）と民間金融機関が共同で、初の業界自主ガイドラインである「グリーンボンド原則（Green Bond Principles、GBP）」を発行しており、グリーンインフラを含む環境市場の拡大はビジネス機会としても捉えられる。

　さらに、事業継続計画（BCP）も企業の持続性を高めるために、どのような業種においても欠かせないキーワードである。内閣府によれば、BCPとは、「災害時に特定された重要業務が中断しないこと、また万一事業活動が中断した場合に目標復旧時間内に重要な機能を再開させ、業務中断に伴う顧客取引の競合他社への流出、マーケットシェアの低下、企業評価の低下などから企業を守るための経営戦略。バックアップシステムの整備、バックアップオフィスの確保、安否確認の迅速化、要員の確保、生産設備の代替などの対策を実施する（Business Continuity Plan、BCP）。ここでいう

計画とは、単なる計画書の意味ではなく、マネジメント全般を含むニュアンスで用いられている。マネジメントを強調する場合は、BCM（Business Continuity Management）とする場合もある」（内閣府）とされる。

日本政府は、国土強靱化を推進するために特に配慮する事項の一つとして「BCP・BCMなどの策定の促進」を次のように掲げている。国土強靱化政策大綱および国土強靱化基本計画には、「企業のBCP（緊急時企業存続計画又は事業継続計画）・BCM（事業継続マネジメント）の取り組みを一層促進するとともに、一企業の枠を超えて、業界を横断する企業連携型及び地域連携型のBCP・BCMの取り組みを、支援措置の充実や的確な評価の仕組みなどの制度化も考慮しつつ推進する」と定義されている。国土強靱化に向けた動きは、必ずしも政府や行政だけでなく、民間企業にも強く求められており、現在、あらゆる業種の企業で検討が進められている。こういった検討においては、グリーンインフラの防災機能を含めた多機能性や費用対効果の高さが重要な役割を担うことが期待される。

さらに民間企業においても、企業自体が中心的な取り組み主体となり、グリーンインフラ事業が着手されつつある。詳細は別途コラムに譲るが、例えば、三井住友海上火災保険では、東京都心（千代田区）にある本社ビルにおいて、1984年の竣工時からビル緑地に降った雨を貯水槽に蓄え、トイレの洗浄水などに利用している。また、2012年竣工の新館建設に当たっては、歩道上に保水性舗装を施工し、実験的なレインガーデンを設置している。また、積水ハウスでは2001年から、在来種を積極的に提案する「5本の樹」計画を推進している。同社は、毎年約100万本を植栽している日本最大規模の造園業者でもあることから、住宅緑化を都市のインフラと捉え、事業を通じて生態系の価値を広く社会に浸透させている。さらに鹿島建設においては、グリーンインフラの部署を設け、都市部のビル緑化（養蜂、屋上農園、屋上水田、屋上草地）、生きものによる環境負荷の低い緑地管理（ヤギ、ヒツジ、ウコッケイによる除草）や、虫や水辺の生きものの棲み家づくりなど、様々なグリーンインフラ技術を開発、実証している。

さらに、特定の企業のみならず、民間団体からもグリーンインフラを推進する声は高まっている。例えば、自然資本を活用した地方創生・地域創生および雇用創出に重きを置いた防災・減災の概念として、グリーンインフラと類似の意味を持つ「グリーンレジリエンス」の内閣官房からの提唱は、民間企業や大学・研究機関における議論がきっかけとなっている。そして、2016年度の国土強靭化アクションプランにおいては、官民連携によるグリーンインフラの推進が求められており、今後本格的なグリーンインフラ事業の展開が期待される。

日本におけるグリーンインフラ・ビジネスの可能性

　グリーンインフラ・ビジネスとして捉えられる対象は、極めて幅広い。グリーンインフラを狭義に捉えると、緑化事業や環境配慮型の土木・建設事業などが想起されるが、将来的な展開として考えれば、必ずしも直接的に自然環境に関わる分野にとどまらない。社会課題が異なる場面ごとに、グリーンインフラ事業としての可能性について、大きく四つのパターンに分けることができる。これを概観すると、今後期待されるグリーンインフラ事業は、都市や農山漁村、途上国、自然地域の様々な場面において、また街区から地域、流域まで、様々な空間スケールにおいて、それぞれの社会課題に対応した多様な事業が期待されている（表1）。

　こういった社会的動向の下で期待されるグリーンインフラ事業を踏まえて、グリーンインフラ・ビジネスの可能性を検討してみたい。国際的には、環境、サステナビリティーとビジネスの関係性について、リスク（risk）と機会（opportunity）で捉えることが主流となっており、このフレームワークでグリーンインフラ・ビジネスを捉えると表2のようになる。この表においては、グリーンインフラ・ビジネスの商品やサービスを提供する事業者または利用者（国、自治体、事業者）、双方の観点が反映されている。このような整理を踏まえると、ビジネスの操業から、規制、評判、市場、財務のあらゆる側面において期待が集まる理由が明確化されるだろう。

表1 グリーンインフラ事業のパターンと社会課題への対応

	主な社会課題	グリーンインフラ事業
都市・郊外	空地・空家の増加、都市競争の激化、災害リスクの増加、地域経済の停滞、景観の悪化、生物多様性の劣化	自然の機能を活用した都市再開発事業、自然空間・機能を活用した防災・減災施設・住宅整備、医療・レクリエーション産業
農山漁村	荒廃森林・耕作放棄地の増加、地域経済の停滞、行財政の悪化、地域人材の減少、災害リスクの低下、生物多様性の劣化	自然の多面的機能を強化する農林水産業、地域ブランド農産物、グリーン・エコツーリズム、観光の産業
途上国・自然地域	未成熟な社会経済基盤、災害リスクの増加、開発圧力による原生自然の劣化、水質・大気汚染、公益的機能の低下	低コスト・環境配慮型の社会資本整備、森林、農地などの多面的機能を活用するインフラ産業、グリーン・エコツーリズム、観光の産業
流域	想定外規模の災害の発生、自然災害の発生頻度の増加、荒廃森林・耕作放棄地の増加、行財政の悪化	想定外の規模の自然災害への対応に向けた流域圏などの広域スケールの物流・情報基盤、防災・減災施設などのインフラ産業、持続的な資源循環システム

(資料:三菱UFJリサーチ&コンサルティング)

表2 グリーンインフラ・ビジネスに関するリスクと機会

	リスク(事業化できない場合)	機会(ビジネス・チャンス)
操業(operational)	・防災、減災および気候変動適応のためのコストの上昇 ・自然災害に備える保険コストの上昇	・グリーンインフラによる事業継続コストの軽減 ・グリーンインフラが整備された自治体での災害時のサプライチェーン・リスクの軽減 ・水利用コストの軽減
規制(regulatory)	・気候変動対策のための新しい法規制や規制強化 ・環境保全対策のための新しい法規制や規制強化 ・水害などに対する行政訴訟の発生	・グリーンインフラを導入する事業者に対する下水道料金軽減などのインセンティブ導入 ・グリーンインフラによる土地利用規制の変更とエリアマネジメントの推進
評判(reputational)	・土地のハザード顕在化による地域の人口流出や不動産価値の低下	・グリーンインフラを導入し情報開示することによる自治体や事業者のブランドの差別化
市場(market)	・事業継続に取り組む利用者による優れたグリーンインフラの商品・サービスを提供する事業者への切り替え ・グリーンインフラ・ビジネスを展開する海外の事業者による日本市場の席巻	・グリーンインフラおよびそれを活用した周辺領域での新製品・サービスの発売 ・防災や気候変動対策ビジネスの成長市場への参入 ・グリーンインフラが整備された自治体での民間投資の拡大
財務(financial)	・気候変動リスクを重視しない事業者からの銀行や投資家の投融資の引き上げ(ダイベストメント)	・グリーンインフラ・ビジネスの事業者およびグリーンインフラによってリスク軽減した事業者に対する有利な資本調達 ・自治体や事業者などがグリーンインフラ導入資金を調達するためのグリーンボンド

(資料:インターリスク総研)

今後のグリーンインフラ・ビジネスへの展開に向けて

　グリーンインフラについて、欧州では多様な生態系サービスの発揮を重視し、米国では雨水管理や都市災害の防止を重視している。これらは、それぞれの地域の社会課題を背景としたものであり、これらを支える社会制度と併せてグリーンインフラ事業を推進する枠組みや制度を検討しなければ、表層的にグリーンインフラの要素技術だけ紹介しても日本における市場化はそれほど期待できない。

　実際、グリーンインフラというと、レインガーデン、屋上緑化、多目的遊水地、緑の防潮堤、環境保全型農業、森林整備などの事例が挙げられるが、グリーンインフラのビジネスモデルの理解とその共有化はまだまだ進んでいない。

　そこで表3では、諸外国や国内の先進事例の動向を踏まえ、グリーンインフラ・ビジネスの発展段階について仮説的に整理してみた。"グリーンインフラ1.0"は、自然の機能を活用した施設や土地利用が点在している状況である。"グリーンインフラ2.0"は、それらの施設や取り組みが計画的、戦略的に位置付けられ、空間的、経済的に有機的な連携がなされた取り組みが広が

表3　グリーンインフラ・ビジネスの発展段階

発展段階	概要	具体的な事例
グリーンインフラビジネス1.0	生態系を活用したグリーンインフラの取り組みが土地利用空間ごとに点在している	レインガーデン、屋上緑化、多目的遊水地、緑の防潮堤、環境保全型農業、森林整備など
グリーンインフラビジネス2.0	個別の取り組みが空間的広がりを持ち、ハード整備とソフト対策が有機的に連携し、多様な主体によるエリアマネジメントが実現している	ポートランド市の総合的グリーンインフラ戦略・治水事業、ドイツルール地方の生態系を活用した再開発事業、豊岡市のコウノトリを象徴とした地域ブランド化など
グリーンインフラビジネス3.0	ICTやIoTなどを活用し、グリーンインフラの効果が広域でモニタリングされて流域スケールで機能連携し、安心安全で幸福な社会が実現している	

(資料:インターリスク総研、三菱UFJリサーチ&コンサルティング)

る段階だ。さらにICT（情報通信技術）やIoT（モノのインターネット化）、エネルギー技術を活用して幅広い社会課題に貢献する段階が"グリーンインフラ3.0"であると整理される。各段階に記載している事例の内容については別章に譲るが、グリーンインフラ・ビジネスの規模としては、当然ながら段階が上がるごとに広がってくることが期待される。

　グリーンインフラの発展に期待が集まる一方で、ビジネスへの発展に向けた留意点を述べてみたい。まず、気候変動適応や生態系回復としてのグリーンインフラは、日本においても重要な概念となるはずだが、少子高齢化かつ先進国という日本ならではの社会課題の解決に資するグリーンインフラにまで想像を広げれば、ビジネスとしての成長分野はさらに拡大する。"結婚したくなるグリーンインフラ"、"たくましい子どもが育つグリーンインフラ"、"年を取ることが楽しみになるグリーンインフラ"など、社会課題を解決し、人間のクオリティー・オブ・ライフや幸福度の向上に寄与するソリューションとして、グリーンインフラの概念を拡大すればよいと考える。こうした挑戦は、今後、少子高齢化社会を迎える、特にアジアの国、地域においてもビジネス・チャンスにつながると考える。

　最後に、様々な期待がなされるグリーンインフラであるが、本格的な市場化も始まっていない現在の段階においては、グリーンインフラの捉え方や対象を限定することなく、多様な主体が百家争鳴し、新たな参入者を常に歓迎しながら、新たなイノベーションを目指す土壌を形成することが何よりも重要である。

■ 引用・参考文献
- 外務省ウェブページ「持続可能な開発のための2030アジェンダ」
  http://www.mofa.go.jp/mofaj/gaiko/oda/about/doukou/page23_000779.html（2016年11月15日確認）
- インターリスク総研（2016）新エターナル＜第38号＞「自然資本をビジネスプロセスに組み込む」、http://www.irric.co.jp/risk_info/eternal/detail/2016_38.html（2016年11月15日確認）
- 内閣府ウェブページ　「防災情報のページ　事業継続」
  http://www.bousai.go.jp/kyoiku/kigyou/keizoku/sk.html（2016年11月15日確認）
- 国土強靱化推進本部（2013）「国土強靱化政策大綱」
- 内閣官房（2014）「国土強靱化基本計画」
- 世界銀行財務局（2015）「グリーンボンドとは？」
  www.worldbank.or.jp/debtsecurities/cmd/pdf/WhatareGreenbonds.pdf（2016年11月15日確認）

執筆者プロフィール

原口　真（はらぐち・まこと）
インターリスク総研 事業リスクマネジメント部環境・社会グループ マネジャー・主任研究員

東京大学大学院農学系修士課程修了。20年以上にわたり、ビジネスと環境リスクに関わる調査研究とコンサルティングに従事。「少子高齢化、財政赤字という内部課題を抱える日本にあって、気候変動により増大する自然災害リスクという外部課題に立ち向かうためには、グリーンインフラの社会実装は不可欠であると考える」

西田　貴明（にしだ・たかあき）
三菱UFJリサーチ&コンサルティング 経営企画部グリーンインフラ研究センター 副主任研究員

42ページ参照

第3部
グリーンインフラ実践編

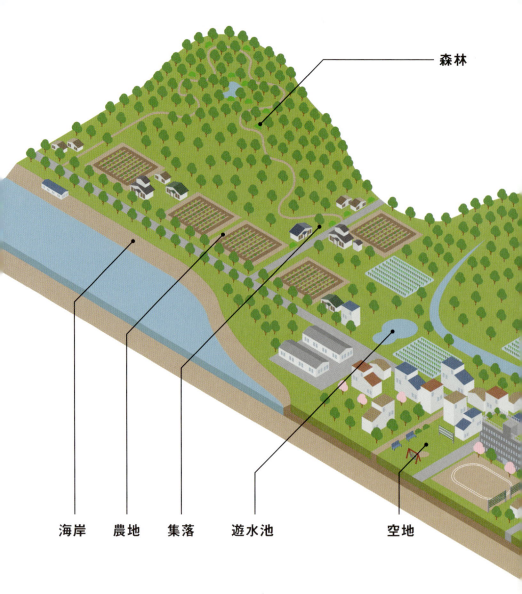

庭から国土まで、グリーンインフラの広がりを俯瞰する

福岡 孝則（神戸大学大学院工学研究科建築学専攻 持続的住環境創成講座）

グリーンインフラとはどのような空間を指すのだろうか？都市と農山漁村の二つのエリアで展開される事例を、海岸や公園・緑地、河川、農地、森林などの13のタイプにまとめた。庭から国土まで、自然環境の多様な機能を活用した社会資本整備や国土管理のイメージを空間像とともに俯瞰する。

　本章では、第3部で紹介する24事例から複合的、多面的に展開されるグリーンインフラ事業のイメージを整理した。グリーンインフラと言っても、河川や公園・緑地、農地から森林まで事例は多岐にわたり一様ではない。どのような場所で、またどのような形でグリーンインフラが実現されているかを示すことで、グリーンインフラのイメージを共有させることを目指したい。縮退時代の日本の国土の在り方を考えるには、社会資本整備によるグリーンインフラ推進と、自然資源を賢く管理するグリーンインフラの視点の双方が不可欠である。どの地域にも存在する自然資源を活かして、社会資本整備と管理のバランスを取りながら、地域に根差した魅力的な空間として成立するグリーンインフラを考えるために、国内外の多様な事例を13個のタイプに分けながら説明する。

　都市のエリアでは、グリーンインフラの対象空間は非常に広い。具体的な事業としてのイメージは、既存の都市空間の上に、自然が持つ多様な機能を賢く利用した社会資本を整備し、減災、ヒートアイランドの緩和、持続的な雨水管理、治水、生物多様性の向上、食料生産、健康増進、不動産価値の向上など、一つの場所で必ず複数の目的を達成するような、土地の性能を高める創造的な発想と取り組みが求められる。そして、グリーンインフラが市民の生活の質の向上や住みやすい都市の創成に寄与することを大きな目標とすべきだろう。

　一方、農山漁村エリアでは自然環境の保全や管理を基軸にしつつ、治水、土砂災害防止、生物多様性の向上、食料生産、地下水涵養、環境教育やレクリエーションの場の創出、自然資源を活かした地域産業の活性化など、地方創生のヒントが多く隠されている。

都市緑化

都市内の駐車場、建物の屋上や壁面を活用して、微気象の緩和や一時的な雨水貯留・浸透による都市型集中豪雨被害の低減、生物の生息の場の創出、景観の向上などに寄与できる。建築や都市デザインと一体的に取り組む必要がある。

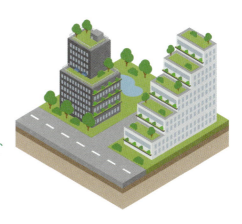

公園・緑地

都市内の公園緑地や広場では、本来求められているオープンスペースとしての機能に加え、今後は自然が持つ多様な機能を活かして、整備・管理することが求められる。気候変動適応策としての減災・防災機能、微気象の緩和、持続的な雨水管理、生物多様性の向上など多くの機能を担う。

庭

最もスケールの小さい庭においても、雨水の一時的な貯留・浸透や水質浄化、生物の生息の場の創出、景観の向上や都市生活の質の向上まで、グリーンインフラとしての機能を期待することができる。

都市農地

都市における農地の役割は食料生産の場だけでなく、防災・減災、微気象の緩和、環境教育、資源循環、そしてコミュニティー形成の場として社会的な役割も期待される。都市内の農地のストックを活かして多様な機能を発揮させることにより、持続的なまちづくりへも寄与できる。

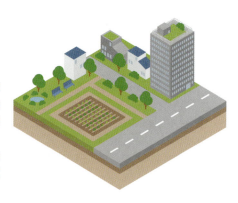

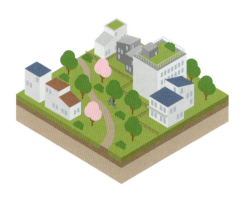

緑道

都市内の緑道は人間や生き物中心の多機能型交通網であり、低環境負荷型の交通網、生態的な回廊、健康増進、レクリエーション機能から地域活性化までが期待されている。今後は歩道や自転車道、新しい交通網の整備などと一体的に展開することも可能である。

河川

都市を流れる河川は地域を越えて水や緑の基盤として機能する。生物多様性の向上、水質の改善、湧水の涵養、防災・減災など基本的な機能が期待できる。加えて、官学民の連携で流域における協働体制や参加の仕組みも、グリーンインフラを啓蒙・推進する上で必要不可欠なものである。

道路

道路空間においては、大気浄化や騒音抑制、微気象緩和、景観向上、生活環境保全などの基本的な機能に加えて、今後は河川や都市緑地など道路周辺空間との一体的な価値創造や、柔軟な発想で地域経営的な視点で運営・活用することも期待される。

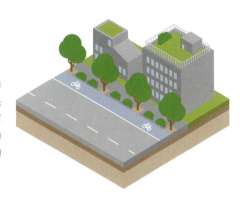

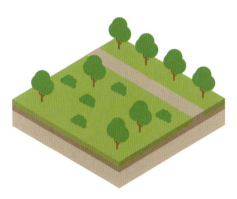

空地

縮退時代において今後多く派生すると想定される空地は、グリーンインフラ整備のチャンスである。食料生産やコミュニティーの形成、減災などの機能に加えて、暫定的な利活用や実験的な取り組みなども展開しつつ、新しいオープンスペースを構想することは今後ますます重要になる。

遊水池

遊水池には洪水時に水害を防ぐ機能を持つだけでなく、通常時は地域住民のレクリエーションや環境学習の場として、また野生動植物の生育・生息環境を提供する。治水という単一機能ではなく、防災、健康増進、福祉、生物多様性の向上から地域活性化までグリーンインフラとしての活用度は高い。

森林

森林では健全な自然環境を適切に維持管理することに加えて、地下水の涵養、土砂災害防止、生物多様性の向上、自然資源を活かした観光、健康増進、環境教育やコミュニティー形成の場として機能する。また、生態系を活用した防災・減災の知見や技術のさらなる展開も期待される。

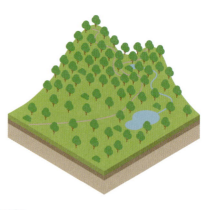

海岸

海岸砂丘は、自己修復力の高い自然堤防としての機能を果たし、防災・減災、砂浜涵養、生物の生息の場の創出、景観の向上、観光レクリエーションなどの機能を果たす。海域と陸域をつなぐ広大なエリアも一つのグリーンインフラである。

農地

農地においては、食料生産に加えて水田やため池などによる雨水の一時的な貯留や浸透、水質浄化、水源涵養、土壌侵食防止、微気象緩和、減災、生物の生息の場の創出、景観の保全、観光・レクリエーション、文化など非常に多くの機能を担う重要なグリーンインフラである。

集落

今後の縮退に伴う無居住化や管理放棄といった課題に、国内の集落の多くは直面する。食料生産を続け農村景観を維持する、または造林放棄地を広葉樹林に転換して土砂災害防止や水源涵養、生物多様性の向上を図るなど、居住を前提としない利用の促進といった様々な取り組みが模索される。

グリーンインフラの広がりから、これからの国土を考える

　庭から国土まで広がるグリーンインフラの取り組みから、以下のことが分かる。

(1) 展開されるプロジェクトは敷地スケールから都市・国土スケールまで伸縮するスケールを持つ
(2) 全てのプロジェクトが多機能型で便益も多岐にわたる
(3) グリーンインフラでは、自然が持つ多様な機能を賢く利用した社会資本整備と、自然資源の賢い管理の双方の視点が重要となる
(4) グリーンインフラ推進には多領域の専門家の協働が不可欠である
(5) グリーンインフラには産官学民がそれぞれの立場から参加できる

　国内外のグリーンインフラ事例は、計画論まで含めて多様なスケールの取り組みが混在する。困難な課題を抱えながら解決に向けて現在進行中の取り組みばかりだ。本来、自然資源を基軸とするグリーンインフラを分類すること自体に明確な線引きはないが、多くの取り組みを俯瞰してその動向を伝えるために、あえて整理している点はご理解頂きたい。

　これからの国土を考える時、国全体が疎な構造に変化しつつも、地域固有の自然資源を活用した豊かな暮らしを創成するために、グリーンインフラが果たし得る役割は非常に大きい。具体的な空間像を伴う事例を通じて、多くの地域で創造的なグリーンインフラの取り組みが始まることを期待したい。

執筆者プロフィール

福岡　孝則（ふくおか・たかのり）
神戸大学大学院工学研究科建築学専攻 持続的住環境創成講座 特命准教授

ペンシルバニア大学芸術系大学院ランドスケープ専攻修了。米国・ドイツの設計コンサルに所属し、北米や中東・アジア・オーストラリアなどのランドスケープ・都市デザインプロジェクトを担当。編著に「海外で建築を仕事にする２－都市・ランドスケープ編」(学芸出版社)。水やグリーンインフラに関する論考多数

> 1. 都市　公園・緑地

地震大国・日本の都市を支える公園緑地

曽根 直幸（国土交通省都市局まちづくり推進課）
福岡 孝則（神戸大学大学院工学研究科建築学専攻 持続的住環境創成講座）

木造建築が密集する日本の都市にとって地震火災は宿命であり、古くから延焼防止や避難地確保のために緑やオープンスペースが設けられてきた。平常時にはレクリエーションの場として利用され、災害時には市民の命と財産を守る公園緑地は、自然の力によって都市を支えるグリーンインフラの一つといえる。

「火事と喧嘩は江戸の華」と言われるように、江戸はまさしく「火災都市」であった。江戸時代286年間に大火（出火点から焼け止まり点までの直線距離が2km以上の火災）が89件発生したとも言われ、平均すれば概ね3年に1度の割合で大火に見舞われた計算になる[1]。最大の大火は1657年1月に発生し江戸市街の大半と江戸城を焼失した「明暦の大火」であり、これを契機に、幕府は都市防火に関する諸施策を施行した。江戸の都市防火政策のうち、消防の組織化、防火のための建築規制と並んで重要なものが火除地（ひよけち）の整備である[2]。

　火除地とは、火災の多い都市部において、延焼防止の目的で設けた防火用空閑地（くうかんち）のことであり、広義には同様の趣旨を持った街路である広小路も含まれる[3]。江戸で火災が頻発した主な理由として、燃えやすい木造の建築物が密集し、冬から春先に北風ないし北西風（いわゆる空っ風）が吹き続けるため、一旦火事が起こると火が広範囲に広がりやすかったことが挙げられる。このため、江戸城の北部や北西部を中心に火除地が設けられた[4][5]。

　火除地の配置については、北風によって火災が南進し拡大するのを防ぐため神田川や外堀、隅田川と一体となって江戸城北半分を囲む延焼遮断帯、江戸城への直接的な延焼を防ぐため城に近接して設けられた延焼遮断帯、町人地を区画し火災を小規模な段階で止めるための空閑地というように、きめ細かく機能が与えられ計画されていたことが指摘されている[1]。

　しかしながら、その後町火消しを中心とする積極的な防火体制が確立され、火除地の防災政策上の位置付けが低下。加えて、人口密度の増加、都市共同体の進展により、集会やレクリエーションのための空間へのニーズが高まったこともあり、火除地は盛んにレクリエーション利用されるようになる[5]（図1）。

　実際、享保期に、幕府は火除地を馬場や菜園などに使用し、また町人は幕府の許可を得て火除地に蔵を設置したり、植貯（樹木の栽培地）としたりしていた。さらに、火除地の管理を任していた周辺の町に対して、負担が大きいことから出願によって商番屋（あきないばんや）の設置を許可するようになると、火除地は盛

り場としての性格を強め、露天商や大道芸人が集まり、見世物小屋などが開かれたりして、ますます賑わっていった[3]。

　社会のニーズの変化に柔軟に対応するこのような方針はオープンスペースの減少などにより、火除地の防火機能の低下という問題をもたらしたとされる[3] [5]。いずれにしろ江戸の火除地は、防火機能とレクリエーション機能（広小路であれば街路機能も）という複数の機能を併せ持ったインフラとして、火災都市・江戸を支えていたのである。

関東大震災の教訓から進められた公園整備

　明治維新以降、銀座レンガ街や日比谷公園の建設など基盤整備が進み、都市計画法・市街地建築物法の施行などにより耐火造建築も増加し、江戸期の

図1 ■ 火除地の例

筋違御門の内側（現在の千代田区神田須田町辺り）に、明暦の大火後、火除地として設けられた筋違御門火除地。広場の手前には掛け茶屋が描いてある（資料:名所江戸百景[17]）

ような大火は漸減した[6]。そのような時期に地震火災が東京を襲う。1923年9月1日に発生した関東大震災である。関東大震災では、全体で10万5000余名の死者・行方不明者が発生し、このうち火災による死因が9割近くを占めた[6]。

東京の大火災は市域の半分近くを焼いて9月3日朝に終息したが、消火活動以外の焼け止まり要因のうち、約6割が広場や崖、樹木などの緑とオープンスペースであった（残りの4割は、道路、海、風向きなど）[6][8]。例えば、台地の山の手は大部分が火災の被害を受けていない。これらの地域は、台地と低地の境界に、段丘面・崖線、社寺や大公園といった、まとまった緑と大きな敷地のオープンスペースがあったため、火災の延焼が食い止められたのである[7]。

さらに、公園緑地は延焼防止帯だけでなく避難地として直接市民の命を守る機能も発揮した。大火災の中で、東京市人口の7割に当たる約157万人が避難地として公園緑地を含むオープンスペースを利用したのである[9]。しかしながら、避難地となった公園緑地には、火に囲まれても安全だった場所と、危険だった場所がある。例えば、深川岩崎邸（現在の都立清澄庭園・清澄公園（江東区））では、邸内の池や樹木が避難者を救った一方、陸軍被服廠跡（現在の都立横網町公園（墨田区））は、公園用地ではあったものの緑化されておらず、避難者と同時に大量に持ち込まれた家財道具が燃え、多数の死者が出た[6][7]。

このように、震災の教訓として、緑とオープンスペースはレクリエーションの場であるだけではなく、適切に整備・管理をすれば人々の命や財産を守る延焼防止帯や避難地として役立つことが明らかとなった。公園緑地が都市の重要なインフラであることが認識された結果、震災復興事業として東京市では三大公園と52の小公園が整備されている。特に小公園は、小学校に隣接し、両者が一体となって地域コミュニティーの中心となるよう配置されるとともに、3～4割を植栽地、6～7割を広場とし、道路との境界は容易に越えられるよう低くするなど、災害時に小学校と一体となって住民の避難地

として利用できるよう設計された[7]。現在、少子化の進行により学校の統廃合が進んでいるが、震災復興小公園の中には、新たな役割を与えられた小学校跡地との一体性を活かし、地域の重要なインフラとしての機能を発揮し続けている例も少なくない（写真1）。

都市大火を防ぐ樹木の力

公園緑地が避難地や延焼防止帯として機能するうえで、重要な役割を果たしているのが樹木の防火力という自然の力である。防火樹木としては一般的に、遮蔽率の高いもの、着火しにくいもの、一部に着火してもその背後の枝葉へ引火しにくいものが好ましい。関東大震災直後の調査結果から、シイ、カシ、イチョウなどが防火には有効であると指摘されている[6]。その後の研究により、樹種と配植について以下のような知見が明らかになっている[9)10)]。

まず樹木の防火性については、一般的に以下の性質が認められており、具

写真1■ 震災復興小公園の一つである錬成公園（千代田区）は、隣接する旧錬成小学校校舎をリノベーションして整備された民営の文化芸術施設・アーツ千代田3331と一体的に再整備され、新たな形で利用されている（写真：108〜117ページで特記以外は曽根 直幸）

体的には都市緑化に用いられる樹種についての防火力のランクも整理されている。
 (1) 常緑樹種には防火力の大きいものが多い。
 (2) 葉肉の厚い植物は、一般的に防火力が大きい。
 (3) 枝葉に樹脂を多く含み、針葉樹のスギやマツは、防火力が小さく延焼の危険性が高い。
 (4) タケ類やササ類は、枝葉に着火しやすく、延焼の危険性が高い。

 また、樹林帯の配植については、以下に留意して整備すべきとされている。
 (1) 複数配列とし、前方の植栽帯が着火しても後方の植栽帯で効果を上げられるようにする。
 (2) 火炎の方向から見て隙間が無いように配植した方が遮熱力が高くなる。例えば、3本並んだ樹木の隣には、同じ間隔で3本の樹木を2列（計6本）並べるよりも、隙間を埋めるように2本の樹木を1列配植した方が、樹木の本数も樹林帯の幅も少なくて済み、遮熱効果は大きくなるという実験結果がある。
 (3) 遮蔽率は、高木・中木・低木を組み合わせた多層な樹林構成が適している。ただし、避難の際に防火樹林帯内を通ることや、平常時に樹林帯による死角（公園が外側から見えにくい）が生じることを考慮する。
 (4) 内部への輻射熱の影響が生じにくいよう、風向きにも配慮した配植を検討する。

 地震が発生した時の避難地として計画された公園では、公園の外周に常緑樹を中心とした樹林帯が複数列で整備されている例が見られるが、これは樹木の防火力という自然の力を活用したインフラ整備の取り組みといえる（写真2）。

阪神・淡路大震災で公園緑地が果たした役割

 実際、1995年1月に発生した阪神・淡路大震災においては、オープンスペースとしての火除地的機能や樹木の防火力により、公園緑地が焼け止まりの役

写真2■ 避難地となる広場の外縁部に常緑樹を中心とした防火樹林帯が整備されている例。樹林帯内部（左の写真）は、正面から見て隙間が無いように配植されるとともに、誰でも逃げ込みやすいよう配慮された勾配や植栽間隔となっている

割を果たした[11]。有名な事例は、神戸市長田区の大国公園である。この地域では、1993年からまちづくり協議会が活動し、行政とともに公園やコミュニティー道路の整備が進められており、震災で発生した大火災がその公園とコミュニティー道路で食い止められた[12]（写真3）。公園の外周部に植えられているクスノキやイチョウは、火災により黒こげになりながらも、しっかりと延焼を防いだという。震災後の新聞[13]には、公園北西のビルで婦人靴メー

カーの経営者の声が紹介された。「公園がなかったら、確実にうちの工場にまで火がきていた。今ごろ仕事はできてないね」。

このほか、阪神・淡路大震災では、震災後の一時的な避難生活の場や復旧・復興活動の拠点としても数多くの公園緑地が活用された。現在、それらの利用実態から得られた教訓は、前述の樹木の防火力に関する研究成果などとともにガイドラインとして取りまとめられ、防災機能を期待される全国の公園緑地の整備に活かされている[9]。例えばガイドラインには、大規模な市街地火災が発生した場合の避難地（広域避難地）となる公園緑地について、災害時にも1時間程度で到達できる歩行距離2km内に1人当たり$2m^2$の避難スペースが確保されていないエリアに整備していくといった判断基準が示されている。また具体的には、期待される防災機能に応じて、避難広場や防火樹林帯に加え、耐震性貯水槽や備蓄倉庫、ヘリポート、非常用電源設備などを防災関連公園施設として整備するものとされている。さらに発災後には、避難者の受け入れや支援物資の集配拠点、救急・救援部隊の活動基地、がれき

写真3　阪神・淡路大震災時の神戸市長田区大国公園周辺の様子（写真：神戸市[18]）

置場など、様々なニーズが時間とともに変化しつつ絶え間なく発生することから、適時適切に必要な機能を発揮できるよう、時系列的なゾーニングの設定など日頃から管理運営に備えることも求められている。

空き地を活用した延焼防止スペースの整備

　近年、神戸市では、防災性や住環境に課題を抱える木造密集市街地において、火事や地震などの災害時に地域の防災活動の場となる「まちなか防災空地」の整備が進められている[14]。これは、空き地を活用したり古い空き家を取り壊したりして整備されるもので、普段は住民の憩いの場などとして使われ、災害時には火災の延焼を防ぎ、緊急車両の方向転換場所や一時避難場所、避難経路としての機能を発揮するオープンスペースである。地元のまちづくり協議会などと、神戸市、土地所有者の三者が協定を締結し、所有者から市に貸与された土地について、まちづくり協議会などが市の補助を受けて整備し、普段の維持管理も行う仕組みとなっている。

　事業は2012年度に始まり、導入開始から4年間で27カ所に増え[15]、花壇や菜園、ベンチや井戸が設置され、災害時の防災機能が期待されるとともに、平常時にもレクリエーションや地域コミュニティー醸成の場として機能している（写真4）。都市の防災性の向上と、人口減少・少子高齢化が進行する中で課題となっている空き地・空き家問題や地域コミュニティーの希薄化といった問題を併せて解決しようとする取り組みといえる。

公園緑地の機能を活かすグリーンインフラの視点

　以上見てきたように、日本の都市では、市街地火災から市民の生命と財産を守るための方策の一つとして、緑やオープンスペースが整備され、度重なる災害時にその機能を発揮してきた。それと同時に、都市の緑やオープンスペースは、その特長である多機能性を発揮し、平常時にはレクリエーションの場として利用され、近年では、人口減少・少子高齢化で課題となっている空き地・空き家問題や地域コミュニティーの希薄化といった社会的問題の解

写真4■ まちなか防災空地の例。倉庫や消火用水などの防災設備に加え、菜園、花壇、遊び場などが設けられ、平常時には様々な形で地域住民に利用されている

決まで期待されている。

国土交通省で開催されてきた「新たな時代の都市マネジメントに対応した都市公園等のあり方検討委員会」が2016年5月に公表した最終とりまとめ[16]は、「社会の成熟化、市民の価値観の多様化、社会資本の一定程度の整備等の社会状況の変化を背景として、緑とオープンスペース政策は、緑とオープンスペースのポテンシャルを、都市のため、地域のため、市民のために最大限引き出すことを重視する新たなステージへと移行すべき」と示している。公園緑地が、そのポテンシャルを最大限に発揮し、これからの都市を支えていくためには、自然の力を賢く活用し多様な機能をニーズに応じて持続的に発揮できるようマネジメントする、「グリーンインフラの視点」も一層重要になるだろう。

■ 引用文献

1) 斎藤庸平、田畑貞寿(1992)「火除地等の防火機能に関する実証的研究」造園雑誌.Vol.55(5). 355-360頁
2) 森下雄治、山崎正史、大窪健之(2012)「江戸の主要防火政策に関する研究-明暦大火後から享保期までを対象として」都市計画学会論文集 Vol.47(3). 721-726
3) 平澤毅(1997)「江戸時代の公共緑地政策-徳川吉宗による公共園地の整備を中心に-」井手久登編著『緑地環境科学』2-13頁に所収
4) 内閣府中央防災会議「災害教訓の継承に関する専門調査会報告書1657明暦江戸大火」2004
5) 渡辺達三(1972)「近世広場の成立・展開:火除地広場の成立と展開(II)」造園雑誌. Vol. 36(2). 27-34頁
6) 内閣府中央防災会議「災害教訓の継承に関する専門調査会報告書1923関東大震災」2006
7) 越沢明「後藤新平―大震災と帝都復興―」ちくま新書、2011
8) 防災基礎講座:災害はどこでどのように起きているか 17.地震による被害を著しく拡大し壊滅的にする市街地延焼火災、http://dil.bosai.go.jp/workshop/02kouza_jirei/s17fire/jishinkasai.htm、(2016年11月6日に確認)
9) 国土交通省都市局公園緑地・景観課、国土交通省国土技術政策総合研究所防災・メンテナンス基盤研究センター緑化生態研究室「防災公園の計画設計に関するガイドライン(案)(平成27年9月改訂版)」2015
10) 岩河信文「都市における樹木の防火機能に関する研究(建築研究報告104)」1984
11) 山本晴彦、早川誠而、鈴木義則(1997)「震災における公園緑地の延焼防止機能と樹勢回復」農業土木学会誌Vol. 65(9). 943-948
12) 中林一樹(2009)「いまこそ災害に強いまちづくりを」広報防災No.53、頁4-11
13) 神戸新聞「連載・特集 阪神・淡路大震災 震災発生・震災一年目 復興へ第3部 都市が問われた (4)もっと公園を」(1995年5月19日)
14) 日経アーキテクチュア「木密地域の空き地を防災拠点に、神戸市が新制度」(2013年2月25日)
15) 神戸新聞「防災空地、神戸に27カ所 普段は菜園、憩いの場」(2016年1月13日)
16) 新たな時代の都市マネジメントに対応した都市公園等のあり方検討委員会「新たなステージに向けた緑とオープンスペース政策の展開について」2016
17) 広重「名所江戸百景 筋違内八ツ小路」1857
18) 阪神・淡路大震災「1.17の記録」、http://kobe117shinsai.jp/、(2016年9月19日に確認)

執筆者プロフィール

曽根 直幸 (そね・なおゆき)

国土交通省 都市局まちづくり推進課 専門調査官

1983年生まれ。2005年に東京大学農学部を卒業し国土交通省に入省。2012年より国土技術政策総合研究所において、防災公園計画・設計ガイドラインの改訂検討など、公園緑地政策に関する研究を担当。2015年より国土交通省都市局

福岡 孝則 (ふくおか・たかのり)

神戸大学大学院工学研究科建築学専攻 持続的住環境創成講座 特命准教授

107ページ参照

`2.都市` 都市緑化

自然の力を、都市のちからに！

木田 幸男（東邦レオ）

都市型集中豪雨とヒートアイランド対策に果たして有効な手段はあるのか？その答えがグリーンインフラだ。世界の都市は緑を賢く使って成果を出している。日本でも、都市構造に合わせたグリーンインフラ技術が必要な時だ。そのための新しい基盤材が完成しつつある。今こそ「自然の力を、都市のちから」に変え、安全で冷える街づくりを実践しよう。

緑化技術は時代の要請に従って変化する。30年ほど前（1980年代）、公園の建設が盛んな時代に、一人当たり20m²の緑地を目指して日本中に緑地が造成された。造成工事には重機が多用され、こね返しで土壌の通気透水性は悪くなり、大量に樹木枯損・生育不良が発生した。それを機に多くの土壌改良材、植栽技術が開発され今に至っている。

　2000年頃には都市に高層ビルが建ち並び、アスファルトで覆われた道路が大幅に伸びた。建築面積の20%に緑地が義務付けられるなか、それが確保できない場合は屋上や壁面に緑化面積が求められるようになった。いわゆる特殊緑化技術が注目され始めた時代である。2001年に東京都自然保護条例に罰則規定が盛り込まれたことで、屋上緑化が一気に全国に広まった。その時代に軽量人工土壌や自動灌水装置、乾燥に強い植物の選抜や、それらを含めた人工緑化システムの技術開発が進んだ。

　それからさらに15年たった今、都市ではヒートアイランド現象が鮮明になり、都市型集中豪雨がますます激しくなる時代に突入した。この外部環境の変化を緩和・改善させるために、都市緑化の新たな技術開発が必要になっている。その一つの解が日本版グリーンインフラだ。

グリーンインフラ活用の機運が高まる

　ヒートアイランド現象で暖まった空気は上空で冷やされ、雨雲を発生させて地上に降り注ぐ。その雨の降り方は局地的、集中的で、激しさを増している。多くの都市はこれまで1時間当たりの降雨を50mmと想定して、それに合わせて流域ごとに下水道を整備してきた。しかし近年の都市型集中豪雨では、1時間当たり100mm相当の降雨が珍しくなくなった（1時間当たりの日本最大降雨は187mm：1982年長崎県長与町[1]）。

　内水氾濫という言葉をよく耳にする。堤防で守られた市街地に降った雨が水路や下水の排水能力を超えてあふれ出す氾濫のことで、河川の水が堤防からあふれる、もしくは破堤して洪水となる外水氾濫と区別して使われる。日本の都市の多くは、雨水と下水の両方を同時に処理する合流式下水道方式を

採用している。その処理能力を超える都市型集中豪雨は、内水氾濫として街に浸水などの大被害を与える。各自治体は雨水貯留浸透対策を条例で定め、特定の流域では広大な多目的遊水地を整備し、あるいは地下空間を構築し、そこに雨水を一時貯留して被害の軽減化を進めてきた。

一方、海外ではこれらの問題に対して、緑化技術を上手に使いグリーンインフラで答えを見いだした都市がある。例えば、ニューヨーク前市長・ブルームバーグ氏は2010年のNYC Green infrastructure planの中で、「雨が降った時にしか役に立たない雨水貯留槽や貯留用トンネルよりも、何十億ドルも安く目的（雨水対策）を達成できる」として、グリーンインフラ政策を推進している。またオレゴン州ポートランド市では、雨水対策として「グリーンストリートプログラム」を実施してレインガーデンなどの設置を進めている。

グリーンインフラの要素技術

全米にグリーンインフラを推奨している機関が米国環境保護庁（EPA、Environmental Protection Agency）だ。EPAのいうグリーンインフラは、都市機能の向上や雨水管理の観点から位置付けられ、欧州のグリーンインフラが目指している生態系やエコロジカルネットワークの再生とは一線を画す。それは「雨水を貯留、浸透させることにより、自然の水循環機能を模倣する雨水管理システム」だ。そこでは、グリーンインフラの要素技術（Green Infrastructure Elements）として11項目を示している[2]。実例を基に、透水性ブロックや縁石を工夫し、土壌と植物を活用した雨水の一時貯留、浸透、流出遅延、汚染物質の補足や浄化、都市の微気象改善など、多くの社会的便益を供給している。日本で具体的にグリーンインフラを進めるうえで、EPAの示す要素技術を学ぶことは重要であるが、そのまま転用することは困難である。

日本特有の狭い道路、街路、公園、建築物周辺やグラウンドなどへ適用するには、新規の緑化技術開発が必要となる。そこでEPAの11要素技術を基本として、それに公園、壁面緑化、芝生広場を加えて14要素とし、それを日本の事情に合わせて応用できれば定着が可能かもしれないと考えている。

表1にその概要を示した。以下、いくつかの要素における実績を基に、技術の活用方法や効果を紹介する。

表1 グリーンインフラの14要素

区分		名称	イメージ	概要
技術的要素	1	縦樋の非接続 (Downspout Disconnection)		屋根からの雨水を下水道に流さず、雨水タンクや貯水槽、あるいは透水性舗装へ導入する手法。合流式下水道の都市に特に有益
	2	雨水の利用 (Rainwater Harvesting)		雨水を収集、貯留して、雨水流出速度の低減、減量を図るとともに、建物内部の雑用水や災害時の水資源として活用するシステム
	3	雨庭 (Rain Garden)		屋根や歩車道からの流出水を収集して、地中に浸透および浄化できるよう設計された窪地。自然生態系の基地にもなる。ほとんどの未舗装のスペースに設置可能
	4	雨花壇 (Planter Boxes)		屋根や歩車道からの流出水を、浸透あるいは閉塞した底を持つプランターボックスに導入する、いわば都市型の雨庭。密集地や市街地の限られたスペースに対応
	5	緑溝 (Bioswales)		雨水を移動させながら一時滞留や浸透させる植栽帯。特に浸透適地で線的な施工が可能で、街路や駐車場に向く
	6	透水性舗装 (Permeable Pavements)		雨が降ったその場所で雨水を浸透、処理または貯留できる舗装。地表面は透水性コンクリート、透水性や保水性インターロッキングブロック、透水性アスファルトなどの材料で施工される

EPAの要素技術をもとに加筆、修正

表1 グリーンインフラの14要素

区分		名称	イメージ	概要
技術的要素	7	緑の道、緑の路地 （Green Alleys and Streets）		グリーンインフラの要素技術を取り入れて、道路や路地に雨水を貯留・浸透させ、それを蒸発散させることで、気温低減効果などを可能にする
	8	緑の駐車場 （Green Parking）		グリーンインフラの要素技術を取り入れて、周辺に設置された雨庭や緑溝を通じて、駐車場下層に雨水を貯留・浸透させるよう設計された駐車場
	9	公園 （Green Parks）		グリーンインフラの要素技術を取り入れて、保水性ブロックや樹木の蒸発散作用で微気象改善が可能。公園内での雨水循環を可能にする
	10	屋上緑化 （Green Roofs）		都市化が進むなかで、屋上に厚層または薄層に植栽基盤を設置して、雨水の一時貯留や植栽の蒸発散作用による冷却効果などを可能にする
	11	壁面緑化 （Wall Greenery）		建築物の壁面に植栽基盤を持つ構造では、壁面に当たる雨水の直接流下を遅延、軽減できる。プランター形式の場合、雨水を一時貯留・浸透し、雨水流出を遅延、軽減できる。また、植物による気温冷却効果も高い
	12	芝生広場 （Lawn square ground）		芝生植栽基盤への雨水浸透により、雨水流出速度の低減および雨水の減量と浄化が可能。地表面の気温低減効果も発揮できる
	13	樹冠遮断 （都市内樹冠） （Urban Tree Canopy）		樹木の葉や枝で雨を遮断することで雨水の流出量を減らし、流出速度を減じることができる。また、樹冠の投影による日陰が気温低減効果を発揮する
	14	自然地の保護 雑草広場 （Land conservation）		都市内や近隣にあるスペースや外部の影響を受けやすい自然地の保全、および軽メンテナンスをすることで、雨水流出速度の緩和、軽減および自然生態系の保全が可能になる

EPAの要素技術をもとに加筆、修正

例えば、横浜市グランモール公園では、「みずの循環回廊」と「涼しいテラス」という「体感できる心地よさ」を打ち出し整備が進められている[3]。その原動力となるのが日本版グリーンインフラ技術の活用である。

みずの循環回廊の実現方法

「雨水を公園内で循環させて地域を冷やすためには、どのようにすればいいのか」。その答えは雨水貯留浸透基盤（以後、基盤材という）の活用であった。公園内に降った雨は排水側溝を通じてケヤキの植栽基盤に流入する。基盤材は腐植をコーティングしたコンクリート再生砕石で構成していて、雨水は骨材間空隙（空隙率41％）に一時貯留される。これにより雨水の流出速度は緩和され、基盤材は浸透槽としての役割を果たす。この基盤材は同時にケヤキの根の伸長域としても活用できる。一般的に自然土壌が樹木にとって良好な生育基盤と思われがちであるが、実は外部からの強い転圧や経年変化で固結しやすく、根が伸長できないケースが多い。この基盤材は同粒径の角張った骨材のかみ合わせにより、空隙率が高くかつその構造が永続的に保持される。また腐植コーティングはコンクリート再生砕石のアルカリ分を緩衝し、樹木の生育を良好にする機能をもつ。

写真1は同一樹木の根の生育基盤材として腐植コーティングの有無で、4年4カ月経過後の根の伸長状況を比較している。グランモール公園ではこの腐植コーティングした基盤材が使用され、ケヤキの生育が良好になることで雨水の吸い上げが活発化し、結果として「みずの循環回廊」が実現できる仕組みが完成している。

写真1■ 基盤の違いによる生育の変化。同一個体の根に対し、右の基盤はコンクリート再生砕石のみ、左はそれに腐植をコーティングした植栽基盤をセットした。4年4カ月後の根系の成長の差は明確

冷却効果を発揮

　基盤材下層にたまった雨水はケヤキの根で吸い上げられ、葉から蒸散して周囲の熱を奪い気温を下げる。加えて、公園の地表面に設置した保水性ブロックからの気化熱でも冷却効果が実現できれば、グランモール公園のコンセプトである「体感できる心地よさ」が実現できることになる。しかし、保水性ブロックは常に湿っていることが重要で、一旦乾燥すれば逆に蓄熱的な役割をも果たしてしまうため、以下に述べるような基盤材を使用することで水分連続性を図った。

　写真2は基盤材による水の吸い上げテストである。コンクリート再生砕石（左）と基盤材（コンクリート再生砕石に腐植をコーティング：右）をカラムに詰めて、下層を水に浸け一週間後の吸い上げ高さの違いをみた。結果は明確で、コンクリート再生砕石の吸い上げ高さが約8cmでストップしたのに対し、基盤材は約60cmまでしみ上がった。両者の違いは腐植コーティングの有無である。そこで、保水性ブロックとの連続性を確保するために基盤材

写真2■ 吸い上げテスト。左がコンクリート再生砕石のみ、右がコンクリート再生砕石に腐植コーティング（基盤材）を施した。しみ上がり高さを緑の線で表している

図1 ■ 保水性ブロックとの水分連続性の有無がブロック表面温度差に与える影響

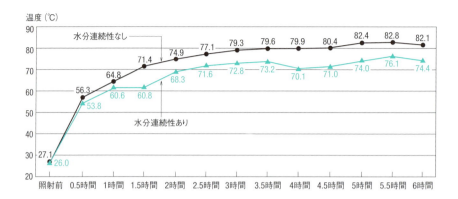

上部からの熱照射により、1時間後で4.2℃、最大で9.8℃の温度差を記録した。下からの水の供給があることで、より冷えることが証明された

上部に砂層を介して直接保水性ブロックを設置し、しみ上がりやすい構造とした。基盤材の設計CBRは22％と高く、十分に締め固めたことから、将来沈下の心配がないこともデータで確認された。

またモックアップテストにより、基盤材と保水性ブロックの水分連続性の効果がブロック表面の冷却効果に及ぼす影響も確認した（図1）。これは、いわゆる「地下からの打ち水効果」ともいえる手法で、保水性ブロックの保湿効果を連続的に高めることが可能となる。

この現象がケヤキの蒸散作用と相まってクールスポットの創出に効果を発揮していると考えられる。施工中の状況を写真3に、完成の断面模式図を図2に示す。また、実際の公園をサーモグラフィーで撮影し、基盤材の有無による温度差を確認したところ、際立った差が認められた。

写真3 ■ 基盤材の施工

図2 グランモール公園断面模式図

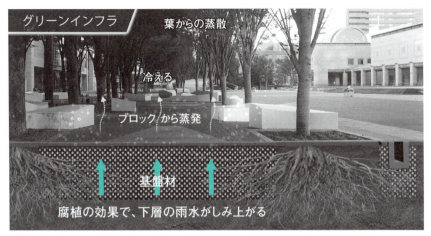

基盤材下層の雨水は腐植の効果でしみ上がり、保水性ブロックを連続的に加湿して冷却効果を発揮する。また、樹木の根から吸い上げられた雨水は、葉からの蒸散作用で冷却効果を発揮する。地域の微気象改善にも役立つ

屋上緑化は雨水貯留施設

　国土交通省では、2000年から2015年までの16年間を通じて、屋上庭園の施工面積が433.8haに達したと発表した[4]。この10年ほどは薄層緑化の傾向が強かったものの、次第に土壌厚1mほどの屋上や外構の人工地盤緑化も増えつつある。これらのスペースは雨水貯留施設として残された貴重な空間といえよう。しかし、日本においては「屋上緑化面積を浸透域として見なすかどうか」の見解は自治体によって異なっている。

　東京都は「公共施設における一時貯留施設等の設置に係る技術指針」において、「貯留量などの流域対策として効果の具体的な評価はなされない」としつつも、「人工土壌体積の40％程度の雨水を貯留できる場合もある」としている[5]。一方文京区のように、屋上での保水能力を50ℓ/m^2と定めている区があったり[6]、練馬区のように浸透域として認めていない区も存在する[7]。また、名古屋市は「屋上緑化における流出係数は宅地扱い」としている[8]など都市ごとに対応はばらばらで、一刻も早い統一見解が望まれる。

雨水のピークカットは可能

　雨水のピークカットが可能であれば、屋上緑化がグリーンインフラの要素技術の一つとして重要な役割を果たすことにつながる。屋上緑化の流出係数が、緑化していない屋上面のそれと比較して明らかに低く、流出遅延効果があるという研究結果がある[9)][10)]。また、屋上緑化技術の進展で、排水層の工夫から雨水流出遅延効果がどのように変化するかの解明も進む。排水層表裏面の凸凹構造の表面積が関係し、屋上が雨水の一時貯留施設として利用できることを示唆する研究結果もある[11)][12)]。

芝生グラウンド下層を雨水貯留浸透層に活用

　雨水対策を敷地・地域全体で検討すれば、地表の雨水排水能力を向上させつつ緑量を確保し、環境配慮設計というグリーンインフラ的な解決方法の一つとなり得る。

　例えば、これまでの芝生下における雨水対策量は、東京都の土地利用別浸透能評価[13)]から1時間当たり50mmの浸透能とするよう求められてきた。それを踏まえて、仮に芝生下に厚み200mmの雨水貯留浸透基盤（基盤材）を敷き込み雨水対策を行った場合、どのように対策量が変化するかを計算した。芝生面から得られる50ℓ/m^{2}はダブルカウントしなかった。また計算根拠は雨水貯留浸透技術協会編「雨水浸透施設技術指針（案）調査・計画編」を参照にした。

　一例として、現地透水係数が浸透適地の1時間当たり0.14m（東京都浸透能力マップによる）の場合、貯留浸透量は228ℓ/m^{2}となる。透水係数を植栽基盤としての下限値である1時間当たり0.036mとした場合でも119ℓ/m^{2}という結果となった。これは土地利用別浸透能評価の芝生地50mm（1時間当たり）に比べて2倍から4倍の値となる。仮に芝生グラウンドが500m^{2}だとした場合、貯留浸透量は500m^2×228ℓ/m^2=114m^{3}となる。

　これを浸透トレンチによる雨水対策と比較した場合、例えば貯留浸透量が1m当たり700ℓで計算される一般的な浸透トレンチ方式を使用すると163m

図3 植栽帯の幅を狭くできると,様々なメリットが可能となる

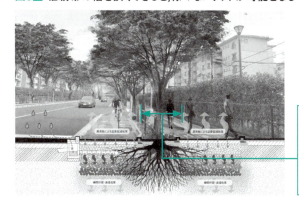

基盤材を設置すれば植栽帯の幅を狭くできる。その面積分の歩道幅や自転車道幅員を広くできる。また除草面積が減るため、メンテナンス費用の軽減につながる。

必要となる。それを費用に換算すると、芝生に比べて約2倍以上となった。逆に、芝生下に基盤材を設置すると、その構成材がコンクリート再生砕石であるため、リサイクル資材の活用につながり、かつ芝生の生育が良好になるというメリットも得られるため活用範囲が広がることになる。

植栽帯を狭く、歩道幅を広くできる街路形成手法

　歩道下や自転車道下に基盤材を設置すると、樹木の良好な生育基盤として活用が可能となる。これは、根の伸長範囲が通常の植栽帯より広くなり、下層からの水のしみ上がりにより良好な植栽帯構造が確保できるからである。

　従って豊かな緑陰の形成が可能となる。また、植栽帯の幅を広く確保して地上からの雨水の進入を期待する必要がなくなるため、植栽帯を極力狭くできる。その分歩道幅や自転車道の幅員を広めることが可能になるばかりか、植栽帯が狭くなることから除草面積が減りメンテナンス費用の軽減にもつながる。結果、歩道においてはバリアフリーが実現でき、かつ水のしみ上がりで冷える街路の形成も可能になる（図3）。

　この手法は根上がり現象の対策にも寄与できる。基盤材の骨材間空隙には水、空気、栄養が集積されているため、根は地下に向かって伸長する（写真

1参照)。根上がり現象は、根が伸長する際に行き場を失った根が表面仕上げ材(インターロッキングブロックなど)下の砂層などに伸び、それが成長に伴って太くなり表面仕上げ材を持ち上げる現象のことである。もともと根にとって良好な植栽基盤が十分に確保されていれば、根上がり現象は未然に防ぐことが可能となり、将来起こり得る転倒事故などによる訴訟問題の回避につながる。

今後の展開

このように、日本版グリーンインフラ技術の開発は、成熟した都市に新しいグリーンインフラの適用先を生み出す余地を多く含んでいる。グリーンインフラ技術が進展すれば、日本の都市の創り方が根本的に変化するだろう。そして世界に誇れるサスティナブルな「安全で冷える街づくり」が推進できる。技術のさらなる開発が望まれる。

■ 引用文献
1) 最大1時間当たり降水量
http://www.bousai.go.jp/kyoiku/kyokun/kyoukunnokeishou/rep/1982--nagasakiGOUU/index.html　内閣府防災のページ,1982 長崎豪雨災害,第1章　災害の概観,p3(2016年10月7日確認)
2) What is Green Infrastructure?
http://www.epa.gov/green-infrastructure/what-green-infrastructure
(2016年3月22日確認)
3) 横浜市記者発表資料「グランモール公園リニューアル工事が始まります!」2015年4月　横浜市環境創造局公園緑地整備課
http://www.city.yokohama.lg.jp/kankyo/park/make/seibi/grandmallpark/kisyahappyou-20150430.pdf
(2016年10月3日確認)
4) 国土交通省　全国屋上・壁面緑化施工実績調査結果の概要　平成28年8月http://www.mlit.go.jp/report/press/toshi10_hh_000230.html(2016年10月5日確認)
5) 東京都　東京都都市整備局　「緊急豪雨対策」に基づく「公共施設における一時貯留施設等の設置に係る技術指針」平成24年　19頁
6) 東京都文京区　雨水流出抑制計算書　平成26年
http://www.city.bunkyo.lg.jp/bosai/tochi/tebiki.html(2016年10月2日確認)
7) 東京都練馬区　雨水流出抑制のてびき　6頁
https://www.city.nerima.tokyo.jp/kurashi/sumai/chisui/yokusei.files/tebiki.pdf(2016年10月2日確認)
8) 名古屋市　雨水浸透阻害行為許可等のための雨水貯留浸透施設設計・施工技術指針　平成24年　175頁
http://www.city.nagoya.jp/ryokuseidoboku/cmsfiles/contents/0000010/10375/usui_sisin_99_H2404.pdf
(2016年10月2日確認)
9) 手代木純,棚野義明,山口亜希子,今井一隆,半田真理子(2009)『国営昭和記念公園「浮遊の庭」特殊空間緑化による温熱環境改善及び雨水流出遅延効果の検証』日本緑化工学会誌34(1) 291-293頁
10) 建設省河川局監修,(社)日本河川協会編　建設省河川砂防技術基準(案)同解説・調査編87頁
11) 菊池佐智子,輿水肇(2010)「局所的集中豪雨を想定した各種屋上緑化用貯・排水ボードの雨水貯留特性評価」　ランドスケープ研究73.(5)693-696頁
12) 菊池佐智子,輿水肇(2011)「局所的集中豪雨を想定した貯排水層の異なる屋上緑化システムの流域特性」ランドスケープ研究74.(5) 739-742頁
13) 東京都総合治水対策協議会(2009)「東京都雨水貯留・浸透施設技術指針」33頁

執筆者プロフィール

木田　幸男 （きだ・ゆきお）
東邦レオ 専務取締役

1949年大阪府生まれ。金沢大学大学院自然科学研究科修了、博士（理学）。1974年に東邦レオ入社、緑化関連事業部設立、土壌・緑化技術の研究ならびに緑化資材の開発を主業務とする。現在、日本緑化工学会副会長、日本樹木医会理事（元日本樹木医会副会長）。共著書として、「土の環境圏」フジ・テクノシステム（1997年）ほか。技術士（都市および地方計画）、樹木医（登録第26号）

COLUMN 1

駿河台ビル周辺の緑化と雨水マネジメント

浦嶋 裕子（うらしま・ひろこ）三井住友海上火災保険 総務部 地球環境・社会貢献室

　三井住友海上駿河台ビルは、1984年の竣工時に「周辺環境との調和」を理念に掲げ、緑化に取り組んだ。ビル全体の緑地面積は7000m^2。そのうち屋上庭園の面積は約2500m^{2}あり、緑化率は4割を超え、オフィスビルとともに出現した都心のグリーンインフラともいえる（写真1）。同ビルに隣接する敷地に2012年に竣工した駿河台新館の計画に当たっては、緑地全体を生物多様性に配慮する形で見直し、野鳥の好む多様な在来種を選定して野鳥のエコロジカルネットワーク形成に努めた。

　当ビルでは、生物多様性への貢献だけではなく雨水マネジメントにも取り組んでいる。屋上庭園には荷重に耐えられる設計を施して平均1mほどの厚さの土壌を敷設しており、庭園の一部は高木から中木、低木までが連なる階層構造となっている。植生が豊かであればあるほど、雨水浸透機能は高いと言われており、降雨時には駿河台緑地の土壌が雨水を一時貯留し、生きものへの配慮だけでなく都市型水害の減災に貢献し、潤いのあるまちづくりにもつながると考えている（図1）。

　また、ビルおよび近隣街区では、以下のとおり雨水流出を抑制して下水道への負荷を減らしている。

- 新館の外構にレインガーデンを試験的に設置：舗装面などに降った雨水を、植栽土壌を通して浄化・地下浸透
- 駿河台ビルで竣工当初より雨水を貯水槽に蓄え、トイレ洗浄水や緑地への散水として再利用：今では一般的なビルにおける水資源の有効利用を30年以上前から実施
- 2012年のビル周辺環境整備で、JR御茶ノ水駅付近の歩道に保水性舗装を施工：雨水が道路表面のブロックに浸透し道路のなかで蓄えられる

これからも駿河台緑地をグリーンインフラと位置付け、当社がCSR取り組みの考え方として掲げる「持続可能で強くしなやかな社会づくりへの貢献」を引き続き推進したい。

1993年 都市景観賞（千代田区）
2001年 緑化功労者表彰（国土交通大臣）
2004年 屋上緑化大賞（環境大臣）
2005年 SEGES（都市緑化基金：当時）　Excellent Stage3 認証
2010年 「生物多様性につながる企業のみどり100選」（都市緑化基金：当時）認定
2012年 SEGES（都市緑化機構）最高位のSuperlative Stage（スパラティブ・ステージ）認定
2015年 千代田区温暖化配慮行動計画書制度・最優秀賞
2016年 第5回いきものにぎわい企業活動コンテスト・審査委員特別賞
2016年 第1回ABNIC賞・優秀賞（都市SC版）

写真1　駿河台ビル屋上庭園の様子

図1　レインガーデン模式図

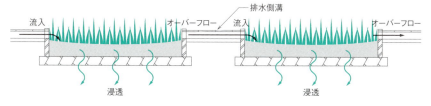

3.都市　庭

都市は雨庭でよみがえる

森本 幸裕（京都大学名誉教授・京都学園大学教授）

都市が邪魔者として、すぐ下水に流していた雨。それを受け止めて恵みに変え、大雨の災いを和らげる魔法が「雨庭(あめにわ)」である。温暖化に伴う集中豪雨と生物多様性の損失、それに活性窒素過多という三大地球環境危機に対して、賢く適応する都市デザイン要素でかつ、自然立地を活かした安全・安心の土地利用でもある。

ちょっと変わったお庭を見てほしい（写真1）。米国のシアトル市で推進されている低負荷開発プロジェクトで、芝生の前庭が多様な植物を楽しめる雨庭に改良されたものだ。窪地には多様な植物が導入され、砂利は小さな河原のようだ。戸建て住宅の雨樋が雨庭に導かれ、雨水は雨庭を通して排水される。

写真1 ■ シアトル市が推進する低負荷開発の雨庭事例（写真：阿野 晃秀）

道路排水もすぐ下水管に流すのではなく、砂利や植栽などで構成するバイオスェル（緑溝）に導く。

シアトル市がこのプロジェクトに乗り出した大きな動機は2003年の事件だった。雨水は下水として下水処理場に導かれていたのだが、大雨の時に下水処理場の能力を超えて未処理水が海に流れ出て汚染してしまったのである。その結果、ロングフェロー入江では産卵直前のギンザケの88%が斃死したという。そこで、雨水は一旦、雨庭で受け止めて貯留し、汚染物質も除去して浸透させ、ゆっくり海に排水しようという試みが始まった。市は経費負担までして、雨庭普及に乗り出したのである。

さて、雨庭を改めて定義してみると、「屋根や水が浸透しない舗装面などに降った雨水を集め、一時的にためる浅い窪地などを備え、地中にゆっくり浸透させる仕組みを持った緑地」となろうか。1990年、米国メリーランド州[1]で下水負荷軽減の治水対策（LID、低負荷開発）の一つとしてレインガーデン、直訳すると雨庭が生み出され、瞬く間にこの言葉は世界中に広まった。2012年のハリケーン・サンディの災害を踏まえてニューヨーク市も街路に沿った雨庭、緑溝の設置を始めた。

でも、こうした発想は何も今に始まったわけではない。これまでも、雨の恵みを享受しながら、豪雨に対しては、自然立地を生かした土地利用方法や、洪水を柳に風と受け流す美しいデザインで折り合いをつけてきた伝統が、わが国には存在する。ここでは、伝統的な在り方や応用的なものも含めて、多

様な雨庭のタイプを事例を通して紹介したい。

雨庭は都市のグリーンインフラ

都市の雨庭は健全な水循環を通して、生態系サービスと呼ばれる多様なメリットを都市住民に提供する。以下、事例も紹介しつつ整理してみよう。

① 治水機能

大雨の時に下水道の能力を超えて町中が冠水する内水氾濫。わが国の1997年から10年間の被害は2.4兆円で、被害面積は20万haに及び、堤防の決壊による外水氾濫の被害（1.9兆円、11万ha）[2]を上回っている。例えば名古屋市では、1965年に約50%だった緑被率は2001年には半減し、雨水は流出率27%から62%に大幅増加。一方、地下浸透は41%から15%に、蒸発散は33%から24%に大幅減少した。この緑地から不透水地への変化が記録的短時間大雨の頻度増加と相まって、都市型洪水リスクの増大を招いているわけだ。

一方、雨庭は貯留と浸透などで下水道負荷を低減できる。名古屋市で雨庭を導入した場合、雨庭だけで集中豪雨時の雨水流出を7.5%抑制[3]できると試算されている。

また、産公学連携のエコロジカルネットワークの取り組みのある大阪の淀川から鶴見緑地に至る市街地の部分は、明治期には大半が水田や蓮田であった低地であって、内水氾濫に何回も見舞われている所だ。筆者らが調べたこのエリアでは透水地域141.9haに対し不透水地域は628.6haで、そのうち雨庭化しやすいところは2.3%だったが、そこを蓄雨高100mmの雨庭とすることで、最近完成した大規模調整池の貯水量4万m³の2倍以上の機能が確保できると試算[4]された。

こうした、小さな雨庭をたくさん整備する考え方に対して、大きな遊水池を確保して、公園緑地や自然的な湿地再生に結び付ける例もある。ブラジルの環境首都と呼ばれるクリチバ市では洪水危険地のスラム化を防ぐために土地を先行取得して、遊水池機能を持つバリグイ公園140haが整備された。かつては洪水とスラム化に悩まされた氾濫原が平常時には人々の憩いの場とな

った。「都市と生物多様性概況」のレポート表紙にも取り上げられた（図1）。この公園は、自然立地を活かした賢い土地利用の大規模雨庭といえる。

② **地下水・湧水涵養**

ゆっくり浸透した雨水は地下水と湧水を涵養する。東京の野川流域では、段丘上の住宅開発の際に雨水浸透に配慮することによって、国指定名勝庭園をはじめとする野川の崖線の緑や湧水が保全されてきた（173ページ参照）。

③ **生物生息生育地（ハビタット）機能**

景観生態学では、都市化のプロセス、つまり自然地に建物や道路などの人工物が建設されて穴が空き、移動が制限され、汚染などで劣化していく過程を、ハビタットの穿孔、分断、細分化、孤立化、消耗と捉えて生物多様性の損失に関連付けることが多い。この生息場所の損失と並行して、生物にとって重要な資源である雨水の健全な循環も劣化する。その劣化とは、不透水地が増え、雨水がすぐ下水として排水されてしまうことだけでなく、時には氾濫というプロセスが失われることも含まれる。つまり排水や治水を前提とせざるを得ない都市化によって、水辺などの撹乱依存型生物がハビタットを失ってしまうことになる。

事実、大阪府から絶滅した植物84種のうち、半数強が湿地の植物で、次いで草地であって、意外にも森林のものは少ない[5]。だから都市緑地では森だけでなく、雨水を貯留・浸透する雨庭の植栽デザインと管理を工夫して、そうした植物の避難場所とすることが保全に有意義なのだ。

水位を常時確保して水草を導入できなくとも、フジバカマ、ノウルシ、ワレモコウなど原野の植物や、キクタニギクやカワラナデシコなど河原の植物

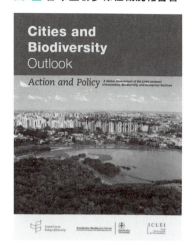

図1 都市生物多様性概況報告書

表紙に取り上げられたブラジルのクリチバ市バリグイ公園（資料:生物多様性条約事務局）

にも絶滅危惧種は多く、雨庭はシカの食害のない希少種のハビタットとして整備できる強みがある。

京都学園大学では京都太秦キャンパス開設に伴い、京都の伝統的枯山水庭園の持つ雨庭機能をデザインに取り入れ、自生種や地域性種苗、近年激減している「和の花」を導入した（写真2）。ここで言う「和の花」とは、京都の自生種や伝統的に園芸や祭事に用いられてきた植物を指す。例えば、源氏物語千年紀で関心を呼んだフジバカマや、高台寺十境の菊渓川にその名を由来するキクタニギク、葵祭に用いられるフタバアオイ、祇園祭のヒオウギなど、京都の文化になじみが深いものの、今は野生では希少となってしまったものが多い。

④ ヒートアイランド現象緩和

緑地のヒートアイランド現象緩和効果はよく知られている。シミュレーションによると、東京の緑被率を現況の27.3%から39.5%に増やすと、熱帯夜の

写真2■ 豪雨直後の京都学園大学京都太秦キャンパスの雨庭（写真：百生 太亮）

エリアが10%余り減少する[6]という。

京都駅ビルでは15周年記念でビル型雨庭「緑水歩廊」を設置したところ、それまで暑さのために夏期に人影が途絶えていた所が回遊空間になった（図2）。巨大なビルに対して、ちっぽけなオアシスではあるが、都会では珍しい鳥であるイソヒヨドリや、市内で見つかった野生種フジバカマを導入した翌日には、長距離の渡りをするチョウのアサギマダラが来訪するなど、いわゆるエコロジカルネットワークの踏み石として、生物多様性の面からも評価される。

ただ、モニタリングによれば、巨大ビルの南面の遊歩道は京都気象台と比べて気温が約2度高いことが判明した[4]。今世紀末に予測されている温暖化を先取りしているかのようなこの場所でも、日差しを遮る水辺デザインのお陰で体感暑熱環境が緩和されることが、利用者の回遊性に寄与しているとみられる。

図2　京都駅ビル「緑水歩廊」

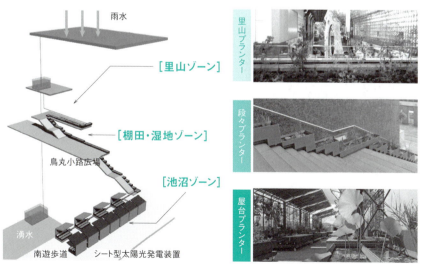

（資料：京都駅ビル未来委員会）

⑤ 水質浄化

　冒頭のシアトル市の例で述べたように、雨庭には水質浄化機能が期待できる。雨庭の汚染物質除去率は条件によって変動すると思われるが、米国環境保護庁によると、リンは70〜83％、金属（銅、亜鉛、鉛）93〜97％、窒素68〜80％、全蒸発残留物90％、有機汚染物質90％、細菌90％の除去能力[7]が期待できるという。

⑥ 美しい景観

　単調な芝生の前庭から多様な植物と砂利で美しい景観づくりともなった冒頭のシアトル市の例のように、雨庭化は四季折々の美しい景観を楽しめる庭への変貌を意味する。例えば、ロンドンオリンピック公園では、雨水排水系統を美しい緑溝に変身させた。しかしここで紹介したいのが、伝統的日本庭園の枯山水だ。

　写真3は臨済宗相国寺派の大本山である相国寺本堂の裏方丈庭園の枯流れ

写真3 ■ 相国寺裏方丈の枯山水庭園

である。大雨のときに、大きな寺院建築の屋根が集める水の量は半端ではない。この枯流れには大雨のときだけ水が流れる。本堂の南側は一面の白川砂で、堂内の明かり取りを意図した平面になっているのに対し、この北側は大きく掘り込んでいて、豪雨時にはかなりの量の一時貯水が期待できる。正確な計測評価ではないが、管理者の話によると2015年の台風時（最大時間雨量約25㎜、日雨量約180㎜）には、写真の護岸の石が隠れる程度の水位だったという。

　また、わが国の庭園を代表する桂離宮庭園は桂川沿いの立地を活かした池泉回遊式庭園である一方、洪水氾濫リスクも大きい。そこで桂川沿いには創建当初からハチクの洪水防備林が設けられ、後にユニークで美しいハチク生け垣も工夫され、書院は高床式となっている。桂離宮の昭和の大修理では、柱に残る度重なる床下浸水跡の記録が明らかとなったものの、少なくとも現在まで四百年持続可能であったわけだ。水辺の恩恵を得ながら洪水リスクを柳に風と受け流す庭園デザインは、実に高度な雨庭の思想を体現している。

⑦ 身近な自然の確保

　雨庭の草地や水辺は生きものの宝庫で、子どもにとって最も身近な虫取り場だ。幼少期のそうした自然体験の方が、何と親や学校におけるしつけよりも、道徳観・正義感の醸成に効果的[8]だという。また、ロンドン湿地センターはテムズ川下流の貯水池が自然再生された大規模なものだが、そこにはダネット教授[9]による美しいモデル雨庭や、生物採集体験学習ができる小さな自然も準備されており、地元小学生の団体利用が頻繁にある。こうした自然体験がADHD児童のケアに有意義であるとTEEB（生態系と生物多様性の経済学）中間報告[10]で取り上げられている。

⑧ コミュニティーの活性化

　簡単な雨庭なら地域や自前で取り組めるので、防災・環境教育のコミュニティー活動のテーマとして適切だ。福岡県樋井川流域で活発に展開されている流域防災拠点としての「あめにわ憩いセンター」の整備をはじめ、住民と研究者が主役となった協働の取り組みが特筆される。

雨庭は地球を救う

　雨庭の思想には、豪雨災害に対する「暴露」を最小限にする自然立地的な土地利用という側面と、自然生態系の機能を活かした美しいデザインで「脆弱性」を改善するという二つの側面がある、と総括できる。また、前者にも静岡県麻機遊水地（198ページ参照）のように自然再生に特徴があるものや氾濫原を庭園化するバリグイ公園、桂離宮庭園のような修景利用に重点を置く事例がある。一方、小規模なものでも、雨樋直結プランターや雨水タンク利用修景緑化だけでなく、京都駅ビル緑水歩廊のように地域の自然に重点を置くことも可能だ（図3）。

　ちっぽけな雨庭で何ができるのかいぶかる方も少なくないだろうが、生物多様性の観点から見ても、合計で同じ面積ならば、大きい緑地が一つよりも、小さい緑地がいくつかあった方が、希少種を含む合計種数は多くなることが、

図3■ 雨庭のタイプ

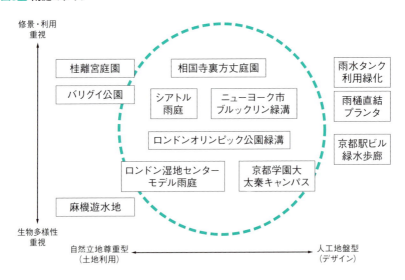

本稿で述べた事例を位置付けした。点線内が典型的な雨庭だが、多様な展開が可能

筆者らをはじめ、多くの研究で明らかになっているのである。

都市への雨庭導入、いわば都市の日本庭園化は「生物多様性の損失」、「気候変動」、「活性窒素過多」という三大地球環境問題[11]への美しい対応と総括できる。

■ 引用文献

1) Rain Gardens Across Marylands, https://extension.umd.edu/sites/default/files/_docs/articles/Rain_Gardens_Across_MD.pdf（2016年9月16日確認）
2) 国交省都市・地域整備局下水道部、http://www.mlit.go.jp/common/000037234.pdf（2016年9月16日確認）
3) 杉山美帆（2013）レインガーデンによる都市型洪水緩和の可能性:名古屋市千草区を例に、名古屋大学情報文化学部卒業論文
4) 森本幸裕監修（2015）雨庭のすすめ、京都学園大学ランドスケープデザイン研究室、pp.22
5) 関西自然保護機構（1995）近畿地方における保護上重要な植物-レッドデータブック近畿
6) 山田 宏之（1999）ヒートアイランド現象緩和と都市緑化、グリーン・エージ26(19)8-12
7) U.S. EPA（1990）Stormwater Technology Fact Sheet Bioretention. EPA-832-F-99-012
8) 国立青少年教育振興機構（2006）青少年の自然体験活動等に関する実態調査
9) Dunnet, N. & Clayden（2007）Rain Gardens, Timber Press, Inc. Oregon, USA
10) European Communities（2008）The economics of ecosystems and biodiversity - An Interim Report, pp.64
11) Rockström, J. et al.（2009）A safe operating space for humanity, Nature 461, 472-475

執筆者プロフィール

森本 幸裕 （もりもと・ゆきひろ）
京都大学名誉教授・京都学園大学教授

京都大学農学研究科博士課程出身。京都造形芸術大学、大阪府立大学、京都大学大学院教授等を経て現職。日本造園学会関西支部長、日本緑化工学会長、日本景観生態学会長ほか、中央環境審議会、文化審議会、京都市都市緑化審議会等の委員等を歴任。雨庭を主テーマに農水省や国交省のグリーンインフラ検討会に参加。農学博士。

COLUMN 2

グリーンインフラとしての宅地

佐々木 正顕（ささき・まさあき）積水ハウス 環境推進部

　グリーンインフラについては、道路・公園などの公的インフラに注目が集まりがちである。しかし民有地は国土の43％を占め、特に大都市ではそのうち宅地面積が35.9％に至る。すなわち、都市空間の再検証に際しては宅地をどう機能的にデザインするかは極めて重要な課題となる。その一つの解として当社の「生態系に配慮した在来種中心の宅地緑化」の実例を紹介する。

　現在では雑木の庭も珍しくなくなり、東京都でも「江戸のみどり復活事業」として在来種の採用を推奨しているが、当社は2001年から全国の植木生産者に働きかけて各地の圃場での在来種生産を提案してきた。当社がこれに着手した当時、マーケットでは美しく品種改良された園芸種と希少な外来種が需要を集め、在来種は市場には出回らず、必要な場合は山野から調達することが一般的であった。ただし、多くの生物にとっては在来種と園芸種・在来種では利用価値が大きく異なる。ある調査によれば、外来種であるヒマラヤスギは利用する生物が数十種類なのに対し、コナラなどの在来種はその数十倍もの生物を養うといわれる。東京農業大学名誉教授の進士五十八先生が「樹木は緑色の建材ではない」と喝破されたとおり、人にとっては同じ緑化樹に見えても地域の生態系保全の価値は大きく異なる。

　当社は「3本は野鳥のために、2本は蝶のために」という想いを込め、「5本の樹」と名付けた在来種を活かした緑化を進めた（写真1）。もちろん顧客の希望に沿うために在来種以外の園芸種も併存しているが、植栽本数は年間約100万本、2001年の事業開始からの累積植栽本数は約1200万本に至る。

　戸建て住宅から始まったこの提案も、現在では賃貸住宅・集合住宅に展開を拡大している。積極的な植栽の採用は、かつてはイニシャルコスト増や管理コスト増への反映によって賃貸経営などに対するデメリットと捉えられがちであった。しかし豊かな緑がもたらす快適性は、可視的な環境プレミアム

写真1■「5本の樹」計画に基づく豊かな街並み

として安定的な入居者確保につながり空室率や賃料の下落を抑え、時間の経過を味方にして資産価値向上の大きな差異化要素に育っている。

「シャーメゾンガーデンズ」と名付けた複数棟の賃貸住宅は、樹木の配置や住棟間の距離、窓配置の方向などをきめ細かくデザインすることで敷地内に入居者の交流を育むオープンスペースを確保しコミュニティーづくりに貢献するだけでなく、近隣の人々に評価される快適な環境ももたらしている。

このように、生きものにとって利用価値の高い緑地を有する住宅が都市部に増えることで、公園・企業緑地や校庭などとともに、郊外の奥山とつながって「生態系ネットワーク」を構築する重要な機能を担う存在となり得る（図1）。

図1■ 生態系ネットワークのイメージ

4.都市　都市農地

都市農地のグリーンインフラとしての活用

山田　順之（鹿島建設環境本部グリーンインフラグループ）

都市農地は人口が密集する都市に残された貴重な資源であり、これをグリーンインフラとして適切に保全・管理することにより、食料生産、防災、景観向上、資源循環、環境教育など多様な機能を発揮させることが可能となる。環境、経済、社会が調和した持続可能なまちづくりを展開するため都市農地の役割は今後さらに重要になる。

わが国では食料確保を目的として広大な農地が整備され、地域文化や気候風土に適合した営農活動を古くから実施してきた。そして各地で整備された農地は、新鮮な農産物の供給だけでなく防災空間の確保、良好な景観の形成、国土・環境の保全、農業体験の場の提供など多様な機能を発揮する「場」として役割を果たしてきた。しかし、少子高齢化による担い手不足や農産物の価格低下などを背景として、耕作放棄される農地が増加し機能の劣化が生じている。

　また、都市部においては開発圧力や相続問題なども加わり、農地面積は減少の一途をたどっている。市街化区域内の農地を都市農地と捉えた場合、その面積は日本全体で1992年に14.92万haであったものが、2007年には9.28万haと約38%も減少している。都市における貴重な緑である都市農地は、食料生産だけでなく都市水害の防止やヒートアイランド現象の緩和、自然と触れ合う機会の創出など都市における環境課題解決の鍵となる役割を持つ。よって、都市農地をグリーンインフラの一つとして位置付け、より一層保全活用方策を進める必要性は高いといえる。

　政府は2015年に都市農業振興基本法を施行し、2016年には都市農業振興基本計画を閣議決定した。この法律は、都市農業の振興に関する施策を総合的かつ計画的に推進し、都市農業の安定的な継続を図るとともに、都市農業が多面的な役割を果たすことで、良好な都市環境の形成に資することを目的とするものである。また、都市農業の振興に関する基本理念として、(1) 都市農業の多様な機能の適切かつ十分な発揮と都市農地の有効な活用および適正な保全が図られるべきこと、(2) 良好な市街地形成における農との共存に資するよう都市農業の振興が図られるべきこと、(3) 国民の理解の下に施策の推進が図られるべきこと、を示している。

　つまり、従来は「いつかは宅地化される土地」と認識されていた都市農地が、今後は「保全し多様な機能を発揮される土地」へと大きく方向転換していくことになる。これらを背景として、グリーンインフラとしての機能を意識した都市農地の運営が一部で試行され始めた。この取り組みは、法的に位

置付けられた地表面の農地だけでなく、建物屋上や人工地盤面を活用した屋上農地においても広がりつつある。ここでは、都市における重要なグリーンインフラの一つと位置付けられる都市農地に焦点を当て、その役割と具体的取り組みを紹介する。

都市農地の多様な機能

都市農地は市街化区域内に存在するため、相続などにより小規模に分断され四方を住宅に囲まれているケースも多い。その状況下で、農家の私有財産として食料生産のためだけに運用される都市農地は、周辺住民との摩擦を生み営農を継続することが困難になる可能性も否定できない。

例えば、住宅地と隣接している農地における肥培管理に伴う臭いの発生や、農産物の非食用部などのごみの発生、防鳥・防虫ネットの設置による景観劣化が問題になっている。また、高齢化により十分な管理が実施できず、草の繁茂や害虫の発生などにより周辺住民から否定的に捉えられる都市農地も少なくない。

しかし、周辺環境に配慮し適切に維持管理された都市農地は、農産物供給、レクリエーション、防災・減災、景観形成、環境教育など多様な機能を発揮でき、都市におけるグリーンインフラとしての重要な働きを担うことが可能である。例えば、量的な充実は難しいが、生産地と消費地が距離的に近いメリットを活かし、新鮮で安全な食料を提供する質の高い「農産物供給機能」を発揮できる。これは同時に、都市住民が野菜の成長過程を理解し農産物の旬を知る環境教育機能も提供することになる。また、アクセス性の高い都市農地の利点を活かし、近隣住民を対象とした収穫体験や土との触れ合いを通じて、心と身体の健康を回復するレクリエーション機能を供することも可能である。加えて、ヒートアイランド現象の緩和、二酸化炭素の排出抑制、大気浄化、地下水の涵養など都市環境対策としても担う役割は大きい。以上のような、環境改善や環境負荷低減は、今後わが国の都市における持続可能なまちづくりに必須の機能である。

一方、建設物の屋上などを利用して新たに整備される農地は、食料生産だけでなく農体験や自然との触れ合いなどを通した建設物の魅力向上や、集客効果を目的として整備されるケースが多い。また、建設物利用者など多くの人が訪れる屋上農地である場合、無農薬管理や自然素材を用いた農景観形成などに努めているケースもあり、都市における貴重な農地として多面的な機能を発揮している事例が少なくない。

　横浜市戸塚区に立地する横浜市総合庁舎では、8階屋上部分に菜園や田んぼなどの農地が整備されており、ため池として機能するビオトープも併設している。この屋上設置タイプの都市農地は、ビル屋上面で集水した雨水を灌水(かんすい)することで下水道負荷の緩和に貢献し、夏場に田んぼに水を張ることで下部空間の空調負荷緩和や周辺のヒートアイランド現象緩和に寄与している。また、田んぼは近隣の小学校5年生の稲作体験教室に毎年利用されており、春の田植え、夏の生物モニタリング、秋の稲刈り、冬の餅つきとしめ飾りづくりと年間を通して環境教育機能を発揮している（写真1）。稲作教室の参

写真1■ 屋上水田で気温低減効果を測定する児童

加者へのアンケート[1)]では、「稲の生育を楽しく観察できた」という回答に加え、「田んぼが水害防止に貢献していることが理解できた」、「水田は食料生産だけでなく気候緩和にも役立つことが学べた」、などの感想が寄せられた。ビル屋上の農地は農産物供給量には限りがあるが、自然と触れ合う機会の少ない都市住民に対し多くの役割を果たしていると理解できる。緑の少ない都市における環境改善や住民生活の質の向上のためには、都市農地をグリーンインフラと捉え適切な維持管理を実施することで、多面的な機能を発揮させる必要がある。そして、そのような取り組みによって、都市農地に関する住民の理解の醸成が進むと考えられる。

都市農地と資源循環

　歴史を振り返ると、都市農地は生活に必要なインフラとして発展してきた。江戸時代は市街地で発生したし尿などの有機性廃棄物を近郊の都市農地で肥料として活用し、生産した農産物は市街地で消費することで資源循環システムが成り立っていた。しかし、戦後のモータリゼーションの進展とともに遠隔地からの食料供給が可能になるにつれ、都市農地は住宅用地など他の用途に転じてきた。それに伴い、かつて肥料として循環利用されていた有機性廃棄物は、収集運搬され処分場で焼却されるようになった。この方法は廃棄物の運搬、焼却、最終処分のプロセスにおいて二酸化炭素の発生など環境負荷が生じており、同時に人件費や焼却装置などに大きなコストを要する。この問題に対応するため、都市農地を資源循環の装置として再生し、都市と農地の関係性を再構築する取り組みが国内外で実践され始めている。

　米国ニューヨーク市のブルックリン・グレンジ屋上農園では市内から排出されるチョコレート、シーフード、精肉などの食品産業廃棄物をコンポストとして再利用し、生産した農産物を市内のレストランで提供するなど循環型の農作物生産を実現している。またシカゴ市のグローイングパワー農園では、ミミズを利用して市内のレストランなどから発生する植物性残渣（ざんさ）を堆肥化するプログラムを構築し、生産した地産地消野菜を市内の青空市場などで販

売し成功している。つまり、都市農地を循環型まちづくりのインフラとして機能させることにより、環境負荷の削減や新鮮な食料供給の期待に対応している。

このような取り組みは、国内でも実施されている。東京都狛江市[2)]では小規模の農地と住宅などが近接している特徴を活かし、市内で発生する植物性残渣を自転車で回収し農場や公園に設置したミミズコンポストにより堆肥化する実証試験が行われている（写真2）。ミミズは一日に体重の半分の植物性残渣を処理する能力を有するため、従来簡易コンポストで課題となっていた処理速度や臭いの問題が発生しにくい。また、発生するミミズ堆肥は、市内の農場で農業生産に活用するほか、周辺住民にも家庭菜園用として販売している。都市農地を活用し市内で発生する有機性資源で堆肥を生産し、その堆肥で野菜を生育、収穫した野菜を市内の飲食店で利用するという循環型まちづくりのループが成り立つことになる。

筆者らの試算では市内100カ所の農地や公園に同等のサイズのミミズコン

写真2 ■ ミミズコンポストの説明会の様子

ポストを設置すれば、約1400世帯分（狛江市世帯数の4%）の植物性残渣の処理が可能と予測している。市民を対象としたアンケート調査では、都市農地に有機性資源の処理機能が必要と回答した人が8割を超えた。また、「消費者の目の届く範囲で資源循環型の農業が実施されることが食の安心・安全に結びつく」、「地産の堆肥により化学肥料を減らすことができる」、「地域野菜のブランド化に結びつく」、とのコメントも得られた。市内で発生した有機性廃棄物を有効活用し環境負荷の低減効果が高いことや、地元で生産されるため新鮮でフードマイレージが低い野菜が供給できることなどは、都市農地への理解を得るための大きな材料となる。生産者と消費者の距離が近い都市域ならではの取り組みとして、今後さらなる展開が期待される。

都市農地の運営

　都市農地を持続的に運営するためには、担い手確保や適正な収益確保が求められる。しかし、農業従事者の高齢化や農地の所有と利用の分離、また、輸入などによる農産品の価格低迷など都市農地の運営には課題が残されている。この対策として、農業者以外の市民、行政、事業者など多様な主体の参加や新たな担い手育成、必要な収益を確保する市場システムの構築が必要となる。これは、グリーンインフラとしての都市農地の重要性を多様な人に実感してもらい賛同者を増やす、また、都市農地の生み出す生態系サービスをお金に換える仕組みを築き上げる、などのアプローチで解決していかなければならない。

　前述の狛江市では、2016年度から住民参加型緑化としてホップのアドプト緑化（環境緑化里親制度）を開始した（図1）。これは、農地で生産したホッププランターを春に市内の学校や商店、住宅に無償配布し、水やりなどの維持管理は借り手が行うものだ。夏にホップは高さ5m以上にも達し、緑陰として微気象緩和や景観形成に貢献する。秋にプランターを回収するとともにホップの毬花（まりばな）を収穫し、地産地消のサラダや地ビールとしてホップを活用する試みである。今年度は摘み取った生ホップを利用した地ビールを生産

図1 アドプト緑化の運営システム

し販売した。「狛江コミュニティ・サポーティッド・エール」(狛江市民が支えるエール)と名付けられたビールの売り上げの一部は、来年度の市内の緑化推進費用として還元することにより、持続的な活動とするのが目標である。プロジェクトに参加した小学校ではホップの緑陰効果を測定する環境教育事業も実施し、店先にプランターを設置した商店では緑化推進のポスター掲示に協力した。農業者だけでなく市内の多様な主体が参加することにより、都市農地を出発点とした市内の緑化促進、環境教育、そして持続的活動のための収益確保という仕組みが機能し始めた。

東京都の公園緑地と農地は同面積

　人口が過密し土地需要の高い日本の都市において、ほかの緑地と同様に都市農地をグリーンインフラとして捉え、適切に運営・管理していく必要性は高い。例えば2013年の東京都の調査[3]では、緑被などの指数として発表されているみどり率が都下全域で50.5%に達し、その内訳として公有地である

公園緑地と民有地である農地の面積が等しく3.7%であったと発表され、公園緑地と同じく都市農地の保全も重要であることが示された。また、東京都心7区（千代田、中央、港、新宿、台東、品川、目黒）で緑化可能な屋上緑化面積の合計は1,530haあると試算されており、ここに新たな都市農地を整備することで、都市におけるグリーンインフラの量的充実が期待できる。周辺に人口の多い都市農地は、多様な主体の参加や連携、環境コミュニケーション実施の可能性も高く、グリーンインフラの主要な土地利用モデルとしてさらに積極的に取り組むべき課題である。都市農地の持つグリーンインフラとしての多面的な機能に注目し、自然環境、経済、社会の調和のとれた持続可能なまちづくりを展開することが必要である。

■ 引用文献

1) Yoriyuki Yamada・Yuta Sone（2014）「Enhancing Urban Resilience Through Implementation of Rooftop Paddy Fields」URBIO2014.184頁
2) 山田順之（2016）「農のインフラが生む多様な機能」土木技術.71巻10号.46-51頁
3) 平成25年「みどり率」の調査結果について
http://www.metro.tokyo.jp/INET/CHOUSA/2014/09/60o9t300.htm（2016年10月8日確認）

| 執筆者プロフィール |

山田　順之 （やまだ・よりゆき）
鹿島建設 環境本部グリーンインフラグループ　グループ長

博士（学術）、技術士（農業部門、建設部門）、ペンシルベニア大学デザイン大学院ランドスケープ専攻修了、千葉大学園芸学研究科博士後期過程早期修了。緑地計画・設計やGISを活用した自然環境評価に取り組むほか、ゼロウェイストランドスケープや、ミツバチ・羊、蝙蝠などを用いたまちづくりも手掛けている

5.都市　緑道

緑道 ―低環境負荷型多機能交通網―

日置 佳之（鳥取大学農学部）

緑道は、人と生きもののための道、自動車が通らない道だ。これを、都市そして国土全体に張り巡らせることで、安全・快適な暮らしや低炭素社会を実現できる。また、災害時の避難路となり火災延焼を防ぐのも緑道の役割である。優れた事例の紹介を交えながら緑道整備の方向性について解説する。

緑道はひとことで言えば「歩行者と自転車が安全に通行できる緑の多い道」で、英語ではgreenwayと呼ばれる。都市計画の研究者であるAhernは、greenwayを「生態系の保全・レクリエーション利用・文化的価値の保全・視覚的景観の保全などを含む多目的のために、計画・設計・管理された土地のネットワークで持続可能な土地利用という概念に合致するもの」と定義している[1]。緑道は、単に歩行者と自転車が安全に通行できるだけでなく、広く環境に関する多くの機能が期待される社会資本である。近年、欧米諸国などでは、過度の自動車依存から脱却し、環境共生型社会を実現するためのグリーンインフラとして緑道が明確に位置付けられ、着々と整備が進められている。一方、わが国にも緑道は存在するものの、そうした明確な社会的位置付けは成されておらず、整備も小規模なものにとどまっている。ここではまず、緑道の諸機能を整理したうえで、海外の先進事例を踏まえつつ、わが国で緑道網を整備するうえでの方向を示したい。

緑道の機能

　緑道の最大の特長は、一つの道が多くの機能を併せ持つことにある[2]。緑道は通行帯と緑地帯から構成される帯状の施設であり、緑道の諸機能はこの2つの帯によって発揮される（図1）。

　緑道の機能は以下のように整理でき、より多くの機能が複合的に発揮できる計画・設計が求められる。ここでは、実例を交えながら各機能について述べる。

① 低環境負荷型交通網

　自転車や歩行による移動を円滑化して自動車への依存割合を減らして、温室効果ガスの排出抑制を図り、低炭素社会を実現する機能である。欧州の多くの都市では、自転車を都市内あるいは都市と近郊の間の主要な交通手段とする都市交通政策が取られ、都市交通に占める自転車の割合が数値目標として示されている。自転車への優遇措置は、自転車道網の整備にとどまらず、自転車専用信号の設置、多数・多地点での貸自転車拠点整備、鉄道・船への

図1 ■ 緑道の構造と機能の関係を表わす模式図

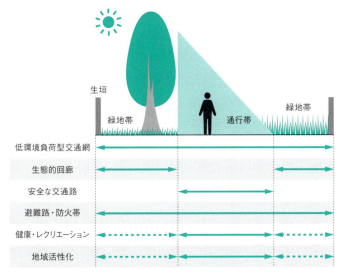

緑道は通行帯と緑地帯から構成される帯状の施設であり、緑道の諸機能はこの二つの帯によって発揮される。
実線は主に機能を発揮する場所、破線は補助的に機能を発揮する場所

自転車持ち込みを可とすることなど、総合的な交通政策として推進されている。

　デンマークのコペンハーゲンは、世界でもっとも自転車交通を重視した都市として知られている。同市の緑道は2タイプに大別される。一つはスーパーサイクルハイウェイ（SCH、Super Cycle Highway）と呼ばれ、一般道路の一部として整備されている。これは車道と歩道の間に設けられた自転車専用の通行帯である。SCHは26路線、総延長300kmが計画され、コペンハーゲン市域の22自治体が参加している。もう一つは、グリーンルート（Green Route）と呼ばれる一般道路とは別系統として整備された自転車・歩行者専用路である。これはレクリエーション利用と通勤・通学などの利用の両方に対応したもので、スポーツ施設、各種レクリエーション施設などを有する公園緑地を貫くように配置されている（写真1）。110kmの計画路線のうち、2013年現在で42kmが整備済みである。コペンハーゲンの自転車交通の割合

は2011年時点において36%を占め、自動車の29%を抜いて通勤・通学上の最重要移動手段になった。コペンハーゲンの野心的目標は、2025年までに完全な炭素中立都市（carbon neutral city）となることである。「自転車都市」化はそのためにも欠かせない政策である[3]。

鉄道と自転車の組み合わせも、低環境負荷型交通網の整備には欠かせない。デンマーク[3]、オランダ[4]、ドイツ、フランス[5]では、折りたたまない形での自転車の車内持ち込みは普通に可能であり（写真2）、それが自動車交通の低減に寄与している。

② 生態的回廊

緑道の緑地帯によって発揮される機能で、緑地帯が生物の生息地や移動路となる。緑地帯の形態は、高木が列植された並木、樹林帯、草地、河川や池など様々である。当然、緑道全体の幅員が広くなるほど緑地帯に様々な異なる形態の植生を並行して設けることが可能になり、生態的回廊としての機能も高まる。歴史的には、「greenway」は北米で、「ecological network」は欧州で発祥したとされる[1]が、現在の状況を見ると広幅員緑道はほとんど例外なく生態系ネットワークの一部を形成する回廊となっている。

オランダは国土生態系ネットワーク（NEN、National Ecological Network）で知られる。1990年に立案されたNENは2020年を目標年に既存緑地などの

写真1■ コペンハーゲン市郊外のNorrebrougade。鉄道敷地を利用したグリーンルートの一つ

写真2■ フランス国鉄（SNCF）に自転車を乗せる乗客（Amboise、France）

保全と自然再生の組み合せにより整備され、その総面積は約70万haに上る[6)7)]。オランダでは全国を網羅する緑道網（歩行者・自転車専用路網）も整備され、生態系ネットワークのコアエリアや生態的回廊には、緑道網が重ねられるように整備されている[8)]（写真3）。

シンガポールのサザンリッジ（Southern Ridge）は、いくつかの公園緑地、都市林を結ぶ延長約9kmの緑道で、とりわけ自然保護地となっている熱帯雨林の樹冠部を通る長大な歩行者専用回廊「Forest Walk」が特徴的である（写真4）。熱帯雨林内に歩行空間を連続的に整備することにより、緑道と生態的回廊を一体化させた事例といえる[9)]。

③ 安全な交通路

交通事故が極めて起きにくい、安全性の高い歩行者・自転車路としての機能であり、歩行者・自転車と自動車の通行帯を物理的に分離することによって確保される。緑道には、一般道路と完全な別系統で整備する形態と、一般道路と並行しつつも緑道をできるだけ車道から分離して整備する形態が見られる。また、緑道内での歩行者対自転車事故を防ぐために、歩行者と自転車の通行帯の分離を図るものも多い[10)]。

オランダの緑道網は、しばしば車道と全く独立した系統で整備されており、車道との交差地点には大規模な立体交差施設が設けられている場合がある

写真3■ オランダの生態系ネットワーク最大のコアエリアである国立公園内を走る自転車道（De Hoge Veluwe National Park、The Netherlands）

写真4■ 熱帯雨林の樹冠部を通る歩行者専用回廊 Forest Walk（Southern Ridge、Singapore）

（写真5）。また、都市と郊外を結ぶ主に通勤・通学用の路線や都市間交通に対応した高速（時速30km）自転車専用路も整備されている[4]。

④ 避難路・防火帯としての機能

特に日本の都市では重要と考えられる機能で、大地震とそれに伴って発生する大火災の際に、緑道が徒歩による避難路として機能す

写真5■ 斜張橋により整備された緑道のインターチェンジ。信号待ちしないでどの方向にも行くことができる（Eindhoven, The Netherlands）

るとともに、火災延焼を防ぐ防火帯となることが期待される。こうした機能が発揮されるためには、緑道が都心部から郊外へ連続的かつ放射状に設けられること、数メートル以上の通行帯幅員が確保されていること、緑地帯に高い生垣状の防火植栽が設けられていることが必要条件である。

⑤ 健康的なレクリエーションの場としての機能

連続して長距離を、散歩、ジョギングあるいはサイクリングできる機会を増やすことは市民の健康増進につながる。緑道に期待される機能として、世界中に共通しており、舗装などに走行距離が分かる表示がされていたり、運動器具が備え付けられていたりすることが多い。

⑥ 地域活性化機能

徒歩や自転車でゆっくり買い物のできる街づくりや路上での立ち話、道草による住民間の触れ合いの機会の増大が地域の活性化に結びつく。中心市街地に買い物客を呼び戻すことは日本中の地方都市の課題である。欧州でも同様であったが、今日、欧州各都市で共通して見られるのは、旧市街地などの中心部から自動車交通を締め出すことによって街ににぎわいを取り戻した政策である。しかし、そのためには、フランスのストラスブールに見られるような都心部への到達手段としての路面電車の再導入や、郊外から都心部への自転車道整備などとの組み合わせが欠かせない[11]。

日本の緑道の現況と整備の方向性

　日本の緑道の現況は以下のようである。第1に、計画的に整備された緑道網は、郊外のニュータウンや大都市湾岸の埋め立て型住宅地にはあるものの、日本の都市全体から見るとごく一部にすぎない[2),12),13)]。第2に、既成市街地における緑道は、河川沿い、河川埋め立て地、廃鉄道敷地に整備されているが極めて限定的である[14),15)]。また、車道が緑道を分断し円滑な通行が難しいうえに、交差点での交通事故発生の可能性がある。緑地帯が狭いために生態的回廊としての機能を果たさないものも多い。第3に、緑道に関する統一的な法令がない。都市公園としての緑道は「細長い公園」であり、交通路としての機能が不十分なものが多く、道路法にもとづく自転車専用路、歩行者専用路、歩行者自転車専用路は、整備事例が少ない。第4に、都市間を結ぶ広域的緑道はほとんどない。

　緑道の整備・充実は日本が本格的に環境立国化していくために、重要な役割を担うものと考えられる。海外などの先進事例と日本の現状を比較・検討すると、緑道整備の在り方は以下のように整理できる。

　第1は、緑道のグリーンインフラとしての社会的・法的な位置付けの明確化である。特に法令の充実は重要であり、例えば、新たに「緑道法」を制定して設置基準を定めるとともに、国土形成計画法、都市計画法、道路法、河川法、都市公園法などの関連法令を一斉に改正して、公共事業の主体者にかかわらず緑道が統一的にかつ空間的に連携して整備できる法的環境を整えるといった案が考えられる。また、それに伴う整備のための予算的裏付けも求められる。

　第2は、計画的整備である。これまでの「できるところに造る」から「必要なところに造る」に方針を大転換して、既成市街地にも緑道を計画的に整備すべきである。その際、大都市圏では特に、地震防災の主要施設として位置付け、避難路・防火帯機能と通勤・通学路網の形成を図る必要がある。いますぐに整備ができない場合でも、事前復興計画に緑道網計画を取り入れ、火事の延焼や帰宅困難者の発生を抑制できる街づくりを目指す。また、

地方都市では過度な自動車交通への依存から脱却するように、市内および市内と近郊を結ぶ緑道網の整備を図り、鉄道利用との連携した政策も導入すべきである。

第3は、計画手法の確立である。緑道計画とは、緑道網の平面的な配置を検討して決定することである。都市内では緑道が相互に結ぶべき施設として、住宅街、学校、駅、公園、各種の公共施設、商店街などがある。また、通勤や通学のためには都心部と郊外を結ぶ緑道が必要である。都市相互や都市と自然地域を結ぶためには広域緑道を設ける。緑道計画は、ほかの交通インフラとの連携も考慮しなければならない。鉄道、バス、路面電車などの公共交通機関との乗り継ぎや、鉄道への自転車の乗り込みを可能にするなどして緑道の利便性を高める工夫が求められる。

第4は、緑道の設計基準づくりである。これまで緑道には特別な設計基準はなく、総幅員、通行帯および緑地帯の幅員、舗装構造、安全施設、標識類、照明、植栽などは個々の設計者に任されてきた。その結果、意匠として個性的ではあるが機能面の性能保証がない緑道が多数つくられることになった。緑道にとっては、性能規定が何よりも重要であり、そのためには期待される機能を保証する標準的な設計基準を設けなければならない。それにより、整備主体や設計者が異なっても一定の水準以上の性能を持つ緑道の整備が可能になる。

第5は、モデル事業の推進である。日本には既成市街地における緑道整備の優良事例が非常に少ないため、一般の人々の緑道に対する認識は低い。緑道の社会認識を高めるとともに、技術面での普及を図るためにはモデル事業を実施して、よい緑道を可視化することが効果的だと考えられる。

第6は、専門教育の充実である。日本では、土木、都市計画、造園などの関連分野でも緑道に関する専門的な教育はほとんど行われていない。今後は、専門高等教育（大学、高等専門学校）などにおいて緑道の専門教育を取り入れ、また、インフラ整備に関わる国や地方自治体、コンサルタント、建設会社の職員を対象とした講習会などの再教育を充実させる必要がある。

■ 引用文献

1) J., Ahern（2004）Greenways in the USA: theory trends and prospects,Ecological Networks and Greenways Concept, Design, Implementation: 34-55, Cambridge University Press
2) 日置佳之(2015)緑道とは?,グリーン・エイジ501:27-29
3) 日置佳之(2016)デンマーク・コペンハーゲンの緑道,グリーン・エイジ505:28-31
4) 日置佳之(2016)オランダ、ナイメーヘンとアイントホーフェンの緑道,グリーン・エイジ508:26-29
5) 日置佳之(2016)ロワール渓谷の緑道とヴィランドリー城の庭園,グリーン・エイジ513:34-37
6) 日置佳之(1999)オランダの生態系ネットワーク,日本造園学会編　ランドスケープエコロジー:211-237,技報堂出版
7) 角橋徹也(2009)国土生態系ネットワークによる自然回復計画,オランダの持続可能な国土・都市づくり:176-201,学芸出版社
8) 日置佳之(2016)オランダの国土生態系ネットワークと緑道網,グリーン・エイジ515:38-41
9) 日置佳之(2016)シンガポール・サザンリッジの緑道,グリーン・エイジ509:30-23
10) 国土交通省道路局・警察庁交通局(2012)安全で快適な自転車利用環境創出ガイドライン
11) 日置佳之(2015)フランス・ストラスブールの緑道,グリーン・エイジ504:29-32
12) 日置佳之(2016)ニュータウンの緑道,グリーン・エイジ512:36-39
13) 日置佳之(2016)湾岸・運河沿いの緑道,グリーン・エイジ511:28-31
14) 日置佳之(2015)中小河川を利用した緑道,グリーン・エイジ503:30-33
15) 日置佳之(2016)鉄道敷地を利用した緑道,グリーン・エイジ510:30-23

※本章は科学研究費「緑道の計画手法に関する研究」の成果の一部である。

執筆者プロフィール

日置　佳之（ひおき・よしゆき）
鳥取大学農学部 教授

東京農工大学卒、信州大学大学院中退。東京都、国土交通省を経て鳥取大学教授。専門は生態工学。「安全・快適・健康的で自然と日常的に触れ合え、いざ災害の時には防災・減災能も発揮する緑道が日本の都市でも標準的なインフラになることを期待している」

6.都市　道路

道路のグリーンインフラ化に向けて

上野 裕介（東邦大学理学部（元国土交通省国土技術政策総合研究所））
長谷川 啓一（福山コンサルタント地域・環境マネジメント事業部）

道路は、果たしてグリーンインフラと言えるのだろうか。道路空間の緑が持つ多面的な機能を整理するとともに、現代の課題も紹介する。その上で、道路のさらなるグリーンインフラ化に向けて何ができるのか、緑や自然の恵みを引き出し、地域の暮らしにつなげるための工夫を、全国各地の事例をもとに読み解く。

わが国では、国土の隅々まで実に127万kmの道路が張り巡らされ、道路用地内の緑地は8000haに及んでいる。ドライブに出かければ、道路沿いには「街路樹」が植えられ、斜面（法面）には崩壊を防ぐために草木が植えられている様子を目にすることだろう。

　国内の「街路樹」の歴史をひもとくと、想像以上に古いことに驚かされる。奈良時代、唐から鑑真和上を日本に連れ帰ったことでも有名な僧、善照の文章には「道路に百姓の去来絶えず、樹があればその傍らで足を休めることができ、夏は蔭によって暑さを避け、飢えた時には実を食べることができる」とある[1]。当時、既に街路樹が存在し、様々な果樹が、人々に緑陰と癒やしを与えていたことが分かる。さらに江戸時代には、各地の気候風土に合わせ、杉や松などを植えた並木道や一里塚（街道沿いに一定間隔ごとに築かれた塚状の目印）が整備され、街路樹はその場所を表すシンボル的な存在も担った。現在それらの一部は、観光を通じた地域振興にも寄与している。

　現代では、全国に約680万本に及ぶ多種多様な街路樹（高木）が存在し[2]、その機能も多岐にわたっている。例えば「道路緑化技術基準・同解説[3]」によると、樹木の緑により景観を向上させたり、景観上好ましくないものを目隠ししたりする「景観向上機能」、騒音の軽減や大気汚染物質を吸着し浄化する「生活環境保全機能」、日射の遮蔽や蒸散による潜熱化などの「緑陰形成機能」、視線を誘導し、安全に走行させる「交通安全機能」、防風や防砂、防雪、火災時の延焼遮断といった「防災機能」がある（写真1）。また街路樹には実のなる木もあり、特に餌が少なくなる冬場に多くの鳥を見ることができるなど、地域の生きものの生息場所にもなっている。

　さらに、人々の暮らしに潤いを与える道路空間の緑もある。例えば、長野県飯田市のりんご並木は、1947年に起きた飯田大火からの復興過程で、防火帯として整備された道路緑地に地元の中学生がリンゴの苗木を植えたことに始まる。現在は、並木の両側に遊歩道も整備され、街のシンボルとなっている。また、全国各地に桜並木が整備されており、街路樹としての植栽本数は全国で52万2353本、全街路樹の7.7％を占めている[2]。桜は、全国の125自

写真1■ 道路空間の緑(写真:飯塚 康雄)

治体が「市町村の木」に選定しており、その数は全樹種の中で最も多い[4]。このように道路空間の緑に、地域の人々の想いを反映することで、道路はグリーンインフラとして地域に愛される存在となり得る。

　他方で道路空間の緑には、道路整備が盛んに進められた高度経済成長期に植栽・整備されたものが多く、大きくなりすぎた樹木が歩行者や車の通行を阻害したり、倒伏や落枝の危険性が高まったりといった問題が顕在化してきた。また維持管理費の不足から、極端に枝を刈りこむ剪定方法（強剪定）が行われ、街路樹の機能を十分に果たせていないケースも多い。いわば、樹木の高齢化と維持管理費の不足が同時進行した結果、存在意義とコストをてんびんにかけられている。

国内の事例に見る道路のグリーンインフラとしての可能性

　道路空間の緑や自然環境を、新たな付加価値を生み出すグリーンインフラとして捉え直し、グリーンインフラがもたらす多面的な機能を道路や道路を

取り巻く周辺地域へ波及させるためには、何が必要なのであろうか。それらを考える上で、国内の幾つかの先行事例が参考になる。ここでは、「ハードとソフトの連動」、「地目横断型の連携」、「経営的視点の導入」の三つの視点を取り上げる。

(1) ハードとソフトの連動

　道路は我々の生活空間に網目のように張り巡らされる一方で、有効に活用されていない道路緑地も多数点在している。このような道路緑地をハード・ソフト双方からの工夫により改善し、これらを有機的に連携させることができれば、道路は地域における重要なグリーンインフラとなる。

　首都高速道路の大橋ジャンクションは、ループ型の建物内を車が走行するという独特な施設である。この施設の屋上には、「おおはし里の杜」と名付けられた緑地が整備され、人と自然が共生するかつての目黒川周辺にあった里山の風景が再現されている（写真2）。おおはし里の杜は、同じく施設屋上にある「目黒天空庭園」や周囲の高層マンション、区役所と渡り廊下で接続してあり、地域住民の憩いの場や交流の場となっている。また、おおはし里の杜内に整備された水田では、地域の小学生が昔ながらの農作業を体験できるイベントが毎年開かれ、地域の文化継承にも役立っている。これらは、地域のブランド価値の向上やマンションの空室率の低下など、経済的な波及効果も生み出している。

　中部縦貫自動車道の高山西インターチェンジでは、通常は立ち入りが制限されているインターチェンジ内の調整池を活用し、地域の自然を復元する「飛騨の森再生プロジェクト」が進んでいる。さらにここでは、近隣の飛騨高山高校と国土交通省が「維持管理に関する協定」を結び、同校の環境科学科の生徒と道路事業者が水場や森の再生と維持管理、動植物のモニタリング、生息環境の創出に取り組むことで、地域の自然環境の保全と次世代を担う人材の育成が図られている。

　このように、ハード面での施設整備とソフト面での住民利用という双方か

写真2■ 首都高大橋ジャンクション屋上に再現された水田（写真：長谷川 啓一）

らの工夫を行うことで、道路空間の緑は、自然環境保全や環境教育、地域の風景や文化の保全、地域のつながりの形成など、地域コミュニティーの核となる重要なグリーンインフラとなり得る。

(2) 地目横断型の連携

　地目とは土地の用途のことであり、インフラであれば道路や河川、公園、農地などがある。周辺の自然環境を道路整備に取り込みつつ、この地目横断型の連携を行うことで、道路は重要なグリーンインフラとなる可能性を秘めている。一方、地目によって役所内での管理部局が異なるため、残念ながら地目横断型の整備事例は多くはない。

　道路と都市緑地を融合させ、都市防災や都市の魅力向上に役立てている代表例が、北海道札幌市の「大通公園」である。大通公園は、1872年に大火の延焼を防ぐ「火防線」として設置されて以来、時代とともに姿を変えながら、現在は街路と公園が一体となったオープンスペースとして整備されてい

る。これにより延焼遮断帯や避難場所などの都市防災機能はそのままに、「さっぽろ雪まつり」の開催といった都市の魅力向上と活性化に貢献している。

さらに大通公園と隣接する「創成川通り」の再整備事業では、それまで片側4車線の幹線道路の中央にあった3面張りコンクリート護岸の創成川を、道路と一体的に整備し直し、水辺環境を活用した道路空間へと刷新した（写真3）。再整備に当たっては、ランドスケープや建築、照明、都市計画などの専門家が一つのデザインチームを作り、まちづくりについて広く市民の意見を聴くワークショップを開催し、議論を重ねてきた。その結果、創成川通りの8車線の道路のうち、4車線を地下化することで、大都市の中心部に自然との親和性の高い水辺空間が創出された。

現在ここでは、散策や憩いなどの新たな人の流れが生まれ、年間約30件のイベントが開催されている。賑わいの創出と地域の景観向上、通りを挟んだ東西市街地の活性化などに寄与している。このような道路と河川の連携は、埼玉県熊谷市の「星川シンボルロード」や新潟市の「早川堀通り」など、各地で試みられており、水辺を中心として賑わいを生み出す"かわまちづくり"として着目されている。

写真3 ■ 創成川通り（写真：上野 裕介）

このように地目横断型の連携を通じ、周辺の自然環境を道路整備に取り込むことで、グリーンインフラが持つ防災や憩い、レジャー、景観向上といった機能を道路空間に反映することができるようになる。

(3) 地域資源を生かす経営的視点の導入
　道路の本来の機能は、人・もの・金をつなぐことである。この本来の機能を活かすことで、各地に眠る地域の自然資源を結びつけ、さらにそこへ人々を導くことが可能となり、道路を軸とした強力なグリーンインフラのネットワークを地域全体で形成することが期待できる。

　自然資源を活用し、地域と道路利用者の双方に利益をもたらす仕組みは、各地の「道の駅」でも始まっている。高い集客力と拠点機能を備える道の駅は、周辺で取れた農林水産物の直売所としても生産者、利用者ともに人気があり、地域経済にも寄与している。

　また地域産品の販売だけでなく、自然体験プログラムを提供している場所もある。例えば、佐賀県鹿島市の「道の駅 鹿島」では、周囲に広がる干潟を活かして、自然体験プログラムを提供している。伝統的なムツゴロウ漁である"むつかけ"体験や、干潟特有の移動手段である"ガタスキー"を使った"ミニガタリンピック"などが企画されている。また栃木県の「道の駅 サシバの里いちかい」では、周囲に広がる田園風景（里山）の中で、農業体験や自然観察ツアーなどが行われている。これら道の駅での経済活動が、単なる商業施設にとどまらず、売り上げの一部が生産者や組合を通じて地域の自然環境の保全・再生に再投資される「環境と経済の好循環」につなげていくことが非常に重要である。

　道路利用者の満足度向上や地域活性化、観光振興を目的に、自然景観を活用した道づくりも進められている。国土交通省が推進する「日本風景街道」は、日本各地の美しい風景やふるさとの味、歴史、文化、絶景スポットなどをつなぐ道である。例えば、長野県の国道117号「千曲川・花の里山風景街道」の周囲には、日本の伝統的風景である里山が広がり、沿道は美しい花々

に彩られる。これら豊かな自然と美しい景観、地域の歴史文化を活かした観光振興と地域づくりを進めるため、「NPO法人 北信州みちづくりパートナーシップ」を中心に、市町村、道路管理者、河川管理者、活動団体が連携し、整備・情報発信が進められている。日本風景街道には、2015年4月時点で全国135ルートが登録されており、青森県の「十和田奥入瀬浪漫街道」や静岡県の「ぐるり・富士山風景街道」、和歌山県の「日本風景街道 熊野」、長崎県の「ながさきサンセットロード」など、地域の特色が活かされている。地方創生の観点からも、地域の自然資源を、このような取り組みと連携させることで、より地域の魅力向上と地域経済の活性化につなげることが可能となるだろう。

　これらの事例を持続的に発展させていくためには、民間事業者や住民の協力も不可欠である。これを後押しする制度として、2016年4月に「道路協力団体制度」が導入された。これは、日頃から道路の清掃や美観向上に取り組んでいる地域の団体に、道路用地の一部を貸し出し、オープンカフェやレンタサイクルなどの経済活動を促す制度であり、この制度を活用することで、地域や経営の視点をより取り入れた道路施設の運用が可能となる。今後、地域の自然資源を保全・活用しながら、道路を軸とした強力なグリーンインフラのネットワークが形成されていくことを期待したい。

おわりに

　ここまで述べてきたように、道路の緑や道路を取り巻く自然環境は、道路に多面的な機能を付加し、利用者の満足度を向上させるグリーンインフラとなり得る。さらに道路は、人々の移動や経済活動を支える基盤であり、道路を賢く利用することで地域の活性化にも寄与する。道路に関わる人々が自然から一方的に恩恵を受けるだけでなく、社会経済活動で生じた利益を自然環境の保全・再生に再投資する仕組みを整えることで、グリーンインフラとしての道路の機能を高めるとともに、自然資源を活用した持続可能な社会づくりに近づくだろう。

■ 引用文献
1) 高橋 千劔破「樹の日本史　別冊歴史読本 特別号107」新人物往来社、1990
2) 栗原正夫、武田ゆうこ、久保田小百合「わが国の街路樹Ⅶ」国土技術政策総合研究所、2014
3) 日本道路協会「道路緑化技術基準・同解説」日本道路協会、2016
4) 上野裕介、曽根直幸、栗原正夫(2014)「市町村のシンボル樹種からみた日本人の自然観の地域性・時代性とランドスケープへの影響」ランドスケープ研究.Vol.77(5).619-622頁

執筆者プロフィール

上野　裕介　(うえの・ゆうすけ)
東邦大学理学部 博士研究員（元国土交通省国土技術政策総合研究所）

北海道大学水産科学研究科博士課程を単位修得退学後、佐渡島でトキの野生復帰事業に携わる。2012年から国土交通省国土技術政策総合研究所で働いた後、2016年4月より現職。博士（水産科学）。「グリーンインフラが自然の恵みや価値に気づくきっかけとなり、豊かな自然環境が残される社会づくりにつながることを期待」

長谷川　啓一　(はせがわ・けいいち)
福山コンサルタント 地域・環境マネジメント事業部 課長補佐

東京海洋大学水産学部を卒業し、建設コンサルタントとして業務を多数経験。2014年4月から国土交通省国土技術政策総合研究所に交流研究員として2年間在籍し、現在は福山コンサルタントに復職。「グリーンインフラによって、生物が豊かで、美しく、人間の生活に豊かさのある社会を子供たちに残すことに期待している」

7.都市 河川

都市河川における雨水活用とレクリエーション

神谷 博（法政大学エコ地域デザイン研究センター）

東京都の野川では、グリーンインフラの手法として雨水(あまみず)活用に取り組んでいる。その目的は、湧水を保全して野川の清流を取り戻すことにある。そのために湧水の涵養(かんよう)源となっている崖線緑地の保全努力が営々と行われてきた。保全・創出された豊かな緑は、貴重なグリーンインフラ資産としてレクリエーションの場に活かされている。

野川は、東京の西郊に位置する都市河川で、沿川には大公園や緑地も多くあり、市民に広く親しまれている（図1）。市街化が進んだ地域でありながら、その恵まれた環境は、偶然そこにあったというよりも、長い年月をかけて守り、作り上げられてきた。その原動力は市民の活発な活動であり、野川は湧水保全運動を全国に先駆けて始めたことで知られている。「水系の思想」、「市民科学」、「水みち」など、野川発の先駆的な活動が行われて、2014年からはグリーンインフラへの取り組みも始まっている。

雨水活用の取り組み

　野川では、グリーンインフラに先行して、流域市民貯留の活動である「世田谷ダム」と、これを流域全体に広げた「野川ダム」というプロジェクトが進められていた。雨水を市民が自主的にためて浸透や蒸発散させるという取り組みだ。その目的は、野川の湧水や崖線緑地の生態系を守っていこうというものである。流域雨水管理はグリーンインフラの手法の一つであり、野川

図1■ 野川流域図

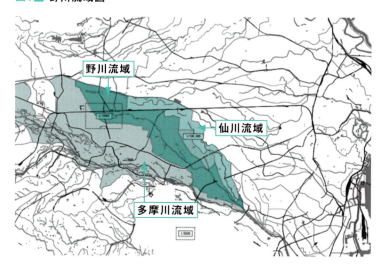

ダムのプロジェクトはグリーンインフラプロジェクトとして容易に進化した。野川の水辺空間と崖線のみどり（公園や緑地などの総称）のネットワークは、「野川グリーンインフラ」の根幹であり、生きものたちの生息場所となっている。

市民に親しまれる水辺

　野川の源流は国分寺市内にあり、小金井市、府中市、三鷹市、調布市、狛江市を流れ、世田谷区の二子玉川で多摩川に合流する延長20km程の川である。国分寺市には、「史跡武蔵国分寺」があり、現在の国分寺には万葉集に出てくる植物を集めた「万葉植物園」があることから、歴史が好きな人々がよく訪れる。東京の名水百選に指定された真姿の池湧水とそこに至る「お鷹の路」は、農村の佇まいを残す湧水の散策路として人気がある（写真1）。

　小金井市から府中市、三鷹市にかけて、都立武蔵野公園と都立野川公園が約2.3kmにわたり連続しており、多くの人が利用している。そこには、広々としたみどりの空間でバーベキューのできる広場から自然再生の湿地やサンクチュアリーまで様々な場がある。また、野川公園には旧石器時代の指標遺跡である「野川遺跡」もある。

　調布市には、都内で2番目に古い寺院である深大寺がある。深大寺そばが有名で多くの観光客が訪れる。深大寺は、水神の沙悟浄を祀る深沙大王寺がその由来で、野川湧水群の中でも有数の湧水地点に立地している。背後の崖線緑地の上には深大寺と連続して都立神大植物公園の広大な緑があり、湧水の涵養地としても貴重である。湧水路の下流側には都立神大水生植物園と深大寺城址もあり、東京でも有数の観光地となっている。

　世田谷区には「神明の森みつ池」という世田谷区のサンクチュアリーがある。都区内唯一のゲンジホタル自生地でもあり、豊かな湧水と多様な生物に恵まれている。この地は、もともとは喜多見氷川神社の奥宮で、本宮は旧野川の流路の多摩川合流点に立地している。また、みつ池湧水が野川に合流する辺りに喜多見ふれあい広場や川沿いのビジターセンターがあり、多くの市

写真1■ 野川の水辺の賑わい。左上は真姿の池湧水、右上は武蔵野公園くじら山はらっぱ、左下は深大寺門前のそば屋、右下は人工地盤上の喜多見ふれあい広場

民が利用する空間となっている。

こうした地域の内外から人が集まる場所だけでなく、他にも湧水を核としたスポットが多くあり、野川の水辺は日常的に地域の人々のレクリエーションの場として利用されている。

「世田谷ダム」から「野川ダム」へ

このように市民に親しまれ、愛されている野川の湧水を守るために、これまでに様々な取り組みが行われてきた。基本は、雨を地下に浸透させて湧水の水源である地下水を涵養することである。そのためには、雨水の流出を抑えて敷地に雨を蓄える必要がある。

野川では、そうした流域雨水管理の手法として、「世田谷ダム」方式を流域に展開させた「野川ダム」の普及に取り組んできた。手本となった「世田谷ダム」は、世田谷区の豪雨対策として区民に呼びかけられた貯留浸透事業だが、これに地域の市民が応えて「区民企画協働事業」として地域市民貯留の活動を行ってきた。これが「野川流域連絡会」の活動に取り入れられて「野川ダム」に発展した。野川流域連絡会とは、東京都が事務局となっている官民のパートナーシップによるいい川づくりの話し合いの場である。

　施策としての「野川ダム」の普及はまだこれからの課題だが、これが「野川グリーンインフラ」へと進化しつつある。グリーンインフラの実践に当たっては、主に欧州で取り組まれている生態系ネットワークづくりと米国での流域雨水管理を手掛かりとする方法が見られるが、野川グリーンインフラでは、身近な雨水への取り組みから始めている。

　世田谷ダムプロジェクトでは、雨水浸透桝の設置にとどまらず、「雨いえ」「雨にわ」づくりへと活動を進化させてグリーンインフラに寄与すべく活動している。成城地区での敷地単位での調査によれば、雨水流出が100％近い家がある一方で流出がゼロの家もあり、そこでは雨水甕(かめ)やビオトープ、雨溝など、様々な雨水管理の手法が用いられている（図2）。

野川グリーンインフラの活動

　市民の中で環境保全活動に関わる人々は、野川流域をグリーンインフラ展開の場として普及するための研究に取り組んでいる。豊かなみどりに代表される「グリーンインフラ資産」の評価を行うことを通して、野川流域のあるべき「グリーンインフラ計画」づくりを目指している。

　野川で初めてグリーンインフラが語られるようになったのは、2013年12月のことである。法政大学エコ地域デザイン研究所の取り組みの一環として、釜山大学との連携研究が始まり、ここで野川流域のグリーンインフラを研究することになった。野川ではそれ以前に湧水・崖線保全の様々な研究的取り組みの蓄積があり、野川流域連絡会に市民も自治体も集まって活動をしてき

図2 世田谷成城地区における敷地調査

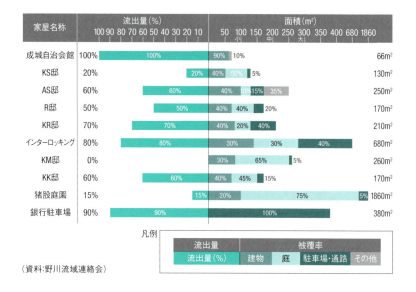

（資料：野川流域連絡会）

　た。そこに野川グリーンインフラ研究が持ち込まれ、研究部会の取り組みとして、全国レベルで進められていた「グリーンインフラ研究会」と連携して実践的な活動を始めた。

　野川グリーンインフラとして評価していくポイントは、「流域雨水管理」に取り組んでいるということや東京都では唯一の対象となっている「自然再生事業」に取り組んで生物多様性に関わる活動も多くあることなどだ。また、防災・減災の取り組みとしても、遊水池や分水路など多くの河川インフラ整備が行われてきた。こうした取り組みが行われてきた背景には、旧石器時代からの人々の営みとその遺産としての多くの古刹や古墳群などの歴史性があり、これが今日の市民活動に至るまで連綿とつながる要因となっている（写真2）。総合的にみて、こうした湧水保全や自然保護、防災といった取り組みが、長い歴史に裏打ちされている点が野川グリーンインフラを特徴付けている。

写真2■ 野川の歴史資産。左上は史跡武蔵国分寺七重の塔跡、右上は野川公園湧き水広場野川遺跡発掘場所、左下は深大寺発祥の沙悟浄を祀る深沙堂、右下は喜多見氷川神社参道

野川流域のグリーンインフラ資産

　野川におけるグリーンインフラとは何か、まだ多くの人にとっては未知の考え方である。しかし、野川と崖線のみどりの空間の連続性は極めて分かりやすいグリーンインフラの骨格となっている。これを「グリーンインフラ資産」として位置付けてアピールし、さらにその価値を高めようと普及活動が進められている。

　国分寺地区、小金井地区、調布地区、世田谷地区を四つの代表的地区としてグリーンインフラ資産の共通する特徴を挙げてみると、どこも豊かな緑を抱える古刹を背景とした地域性がある。グリーンインフラ資産の評価は、単なるみどりにとどまらない歴史文化の掘り起こしが重要といえる。今あるグリーンインフラ資産は、もともとあったわけでもたまたまあったわけでもなく、

長い時間をかけて多くの人々の努力によって築き上げられてきたからである。すなわち、自然護岸に見える河川空間も公園の緑も人工的につくり出され、維持されてきたものが多いことに着目する必要がある。

野川流域のみどりの性格

　野川流域には大規模な公園や緑地があるが、これらのみどりにはそれぞれに個性がある。レクリエーション施設としては開放性や自然の景観、利用度などが求められるが、一方でグリーンインフラとしての生物多様性や防災面からの計画性や保全努力なども評価の対象になる。流域の主だったみどりを洗い出してその性格を探ってみると、それぞれのみどりによって性格に違いがあり、保全型と利用型の傾向がみられる。レクリエーションの場としてよく利用されているところがある一方で、保全型のみどりも多く、グリーンインフラの構成として程よくバランスが取れている。

グリーンインフラとしての野川

　グリーンインフラは横つなぎの総合的な概念であり、様々な要素を分けて考えるというよりは、つなげて考えることが大事である。何をつなげるかというと、野川では概念的な手法として、雨水循環系、生態系、歴史文化の3層の構造をつなげて把握するということを手法としている。レクリエーションは到達すべき生態系サービスの一つであり、健全な雨水循環系と多様な生物種に支えられた歴史文化の位相にある（図3）。

　具体的につなげる課題としては、上流部の未改修区間の整備や崖線緑地の連続性の途切れているところを回復していくことや、使われなくなっている玉川上水の分水網を再生することなどがあり、水と緑のネットワークをつくりだすことが目標となる（図4）。また、リスク要因としての洪水や内水氾濫、崖崩れなどの防災・減災や水質汚染対策に取り組み、グリーンインフラを推進していく必要がある。プラスとマイナスの要因を統合させて、総合的にグリーンインフラのプラス評価を引き出すことが成果として期待される。

図3 ■ 野川グリーンインフラへの取り組み方法

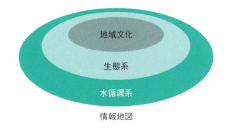

方法	領域
1.水循環系	風水土:水、気候、地形地質
2.生態系	生きもの:緑、魚、鳥、虫
3.地域文化	まち:寺社、住宅、公共施設
4.情報地図	GIS

図4 ■ 野川グリーンインフラの構造

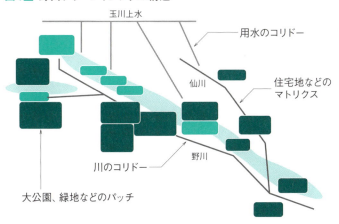

グリーンインフラの地域への実装

　野川グリーンインフラは、机上ではなく実践的に進められなければ意味がない。幸い、野川は流域連絡会にとどまらず、全般に高い市民力を有している。具体的な実践活動として市民自らが関わっているものとして、生物多様性に寄与する調査や緑地の維持管理活動が行われており、崖線の緑の維持管理は防災・減災にも役立っている（写真3）。また、面的な広がりとして「雨いえ」「雨にわ」づくりへの取り組みも始まっている。こうした活動は皆、都市的生活の日常活動として実践することができる。

写真3■ 地域におけるグリーンインフラへの取り組み。左はグリーンインフラ研究会による学習会。右は野川流域連絡会のグリーンインフラ視察ツアーの様子

　都市型のグリーンインフラ展開は、野川流域に限った話ではなく、近傍のそれぞれの流域でも同じような展開ができ、相互に連携していく必要もある。グリーンインフラを展開する主体は誰かと言えば、それはまず市民である。一方、行政の役割も大事で、グリーンインフラ推進の制度を早く整備する必要がある。「雨水の利用の推進に関する法律」（雨水法）に基づくまちづくりも始まったばかりであり、自治体はどこの部署を主体にするかという検討から取り組まなければいけない状況にある。グリーンインフラは横つなぎの仕組みであり、自治体レベルでも市民レベルでも縦割りに横串を貫く仕組みをどうやってつくるかが課題である。

地域に根差したグリーンインフラを目指して

　諸外国で進められているグリーンインフラと日本のグリーンインフラでは違いがあり、モンスーンアジアの自然条件をどう見込むかという点が日本の特性となる。欧州などとの雨の降り方の違いは顕著で、流域雨水管理の視点は日本型グリーンインフラの基本的な要素になる。生物生態系も地域独自のもので、野川にも降雨特性や地域固有の守るべき自然がある。歴史はどこの国や地域でも必ずあるが、日本型のグリーンインフラ展開においては歴史との連続性が重要であり、野川でも歴史的アプローチを重視している。地域の

グリーンインフラを、空間と時間の縦横軸でつないでいくことにより、地域展開のストーリーを組み立てていく必要がある。

その際、野川や崖線の公園緑地などが、日常的に市民に多く利用されて行楽地化してきているものの、健康・福祉に資するレクリエーションとして市民に意識されているかというと、そうした自覚は希薄なように思われる。グリーンインフラにおけるレクリエーションの役割は都市において目指すべき目標の一つであり、野川において今後その点を強化すべき課題と位置付けたい。

執筆者プロフィール

神谷 博（かみや・ひろし）
法政大学エコ地域デザイン研究センター 兼任研究員

1949年東京都生まれ。建築家。法政大学兼任講師（環境生態学）、景観アドバイザー（新宿区、千代田区、渋谷区、山梨県など）。1974年より野川の湧水保全活動に携わっている。野川流域連絡会座長、多摩川流域懇談会運営委員長として流域レベルの、また世田谷区では地域レベルのグリーンインフラ普及の研究・実践に努めている

8. 都市　河川

荒川流域での協働のエコネット

青木 進（公益財団法人 日本生態系協会）

　グリーンインフラを成功させる鍵は、国、地方自治体、地元環境NGO、地域住民などの多様な主体による「協働」にある。荒川流域においてエコロジカル・ネットワークの形成を目指し、20年以上にわたって生み出され積み重ねられてきた協働の成果は、そのことを示すわが国の先進事例といえる。

埼玉県と東京都を流れる荒川の流域では、河川を基軸に、自然環境のネットワーク、すなわちエコロジカル・ネットワーク（略称：エコネット）の形成に向けた取り組みが、20年以上にわたり続けられている（図1）[1)2)]。欧米の事例も参考としながら、治水と生物多様性の保全・再生を両立し、また環境教育や広域レクリエーションの場としても機能する自然環境の整備・保全管理などが、国・地方自治体・地元住民・学校・企業などの事業者、専門家そして埼玉県生態系保護協会（エコさいたま）をはじめとする多数の環境NGOの「協働」により、積み重ねられてきた。グリーンインフラと今日呼ぶことができる荒川流域でのエコネットの主な取り組みを見ていこう（図2）。

(1) 源流域での水源の森の取得

　まず源流域ではエコさいたまが、「水のトラストしよっ基金」と名付けた基金を設け、埼玉や東京に暮らす人々にとって重要な水源の森を「永遠に」保全するナショナル・トラスト活動を展開している（埼玉県秩父市・小鹿野町）。相続や利権などで所有者が次々と変わったり不明となったり、さらには外国資本による山林取得も懸念されるなか、日本ナショナル・トラスト協会とも一部連携し、2002年の基金立ち上げから2016年11月までに市民や団体、企業から1472件の寄付を集め、これまでに約1687haの水源の森を取得して

図1 ■ エコネット形成の考え方

1. まとまりのある重要な自然を守る

2. 中つぎとなる自然をつくる

3. それらをつなぎネットワーク化

（資料：国土交通省関東地方整備局荒川上流河川事務所）

図2 本稿で取り上げる荒川流域でのエコネットの取り組み

図中番号は本文の両カッコ番号と一致している

いる。グリーンインフラとして水源涵養機能のほかに大気浄化機能、生物多様性保全機能の維持・向上も活動の目的とされている（写真1）。

(2) 荒川ビオトープ

　中流域に設けられたものとしてはまず荒川ビオトープが挙げられる（北本市・川島町）。治水のため必要な築堤土の採取事業の検討に当たり、国（現・国土交通省関東地方整備局荒川上流河川事務所）がエコさいたまの提案を受け造った。具体的には、堤内側で隣接する（3）の北本自然観察公園の拠点機能の支援充実を視野に、河川敷に広がっていた麦畑・牧草地の占用を一部解除してそこで築堤土の採取を行い、その跡地をうまくワンドや砂れき地などの多様な自然環境にしたもので、当時として「国内最大規模」のビオトープが整備された。

　整備に当たっては、生態系ピラミッドの頂点に位置し、かつてこの地域でも確認され、繁殖に50ha以上の広大な自然が必要とされる猛禽類のサシバを呼び戻すことが目標とされた。そして実際、荒川ビオトープを造ったことにより、北本自然観察公園と合わせて60ha以上の自然が一カ所で確保され

ることとなった。現在、荒川を基軸とする流域レベルのエコネットの要としての役割を果たしている。

(3) 北本自然観察公園、埼玉県自然学習センター

　北本自然観察公園は、荒川の開析谷が大宮台地に入り込む、良好な谷戸環境を保全するため設けられた埼玉県の都市公園である（面積32.9ha、北本市）。周辺開発が進む中、エコさいたまをはじめとする市民から寄せられた保存の要望を受け、埼玉県が、当時創設されたばかりの「アーバンエコロジーパーク」として土地を買い上げ、整備した。

　園内には県により自然学習センターも設けられている。現在、エコさいたまが指定管理者として入り、地域の生物多様性を保全しつつ都市住民が身近に自然に触れ・憩う場、また県内学校の児童・生徒や一般県民に対して谷戸の自然環境を活かした様々な環境学習・教育プログラムを提供する場となっている。

写真1■ ナショナル・トラスト活動で取得し恒久保全地とされた水源の森を含む秩父の山（写真：埼玉県生態系保護協会）

(4) 荒川太郎右衛門地区

(2)、(3) のすぐ下流の荒川太郎右衛門地区では現在、自然再生事業が行われている（上尾市・桶川市など）。首都圏の都市近郊に位置し、この地域で多くの人が自然に触れることができる場を創出することは、エコツーリズムの地域資源としても重要と認識されている。2002年に「自然再生推進法」が制定されるやエコさいたまの提案を受け、同法に基づく「わが国第一号」の自然再生協議会が、流域の多数の環境NGOを含む多様な主体により設立された地でもある。2006年に協議会により全体構想がつくられ、2011年には荒川上流河川事務所により自然再生事業実施計画書がまとめられた。旧流路の保全・再生（河床堆積物の掘削による開放水面の創出）、旧流路周辺での地盤の切り下げによる湿地環境や止水環境の拡大、また、ハンノキなどの河畔林の保全・再生が計画され、順次、実施に移されている。(2)、(3) と同様、荒川を基軸とする流域レベルのエコネットの重要な拠点と位置付けられる。

(5) 三ツ又沼ビオトープ

そのまたすぐ下流にある三ツ又沼ビオトープは、荒川と入間川とのかつての合流点付近の河川敷に残された旧流路の一部を活かしたビオトープである（約13ha、上尾市・川越市・川島町）。この沼や周囲の自然環境の保全・再生を求めるエコさいたまの上尾支部や荒川の自然を守る会からの要望を受け、荒川上流河川事務所が沼周辺の民有地を買い上げて整備した。自然環境の保全・再生を目的として国の河川部局が土地を買い入れるのは、まだ全国的にも数少ない例の一つである。三ツ又沼ビオトープでは、「みんなで守る」を合い言葉に「あらかわ市民環境サポーター（三ツ又沼）」が立ち上げられ、環境NGO、地域住民、学校、企業、専門家、近隣の自治体の協力のもと、パートナーシップによる保全管理が行われている。湿地には木道が通され、また解説板も整備されており、荒川の自然に触れ、学ぶことができる貴重な場となっている（写真2）[3]。

写真2■ 三ツ又沼ビオトープ

(6) 浅羽ビオトープ

　浅羽ビオトープは荒川の支川の高麗川において、荒川上流河川事務所がふるさとの川整備事業の一環として、地域住民との議論を重ねつつ河川敷に整備したビオトープである（幅約200m、延長約1km、坂戸市）。様々な生物が生息できるようワンドを含む湿地を整備するとともに、市民が自然と触れ合い、自然との共生について学ぶ野外活動の場となっている。保全管理は整備計画の策定に関わった市民により設立された「高麗川ふるさとの会」とのパートナーシップで行われている。

(7) 越辺川ビオトープ

　荒川水系の支川・越辺川では、治水のための土工事で、エコさいたまの現在の川越・坂戸・鶴ヶ島支部などからの提案を受け、荒川上流河川事務所により工事跡地を「ビオトープ」にする事業が行われた（川島町）。土を掘った後平らにせず、自然な川の氾濫原をイメージして曲がった水路、池、砂礫

地などの多様な環境が創出された。低水路（川の中）をビオトープとして整備する「全国初めての試み」として注目を集めた。

(8) 荒川第一調節池、戸田ヶ原自然再生地区

　荒川第一調節池は、荒川下流域の水害軽減などを目的として作られた調節池である（約560ha、さいたま市・戸田市・朝霞市・和光市）。都心から20km圏内の大規模水辺空間として、整備に当たっては学識経験者、エコさいたまをはじめとする地元環境NGOなどにより議論が重ねられ、途中で計画の変更も行われた。彩湖（約118ha）と名付けられた貯水池の下流側約65haは「自然保全ゾーン」として人の立ち入りは禁止となっている。オオタカといったタカ類をはじめ多様な生物がこれまでに確認され、都市住民に質の高い自然環境を提供する効果が発揮されている。

　地元の戸田市では、住み続けたいと感じるまちづくりに向け、彩湖周辺で2006年から「戸田ヶ原自然再生事業」として、市民や企業、教育機関と連携して、サクラソウなどが生育できる湿地の再生に取り組んでいる。市は国や県とともに、自然の流れを市内の河川などを通じて市の中心部である市街地へと呼び込む「水と緑のネットワークプロジェクト」も推進している。

(9) 朝霞調節池

　朝霞調節池は荒川の支川・新河岸川の総合治水の一環として、まち側を掘削してつくられた調節池である（約18.7ha、朝霞市）。希少植物が確認されたことから掘削工事に当たり、表土の移植や湿地性植物が生育可能な湿地の造成が行われ、治水と生物多様性の保全・再生の両立を図る取り組みが実施された。調節池内の樹林地や水辺は、これまでに紹介してきた各ビオトープと同様、荒川を軸とする流域レベルのエコネットの重要拠点と考えられるとともに、地元朝霞市の「緑の基本計画」（都市緑地法）において市の水と緑のネットワークの重要拠点とされている。

(10) 見沼たんぼ首都高ビオトープ

　首都高速道路会社は、埼玉新都心線の見沼たんぼ地区での建設に当たり、(11)で述べる見沼たんぼをめぐる地域での長い取り組みの歴史を踏まえ、見沼たんぼ地域の生態系の維持・復元をコンセプトとして掲げ、高速道路の高架下を利用して延長1.7km、面積6.3haのビオトープを整備した（さいたま市）。植栽には事業地周辺の在来の樹木の種子を採集・育成した苗木を使用している。管理作業の一部は、自然環境を学ぶ大学や専門学校の学生の実習の機会として提供している。近隣の小中学校とも連携し、埼玉県の蝶であり準絶滅危惧種（県のレッドリストに掲載）とされているミドリシジミを呼び戻すプロジェクトも進めている。都市に住む地域の幼稚園の園児たちが身近な生きものと接する自然観察会も開催するなど、「自然共生型の新しい都市高速道路」を目指し、様々な取り組みが行われている（写真3）[4]。

写真3■ 見沼たんぼ首都高ビオトープ

(11) 芝川第一調節池

　荒川の支川・芝川では、現在、埼玉県により調節池づくりが行われている(さいたま市・川口市)。事業が行われている見沼たんぼは、首都圏に残された大規模緑地空間だ。主に治水機能維持のため「見沼三原則」により長く農地の転用を規制し、現在も三原則に代わる土地利用基準にのっとった土地利用を目指している。調節池の計画に当たってはこうした歴史を踏まえ、豊かな湿地が広がっていたかつての見沼の姿の復元が重要テーマとされ、専門家や地元環境NGO参加のもと、掘削による地域の治水安全度の向上とともに、多様な生物が生育・生息し、平時には県民の憩いの場となるように整備を進めている。左岸側の調節池(面積63ha)の整備はほぼ終了している。地元環境NGOにより「芝川第一調節池環境管理パートナーズ」が結成され、県民・企業参加型の保全管理の体制づくりも進めている(写真4)[5]。

写真4■ 芝川第一調節池(写真:埼玉県生態系保護協会)

重要なのは「協働」

　ここまで荒川流域で実現されてきた主な取り組みを見てきたが、これらを通じてグリーンインフラの取り組みを成功に導くための鍵は何かと問われれば、本稿では「協働」を挙げたい[6]。取り上げた事例では、いずれもが構想・計画の段階から保全管理の段階まで、国・地方自治体などと地元環境NGOをはじめとする多様な主体との「協働」が非常に大切にされている。

　(5) の三ツ又沼ビオトープでは、木道の補修といったハード面の作業は荒川上流河川事務所が受け持っている。保全管理は、同事務所を事務局とする「あらかわ市民環境サポーター（三ツ又沼）」が中心となり、地元の小中高の教育関係機関や企業などの地域団体の参加を募りつつ実施している（図3）[7]。ボランティアの高齢化が課題となるなか、将来のリーダーの輩出も期待しての取り組みである。保全管理の具体的内容は2～3カ月に一回の頻度で開催

図3 ■ 三ツ又沼ビオトープのパートナーシップによる保全管理

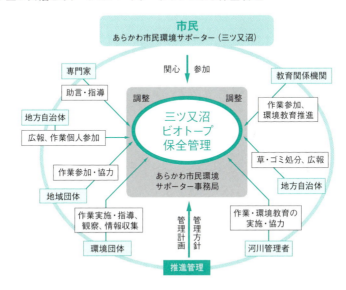

（資料：国土交通省関東地方整備局荒川上流河川事務所）

される「三ツ又沼ビオトープ保全調整ミーティング」で検討・調整されている。生物多様性の保全・再生が重視され、三ツ又沼ビオトープを10以上のゾーンに分け、ゾーンごとに保全管理の内容があらかじめ詳細にカルテとしてまとめられている。カルテは作業参加者から前年度寄せられた課題を踏まえ毎年度、更新されている。2～3カ月先までの保全管理作業予定はちらしとして印刷し、地元自治体の公共施設や小中学校に配布するとともに、ウェブを通じて告知されている。作業プログラムは、教育関係機関においては児童や生徒が地域の自然を体験的に理解する機会に、企業においては地域の自然環境の現状と課題を知る機会に、または、新入職員同士の親睦を図る機会にしたいというニーズを、聞き取りにより的確に把握したうえで組むようにされている。

　地域の財産としてビオトープの多機能性を長く維持・充実していくためには、行政だけでなく多様な主体の協働が重要ということはよく言われるが、三ツ又沼ビオトープではそれを成功させるためのこうした取り組みが10年以上続けられている。

期待される今後の展開

　荒川で20年以上にわたり積み重ねられてきたエコネットの取り組みがあり、2010年に「コウノトリ・トキの舞う関東自治体フォーラム」（現在30自治体の首長が参加）、2014年に「関東エコロジカル・ネットワーク推進協議会」（事務局：国土交通省関東地方整備局河川部河川環境課）が設立された。エコネットの取り組みが関東地域全体に広がりつつあるといえる[8]。関東地方整備局は2016年3月、河川法に基づく荒川の河川整備計画に「コウノトリ等を指標としたエコロジカル・ネットワークの形成のための整備を推進し、また、地域の活性化を推進する」と明記した。河川管理者である国や地元の自治体において、コウノトリの生息環境となるような湿地整備の可能性を検討するなど、改めてエコネット形成に向けた動きが活発化しつつある。

　(2)、(3) に近い埼玉県鴻巣市では、農家有志や、鴻巣こうのとりを育む会、

エコさいたまなどが連携して「鴻巣コウノトリを育むモデル水田づくりプロジェクト実行委員会」を立ち上げ、無農薬の栽培や水田魚道の設置、冬期の湛水(たんすい)などの取り組みを始めている。地域の子どもたちを対象とした水田での生きもの観察会では、毎回子どもたちの笑顔がはじける。

　荒川を基軸とする協働による流域レベルのエコネットの取り組みは、より魅力的で活力ある地域づくりに向け、コウノトリをシンボルに新たな段階に入りつつある。

■ 引用文献

1) 国土交通省関東地方整備局荒川上流河川事務所(監修:日本生態系協会)「水と緑のネットワーク荒川-河川環境の保全と新たな自然創出へのとりくみ-」第4版、2007年
2) 国土交通省河川局河川環境課(制作:日本生態系協会)「人と自然との美しい共生　エコロジカル・ネットワーク」、2004年
3) あらかわ市民サポーター事務局(国土交通省荒川上流河川事務所河川環境課内)「三ツ又沼ビオトープ　ハンノキ通信 夏の号」、2016年8月
4) 首都高速道路株式会社「見沼たんぼ首都高ビオトープ」、2014年
5) (公財)埼玉県生態系保護協会(2013)「芝川第一調節池の自然再生」ナチュラルアイ.Vol.413.6頁
6) (公財)埼玉県生態系保護協会(2015)「公益法人化30周年特別企画　生態系保護の現場検証 荒川流域」ナチュラルアイ.Vol.445.4-5頁
7) 国土交通省関東地方整備局荒川上流河川事務所(監修:日本生態系協会)「三ツ又沼ビオトープ」
8) 関東エコロジカル・ネットワーク推進協議会「関東地域におけるコウノトリ・トキを指標とした生態系ネットワーク形成基本構想」2015年3月

執筆者プロフィール

青木　進（あおき・すすむ）

公益財団法人 日本生態系協会 環境政策部長

行政・議会などへの自然資本・生態系ネットワーク・グリーンインフラの観点からの提言・支援などを担当。「私たちの生存基盤である『生物多様性』の保全・再生をベースとするグリーンインフラの適切な理解に基づく取り組みの普及による持続可能な国づくり・地域づくりの進捗を期待」

COLUMN 3

自然を守り増やすJHEP認証

佐藤 伸彦（さとう・のぶひこ）公益財団法人 日本生態系協会

　グリーンインフラを維持、拡大するに当たっては、計画論としてのエコロジカル・ネットワークに加えて、自然や生物多様性価値の損失を実質的にゼロ（ノーネットロス）とした上で、さらに改善、強化する（ネットゲイン）という視点が重要である。

　日本生態系協会が創設したJHEP認証制度は、このノーネットロス・ネットゲインというコンセプトに基づいて生物多様性への貢献度を定量的に測定するもので、「①生物多様性の価値を生物多様性の質・面積・時間の3軸で求めること」と、「②求めた生物多様性の価値を事業の前後で比較し、事業後の価値が事業前と同等以上（ノーネットロス・ネットゲイン）であることを確認する」という、シンプルな仕組みにより評価、認証を行う（図1）。特に②は重要で、実態よりも良く見せる「グリーン偽装」を防ぐためにも、その事業によって、本当に事業前よりもグリーンインフラが強化されたかという確認が欠かせない。

　JHEPでは、生物多様性の質を求めるために、本来の植生とどの程度類似しているのかを表す「みどりの地域らしさ」という指標（VEI）と、動物のすみやすさという指標（HSI）を使用する。これらの指標は、生態学的なモデルを用いて客観的に算出されるものである。植物の種類や配置方法によって異なる評価値を事前に確認することが可能であり、生物多様性以外の要素やコストを考慮しながら、計画を立案することができる。これは、本手法が野生生物にとっての潜在的なすみやすさを評価するものであるため、可能なプロセスといえる。

　また、グリーンインフラの機能を発揮する上で重要な、地形・地盤の保全も、評価ランクに反映されるものとなっている。

　JHEPは、都市部の大規模再開発事業（森ビル、二子玉川ライズ、積水グ

図1 JHEP認証における評価の考え方

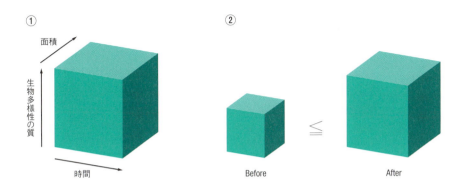

(資料:ハビタット評価認証制度パンフレット)

ループ)や、商業施設(大和リース)、工場や研究施設(パナソニック、島津製作所、日立ハイテク)、オフィスビル(東洋製罐、武蔵野銀行、大林新星和不動産、ダイビル、ダイヘン)、老人ホーム(ヒューリック)、保育園(小学館アカデミー)、マンション(野村不動産)やその外構(NTT都市開発、長谷工)、道路事業(中日本高速道路会社、首都高速道路会社)、里山管理(石坂産業)、湿性ビオトープ(熊谷組)など、幅広い分野で活用されている。いずれも、ネットゲインの達成を通じて、グリーンインフラの維持、拡大に貢献している。

　なお、認証の詳細については、当協会のウエブサイト(http://www.ecosys.or.jp/activity/JHEP/)をご覧いただきたい。

■ 引用文献

ハビタット評価認証制度 JHEP認証シリーズver.3.0パンフレット、http://www.ecosys.or.jp/activity/JHEP/jhep_pamph_3.0.pdf、(2016年10月4日確認)。

9.都市 遊水地

グリーンインフラとしての遊水地

西廣 淳(東邦大学理学部生命圏環境科学科)

遊水地は洪水時に水害を防ぐ機能を果たすだけでなく、平常時には地域住民にレクリエーションや環境学習の場を、野生動植物に生育・生息環境を提供し得る。河川周辺の湿地の生態系は適度な撹乱(かくらん)が加わることで維持される性質を持つため、遊水地内を利活用する人間の作用も、適切に計画すれば生物多様性の保全に役立つものになる。

麻機遊水地は、静岡市を流れる巴川の流域につくられた治水施設である（写真1）。巴川は静岡市の市街地北部の丘陵地を水源とし、市街地を貫通して清水港に注ぐ延長約18kmの河川である。流域面積は約105km^{2}であり、静岡市全体の7.6%にすぎないが、流域には静岡市の人口の47%に相当する約34万人が居住している。

　巴川が流れる地形は平坦で、河川の勾配は約2000分の1（上流から下流に2km進むと1m低下する角度）しかない。そのため、流域に大雨が降るとその水は容易に流下せず、川から周辺に水があふれ浸水被害が生じる。1974年7月7日に起きた「七夕豪雨」では、2万6000棟の家屋に床上・床下浸水の被害が生じた。

　このような水害を防ぐため、巴川流域では雨水の浸透や貯留の促進などの総合的な施策が進められている。これらの治水施策の一つが麻機遊水地の整備である。遊水地とは洪水時に河川の水を一時的に氾濫させる土地のことである。河川の堤防の一部を他の部分よりも低い「越流堤」とし、そこから意図的に水をあふれさせ、隣接する遊水地にためる。遊水地にたまった水は、河川の水位がある程度まで低下してからゆっくりと川に戻っていく。遊水地はこのように水位の緩衝材のような役割を果たし、下流の水害を防ぐ。麻機遊水地は約200haの面積を持つ遊水地として設計され、現時点では約110haについては遊水地を取り囲む堤防が完成し、ほぼ毎年のように河川からあふれた水を受け止めている。

遊水地の多機能性

　麻機遊水地は、治水、生物多様性保全、利活用の三つの面で重要な機能を持つ。治水については本来の目的そのものなので説明は不要だろう。生物多様性の面では、

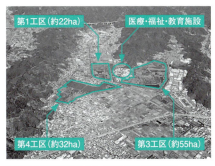

写真1■　麻機遊水地全景。2013年11月に撮影（写真：静岡県）

麻機遊水地はオニバス、ミズアオイ、コツブヌマハリイなど絶滅危惧植物21種が生育し、時にはコウノトリも飛来する（写真2）。これらは元来、氾濫原すなわち河川の水位が上がったときに冠水する湿地を生育・生息場所とする生物である。氾濫原の生物には、全国的に絶滅が危惧されているものが多い。河川周辺の土地は都市や農地の開発の対象にされやすいことに加え、かつては氾濫原の生物の主要なハビタットとして機能していた水田の環境が、戦後の農業が近代化するなかで大きく変化したからである。

　利活用の面では、都市近郊に位置することもあり、バードウォッチングや散歩などのために訪れる人が多い。加えて、障がい者の自立支援を軸とした活動が特徴である。麻機遊水地は、心身に障がいのある人が通う特別支援学校や、てんかんや神経疾患の人が通う病院など、複数の医療・支援施設と隣接している。麻機遊水地では、地域住民や企業といった多様な主体の強力な連携のもと、障害者が参加あるいは主体となり、遊水地内に造成された福祉農園での農作業や、遊水地内の湛水面を利用した伝統漁法である「柴揚げ漁」などの様々な活動が行われている（写真3）。

多機能化を実現する適度な撹乱

　治水、生物多様性保全、利活用という三つの機能を維持するうえでのキーワードは、「適度な撹乱」である。撹乱は一般用語でもあるが生態学の専門

写真2 ■ 麻機遊水地に飛来したコウノトリ（写真：伴野 正志）

写真3 ■ 遊水地内の水田での作業（写真：小野 厚）

用語でもあり、植生や土壌を物理的に乱すことにより、それまで特定の種に占有されていた資源を多くの種に解放する作用を指す。遊水地では、草刈りや土壌の耕起などが適度な撹乱に該当する。

　遊水地が治水施設として機能を果たすうえでは、いざというときに水をためる容積が確保されていることが重要である。遊水地内への土砂の堆積や樹林の増加は容積を損なうため、これらを抑制する規模の撹乱は治水機能の維持に寄与する。

　生物多様性の面では、撹乱と再生の動態が維持されていることが重要である。湿地の植生は、撹乱せずに放置すると3～4年でヨシが優占する高密度な植生に移行し、さらに年数が経過するとヤナギなどが繁茂する樹林へと移行する。それぞれの段階の植生は、異なる動植物にとっての生育・生息環境となる。例えばコウノトリが採餌するのは撹乱の作用が強い植生のまばらな場所だが、オオヨシキリが営巣するのはより安定したヨシ原やオギ原である。利用の面でも同様で、まばらな植生には眺望の良さのような長所があり、発達した植生には木陰の提供などの長所がある（写真4）。生物多様性と生態系サービスの両面において、特定の状態が好ましいということはなく、撹乱の作用が強い場所から撹乱があまり生じない場所まで多様な場所が維持されることが重要である。

　いずれにせよ、遊水地が多様な機能を発揮するためには、適度な撹乱が継

写真4■ 麻機遊水地内での「おさんぽ会」の風景

続されることが重要である。遊水地には大雨の時には川からあふれた水が流入するが、水による撹乱が持たされるのは堤防際の狭い範囲に限定される。効果的な撹乱の継続には、人間による継続的な関わりが必要だ。

草刈りなどの撹乱を単に治水機能の維持という目的だけから評価すると、河川管理者のコストにしかならない。しかし利活用の結果として適度な撹乱が生じるプログラムを工夫すれば、社会全体としての大きなベネフィットになり得る。麻機遊水地ではそのような「適度な撹乱として機能する利活用」の工夫が進められている。

例えば2015年に遊水地内に造成された水田での稲作は、障がい者に農作業体験の機会を提供するとともに、同時に植生遷移の抑制を通して治水効果を持ち、さらに生物多様性保全に寄与している。水田や水路にはシャジクモ、ミズマツバ、ウスゲチョウジタデなどの絶滅危惧種を含む多様な植物が成育し、その種数は水田化していないヨシ原の約5倍に達した（図1）。そのほか、ヨシ原の中をやや複雑に草刈りをして迷路をつくる活動、子どもと一緒に遊水地内に小さな池を掘る活動、冬季に枯れヨシを焼く火入れの試みなど、適度な撹乱を楽しいイベントとして実現する工夫が展開されている。

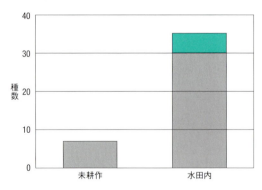

図1 水田の造成による植物種数の増加

水田内で確認された種数と水田と隣接するヨシ原（未耕作地）を比較した。
緑色の部分は絶滅危惧種数を示す

可能性を引き出す

　麻機遊水地の自然は、さらに多くの価値を秘めている。それを探る研究も、障がい者との連携によって進められている。筆者が、知的障がいがある生徒が通う静岡北特別支援学校の高等部および障害者就労継続支援施設のモリスと協力して実施している、遊水地内の「土壌シードバンク調査」はその一例である。

　麻機遊水地はもともと河川の氾濫原の湿地を水田に改変し、その後、遊水地化した場所である。その土壌には長い歴史を反映した多様な植物の種子や胞子が残存している可能性が高く、それらは今後さらに種の多様性の高い植生を回復させるための資源となる。土壌中に生存している種子や胞子の集団を「土壌シードバンク」という。土壌シードバンクは、調査対象とする土壌を植物が発芽しやすい条件にまき、発芽・成長した植物を同定することで調べることができる[1]。遊水地内のどの場所にどのような植物の土壌シードバンクが存在しているかを調べる調査は、「足もとの自然」を見直す環境教育プログラムとなるだけでなく、治水機能を維持するための掘削を行う場所の選定など、遊水地の管理においても有用な知見をもたらす。

　麻機遊水地の土壌シードバンク調査では、まず学校と施設の庭に大型のコンテナを設置し、その中に遊水地内の数箇所で採取した土壌を運び入れた。次にコンテナ内の土から大型の地下茎などを手で取り除きつつ、生徒が自由に山や谷がある地形を工夫し「ミニ遊水地」をつくった（写真5）。植物は種によって発芽に適した水分条件が異なるという説明を踏まえて、ユニークな地形のミニ遊水地が出来上がった。最後に適度な水深になるようにコンテナに水を入れ、観察を開始した。

　「ただの土」だったミニ遊水地は、数カ月後には多様な植物が生える緑の箱庭になった。生えてきた植物には生徒たちが目印を付け、自分たちで考えた名前をつけて管理した。そして実験を開始してから半年後の9月に、それぞれの正しい名前を確認する授業を行った。

　調査からは目覚しい成果が得られた。土壌シードバンクからはミズアオイ、

写真5 特別支援学校の生徒と実施した土壌シードバンク調査

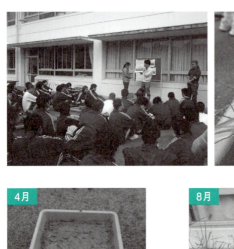

 オオアブノメ、タコノアシ、ヤナギヌカボ、ミズニラ、シャジクモなど、全国的に絶滅危惧種とされる植物を含む40種以上の植物が確認された。麻機遊水地はすでに植物の多様性が高い場所として認識されていたが、この結果は、土壌中にはさらに様々な植物の種子が眠っており、高いポテンシャルを秘めていることを示唆している。

 土壌シードバンク調査には宝探しのような面白さがある。参加した特別支援学校の生徒を対象に調査開始日にとったアンケートでは、「土を目の前にした時、早くやりたいという気持ちがすごくなり、とても気持ちがワクワク

してしまいました」といった実験への期待の高さをうかがわせる感想が寄せられた。また、一通りの観察を終えた後のアンケートでは、「僕は約1年もの間、緑太郎のことを実の弟のように成長を見守っていました…(中略)…そして緑太郎の正体を知り、兄弟を探して今こうしてまとめや感想を書いていると30歳も年をとった気分です」(注:「緑太郎」は生徒が観察対象の植物につけた名前) という植物の成長への興味が表現された感想や、「自分の研究しているミズアオイと絶滅危惧種が遊水地のどこにあるか知りたいです」、「遊水地をきれいにすればまだ見たことのない植物が見れるかもしれないので、自分ができることがあればやり、いろんな研究をしていきたいです」といった、遊水地全体への関心の広がりを示す回答が得られた。自然の仕組みを深く考え、能動的に関わる意欲につながる取り組みになったといえる。さらに今後、この成果を遊水地の管理に活用できれば、環境教育を通した社会参加と適切な生態系管理の間の好循環が期待できる。

地域の連携と活性化

　麻機遊水地を舞台に展開されている障がい者の社会参加と自立支援を軸とした一連の活動は、「ベーテル麻機活動」と呼ばれている。ベーテルとはドイツのノルトライン＝ヴェストファーレン州ビーレフェルト近郊に位置する集落で、てんかん、知的障がい、精神疾患を持つ人々および、高齢者、社会活動が困難な若者、ホームレスの人々などが生活する共同体である。麻機遊水地での活動は、ナチスによる迫害からも障がい者を守ったこの活動から「学びながら進める」という意味で名付けられた。

　ベーテル麻機活動には、地域の医療機関・教育機関、研究者に加え、20社を超える地元企業が参画している。建設、流通、販売など多岐にわたる企業が、技術指導、作業補助、物資や資金の援助など、それぞれの特質を活かした協力をしている。ベーテル麻機活動に参画する個人や団体の間の情報共有や合意形成は、月に一度のペースで開かれる会議で行われる。この会議の会場も、地元の企業が提供している。

一般に、治水施設の建設、人間による利活用、生物多様性保全は矛盾することが多く、地域内で対立が生じたり、あるいは「ゾーニング」というすみ分けがなされたりする場合が多い。しかし麻機遊水地の事例は、少なくとも河川周辺の湿地のように適度な撹乱が特徴付ける自然環境では、工夫次第で「一石二鳥」どころか「一石多鳥」の取り組みが実現できることを示唆している。さらにこのような取り組みを実現するうえで不可欠な多様な主体間の連携が、障がい者の社会参画や自立支援を軸にすることで実現しやすくなっている。障がい者の関与が地域の主体間の協力関係の構築にプラスになることは間違いない。今後は障がい者自身への効果も検証することが重要だろう。

■ 引用文献
1) 西廣淳・西廣美穂(2015)湿地の土壌シードバンク調査法.鷲谷いづみ・宮下直・西廣淳・角谷拓(編)保全生態学の技法:調査・研究・実践マニュアル.297-313頁.東京大学出版会.
2) 橋本孝(2009)奇跡の医療・福祉の町ベーテル　心の豊かさを求めて.西村書店.

執筆者プロフィール

西廣　淳（にしひろ・じゅん）
東邦大学理学部生命圏環境科学科 准教授

筑波大学大学院生物科学研究科博士課程修了、博士（理学）。国土交通省土木研究所、国土技術政策総合研究所、東京大学農学生命科学研究科を経て現職。専門は保全生態学、植物生態学。特に河川・湖沼・湿地の自然再生について実践的な研究を進めている。防災、経済、健康を目的とした活動が結果として生物多様性保全に結びつく仕組みを模索中

`10.都市` 公園・緑地

米国ポートランド市での敷地・街区スケールの取り組み

加藤 禎久（岡山大学グローバル人材育成院）

米国で他都市に先駆けてグリーンインフラを雨水管理（水質と量）に活用してきた、オレゴン州ポートランド市の取り組みは、グリーンインフラの多機能性と可能性を感じさせる。ここでは、敷地・街区スケールで、計画・プロジェクトを通じて実践してきた具体的な事例を紹介する。

北米では、グリーンインフラの位置付けは欧州のものとは異なる。米国環境保護庁（EPA）が主体となって実施する水害対策では、更新期にあるグレーインフラを併用し、緑地やオープンスペースの持つ雨水の浸透・貯留機能や植物の蒸発散機能など、自然の水循環プロセスを取り込んだ雨水管理を進めている[1]。

　ポートランド市のグリーンインフラ施策については、近年多くの研究者が着目して研究が進み、事例も多く紹介されている。ここでは網羅的な事例は紹介せず、「名もなき」事例を通して雨水管理を中心としたグリーンインフラの様々な特長を紹介する。

敷地スケールの取り組み

　ポートランド市では1990年代からグリーンインフラ施策を実施してきた。その中核となる代表的な「Tabor to the River」プロジェクト内の三つの事例とエコルーフ手法を紹介する。「Tabor to the River」プロジェクトは、ウィラメット川東側の雨水浸透性が高い地域で実施されている。小流域内で集中的にグリーンストリートなどのグリーンインフラ手法を実施する代表的なプロジェクトである（図1）。小流域だが、土地利用が郊外、住宅地、工業地帯、川と変化する。ここでは、この「面」的なプロジェクトの中で三つの「点」（敷地スケール事例）を紹介する。「点」や「線」（街路樹や川沿いの緑、河川など）の集積、理想的にはマルチスケールで重層的なグリーンインフラ構成要素のネットワークが構築されることによって、緑地計画や環境デザインの対象になるグリーンインフラ機能（水循環の回復や健康増進など）の、より一層の発揮が期待できる[2,3]。

事例1：雨どい非接続から雨庭へ、パブリックアートとの融合

　最初に紹介する事例は、ポートランド市内のグリーンインフラ適用事例の中でも最も古い方（1990年代後半）で、個人宅地内にある。写真1のように、駐車スペース横の小さな雨庭にもかかわらず、全体で様々な多機能を発揮し

図1 TABOR to the RIVER（完了した区域および予定されている区域）

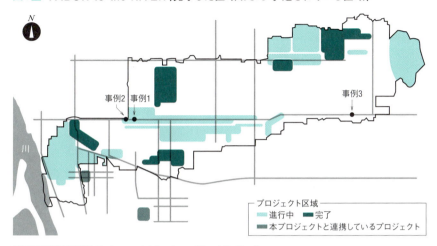

プロジェクト区域
- 進行中
- 完了
- 本プロジェクトと連携しているプロジェクト

2013年5月現在（資料:Environmental Services, City of Portland）

写真1 個人邸宅の雨庭、雨どい非接続、パブリックアート

ている好事例だ。具体的には、雨どい非接続や雨庭といった手法を用いて、その場での雨水浸透や植栽と併せた蒸発散を促進し、雨水流出量の抑制や水質浄化に貢献している。雨どい非接続とは、通常のように雨どいから直接排水管に接続せず、その接続を断って雨庭や雨水貯留タンクに一時的に雨水を集める手法を指す。雨庭は、小さいながらも動植物の生息地を提供している。また、この事例のユニークなところは、雨どいの鮭（サーモン）のパブリックアートである。大雨の時は流れる水を川に見立てて、あたかも鮭が川を遡上しているような遊び心のあるデザインになっている。鮭はアメリカ北西部ではきれいな水質の指標となる魚で、グリーンインフラによって水質浄化する目標を、通りすがりの近所の人たちや見学者に分かりやすくアピールする啓蒙・環境教育の役割も担っている。ポートランド市でグリーンインフラの取り組みが始まった頃は、この事例のように環境保全意識の高い個人が自分の敷地内で後述するエコルーフや雨庭を導入していた。

事例2：スーパーの駐車場と歩道の間にある緑溝

　二つ目の事例は、地元の食材を扱っているスーパーの駐車場と歩道の間にある緑溝（bioswale）である（写真2）。緑溝は聞き慣れない言葉かもしれないが、植栽された線状の窪地で、この緑溝では駐車場と歩道の表面流出水（surface runoff）を集めて処理する役割を担っている。つまり、集まった表面流出水は地中に浸透し、一部は植生により蒸発散される。緑溝や雨庭はグリーンストリートで用いられる典型的なグリーンインフラ手法で、法整備が進めば日本でも駐車場や街路空間での適用が期待される。

　この事例ではさらに、地元の食材を取り扱っているスーパーを選んで買い物に来るような環境問題に関心の高い層に、植栽による水質浄化や雨水浸透の重要性などを啓蒙する役割も担っている。現在、ポートランド市ではグリーンインフラの植栽管理予算が足りないため、管理しやすい植生（イグサ）が単一的に使われる傾向にあるが、植生を多様化したり、地域固有種を増やしたりすることにより、この地域の生物多様性保全に貢献できる。

写真2■ スーパーの駐車場と歩道の間にある緑溝

事例3：地域のカフェに併設されたグリーンインフラ

　グリーンインフラが多機能性を発揮している三つ目の事例は、小流域の中ほどに位置する小さな多目的スペース開発に併せて造られた緑溝と一時貯留地である。グリーンインフラ自体は道路沿いの緑溝で、7台ほどが駐車できる駐車場、歩道、および道路からの表面流出水を集め、一時貯留、浸透、蒸発散を促す機能を備えている（写真3）。この事例の特長は、グリーンインフラを含めた敷地全体での多機能性の発揮にある。多目的スペースの目玉テナントとして地域の生協のようなカフェがあり、隣接した空間には近所のお母さんが幼児を連れて集まれる集会場や、幼児の遊び場のような空間がある。昼間は幼児を目の届く場所で安全に遊ばせておきながら地域住民と交流ができる、日本でいうコミュニティーセンターのような空間になっている。夜に

は演奏会が開かれ、カフェではアルコール類も販売され、昼間に集まる層とは別の「大人」なプログラムも用意され、一日を通して多目的なプログラムが提供されている。この敷地は以前、空き地で荒れていたのだが、市民グループが買い取って、現在のような魅力的な空間に生まれ変わらせることに

写真3■ 地域のカフェに併設されたグリーンインフラ

成功した。このようにグリーンインフラは、それ自体の機能以外に敷地で行われる多種多様なプログラム（ソフト）との相乗効果も期待できる。

事例4：エコルーフ

　一般的にはグリーンルーフと呼ばれているものだが、エコルーフも敷地スケールで適用される手法（屋上緑化）の一つで、雨水の流出量抑制や流出速度遅延、微気象緩和などの環境的効果をもたらす。ポートランド市ではエコルーフは現在までに約420カ所設置され、面積は9.3 haとなっている[1]。「Tabor to the River」プロジェクト内では、グリーンインフラプロジェクトの紹介パネルの上部がちょっとしたエコルーフになっているものもあり、宣伝や啓蒙の役割も果たしている。

街区スケールの取り組み〜グリーンストリート〜

　ポートランド市において街区スケールでのグリーンインフラ適用策の中心となるのが、LRT（次世代型路面電車システム）などと一体的に整備されてきた浸透性街路空間、いわゆるグリーンストリートである（写真4）。グリーンストリートの目的は、雨水流出量の抑制、雨水流出速度の遅延、そして水質の向上である。言い換えると、道路や歩行者空間などの未利用地の活用もしくは機能の読み替え・付加により、雨水の一時的な貯留、浸透、浄化と

いうプロセスを経てから下水に戻し、下流に流すというアプローチである。

　グリーンストリートには、主に次の六つの多様な効果があると考えられている。①雨水の適正な管理による都市の健全な水循環の回復、②河川に流入する雨水流出量の抑制、流出速度の遅延による洪水の抑制、③暮らしやすい都市環境、不動産価値の向上、④緑による微気象の緩和や大気の質の向上、⑤歩行者や自転車道路と一体的に整備し、健康的なライフスタイルの促進、⑥車の運行速度の緩和、道路の安全性の向上である[4]。

　グリーンストリートのデザインのイメージとして、敷地スケールの技術（雨庭、緑溝など）が道路沿いに並ぶとグリーンストリートが形成される。グリーンストリートは、①植栽帯拡張型、②雨水プランター型、③レインガーデン（雨庭）型、④シンプル・グリーンストリート型の四つに類別され[1]、

写真4 ■ 郊外の住宅地の道路沿いのグリーンストリート

それぞれの特徴は以下のようになる。

　第一の植栽帯拡張型は、住宅地など交通量が少ない地域で既存の道路と植栽帯の配分を変え、植栽帯を道路側に拡張することによりグリーンストリートを創出するタイプである。この場合、車両の運行速度の緩和や道路の安全性の向上などの機能も付加される。第二の雨水プランター型は、歩道と縁石の間の限られたスペースを活用して地面から掘り下げた雨水プランターを創出し、その中で雨水の浸透、浄化、流出速度の遅延を目指すものだ。第三のレインガーデン型は、道路の交差点など面的な空間に余裕がある場所でコンクリートの舗装を剥ぎ、雨水を地中に浸透させる植栽エリアを創出するもの。そして第四のシンプル・グリーンストリート型は、既存の道路脇の植栽空間の縁石を部分的に取り除き、雨水が流入できるようにし、植栽は耐水性があるものに改修するものである。

　ポートランドでは、こういったグリーンストリートが市内の至る所（1400カ所ほど）で創出されており、グリーンインフラ施策の中心となっている。古い物は完全に周囲の景観と一体化しており、半自然の人工物という印象は薄れ、従来の街路空間になじんでいる。

まとめと展望

　北米の都市では、グリーンインフラは表面流出水の一時貯留、浸透、蒸発散の促進などの雨水管理が主として期待される。雨水流出量の抑制や雨水流出速度の遅延、水質浄化を主目的としている。これに加え、微気象緩和、動植物の生息地の提供、啓蒙、環境教育、美化といった機能を持つ。さらに「地域のカフェに併設されたグリーンインフラ」の事例でみられるように、グリーンインフラは、それ自体の機能はもちろん、グリーンインフラを含めた敷地で行われる多種多様なプログラム（ソフト）との相乗効果が期待できる。

　日本では建築の外構や道路部分で雨水流出抑制施設の整備が推進されてはいるが、貯留と浸透施設およびレインガーデン（雨庭）などは当該敷地内の

点的な適用に限られてきた。今後、都市においても人口減少による空き家や空き地が増加すると予測されるなか、屋外空間・オープンスペースを雨水管理機能を中心に多機能化する視点に、ポートランド市から学ぶ日本型グリーンインフラ展開の一つの可能性がありそうだ。

■ 引用文献

1) 福岡孝則、加藤禎久(2015)「ポートランド市のグリーンインフラ適用策事例から学ぶ日本での適用策整備に向けた課題」ランドスケープ研究78(5), 777-782.
2) Kato, S.(2010)「Greenspace conservation planning framework for urban regions based on a forest bird-habitat relationship study and the resilience thinking」Doctoral Dissertations Available from Proquest. Paper AAI3409604.
3) Kato, S.(2011)「Green Infrastructure for Asian Cities: The Spatial Concepts and Planning Strategies」Journal of the 2011 International Symposium on City Planning, 161-170.
4) Portland Green Street Program、http://www.portlandoregon.gov/bes/45386、(2016年10月10日確認)。

執筆者プロフィール

加藤 禎久 （かとう・さだひさ）
岡山大学グローバル人材育成院 准教授

アメリカの「環境スクール」の「御三家」の一つのミシガン大学で、生態学・自然資源管理学およびランドスケープアーキテクチャーを学ぶ。博士課程では、グリーンウェイ研究の第一人者のJack Ahern（マサチューセッツ大学教授）に師事。専門は、都市スケールでの景観生態学に基づくエコロジカル・プランニング

> 11.都市　公園・緑地

都市スケールのグリーンインフラ、ビジョンとアプローチ

福岡 孝則（神戸大学大学院工学研究科建築学専攻 持続的住環境創成講座）

敷地から都市まで、伸縮するマルチスケールでグリーンインフラの実践を推進することは非常に重要である。屋上緑化、緑溝、雨水貯留生態池などの個別技術が連関するシステムは、都市を支える新しい生態基盤として機能し得るのか？　国土スケールの水のデザイン・ガイドラインや気候変動適応策としてのグリーンインフラの挑戦的な取り組みなど、これから都市スケールのグリーンインフラで取り組むべきビジョンとアプローチの一端を示す。

日本では、単一機能の構造物を主体としたグレーインフラを整備し、都市の脆弱性の低減に努めてきたが、近年は気候変動に伴う豪雨による水害が頻発し、国土を覆うインフラの老朽化や人口減少・高齢化による自然災害リスクの増大が懸念されている。日本のみならず、今後、世界中で気候変動に伴う災害の頻発が予想される。

　多くの人が居住する都市部では、不確実な未来に向けてグリーンインフラを都市スケールで戦略的にどう展開するかについて真剣に考える時代に突入したといえる。ここでは、都市・国土スケールにおける先進的な事例を紹介する。

これからのグリーンインフラ戦略

　屋上緑化や雨庭、歩行者空間の雨水プランターなどで一時的に雨水の貯留・浸透を促進して、雨水流出量の削減や流出速度の遅延、植物からの蒸発散を促すなど、敷地スケールの個別のグリーンインフラ技術や事例は多数紹介されてきたが、ほとんどが当該敷地内での適用に限定されている。しかし、本来街区や都市スケールで、どのようにグリーンインフラが一つの環境システムとして機能し得るかが重要である。

　ここでは三つの事例について紹介する。一つ目は、都市スケールのグリーンインフラの適用を推進するための一つの手法であるデザイン・ガイドラインに着目し、大きな成果を上げているシンガポールの「ABC水のデザイン・ガイドライン」とその中核プロジェクト「ビシャン・パーク」だ。二つ目は、ハリケーン・サンディで甚大な被害を受けたニューヨーク市および近郊における復興デザインである「リビルド・バイ・デザイン」。そして最後は、近年、ゲリラ豪雨により大きな被害を受けたデンマーク・コペンハーゲン市が気候変動適応策としてまとめた「クラウドバースト・プラン」を紹介する。沿岸部に人口が集中する日本の都市において、海面上昇や高潮など自然災害に脆弱な都市でどのようにグリーンインフラが展開可能かを示すうえで非常に参考になる事例である。

(1) 国土スケールのグリーンインフラ推進：シンガポール・ABC水のデザイン・ガイドライン

　シンガポールは東南アジアの中心に位置する63の島から成る国で、最大の島シンガポール島は東西42km、南北に23kmで470万人が暮らす世界で最も人口密度が高い国である。この国の大きな課題は、水である。島内の貯水池に加えて、40％を隣国マレーシアからパイプラインを通じて確保してきたが、急騰する水の価格や政治的な課題などを解決するために、シンガポールは国をあげて水問題の解決を実行に移してきた。浸透膜を活用した高度ろ過技術による下水の再生処理や、河口に可動堰をもつ貯水池の建設などに加えて、画期的なのが「ABC Water Design Guidelines」(ABC-WDG) である。ABC-WDGはシンガポールの公益事業庁 (PUB) が中心になってまとめたシンガポール国土全体を対象とした水の戦略で、なかでも特に核になるのがグリーンインフラの適用である。

　ABC-WDGは「Active」、「Beautiful」、「Clean」の頭文字で、国民の誰もが美しく、きれいで、生き生きと水と共に暮らす国にするという思いを反映している。このガイドラインの大きな特徴は二つある。一つ目は、国内の一定面積以上の敷地・街区・都市スケールの開発案件の全てに対して、開発のタイプや土地利用に応じて必要なグリーンインフラ適用技術を明確に示し、新規の開発敷地からの雨水の表面流出の削減に加えて、屋上から敷地内の屋外空間を活用してグリーンインフラを適用することにより、微気象の緩和、健康増進、生物多様性の向上などに寄与し得る、空間像を伴ったグリーンインフラを啓蒙している点だ。二つ目は、デザイン・ガイドラインに具体的なパイロット・プロジェクトがひも付いていることである（図1）。ガイドラインの策定に先立ち、島内の集水域別に土地利用や既存の水資源を把握したうえで、グリーンインフラのパイロット・プロジェクト適用情報が開示されている。ABC-WDGでは、グリーンインフラの展開を、開発業者や計画・設計者のみならず国民の誰が見ても理解できるように伝え、また具体的な空間の体験利用を通じてグリーンインフラに対する理解を深めることを目指して

図1 ■ ABC-WDGで現在計画進行中のプロジェクトが地図上に示されている（資料:PUB, Singapore's National Water Agency）

いる。

　ガイドラインは大きく、A）計画、デザイン、実践、B）安全性、公衆衛生、管理、C）持続的環境の創造に向けたコミュニティー、プログラム、環境教育、D）認証制度の四つに分けられる。まず、A）計画・デザインに関しては、「雨水を集めて、きれいにして、流すまたはためる」ための具体的なグリーンインフラ要素技術を視覚的に分かりやすく紹介している。建物、道路、水面、広場、緑地、駐車場など土地利用別にグリーンインフラ適用策が示され、屋上緑化、バルコニー緑化、垂直緑化、地面レベルでの緑化など、あらゆる地表面を活用し、緑と水の機能をどのように掛け合わせれば最大限の効果を上げることができるかについて、具体的な手法の組み合わせまで提示する（図2、3）。

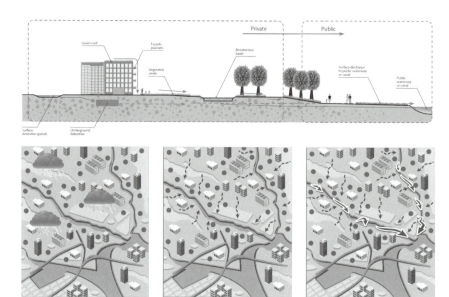

図2■ ABC-WDGが推進する持続的雨水管理を核としたグリーンインフラのコンセプト（資料：PUB, Singapore's National Water Agency）

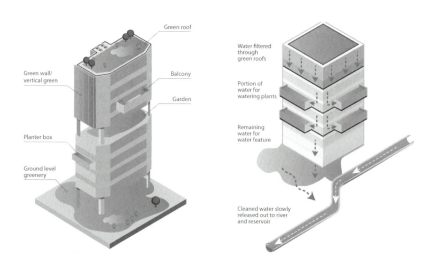

図3■ ABC-WDGでは集水エレメンツ別にグリーンインフラ適用策が示される（資料：PUB, Singapore's National Water Agency）

次にB）安全性や管理に関しては、計画・設計時の降雨量に合わせた水システムの提案から水の流量のシミュレーションまで、詳細な評価基準に基づいた安全性の確保が示されている。C）は、ABC-WDGが最も重視している要素だ。水と人・コミュニティーをつなげるための仕組みが、多様なプログラムや学校教育、パートナーシップなどで構成されている。D）の認証事業ではプロジェクトの計画から施工段階まで一括してABC-WDGに沿って取り組むとポイント制で「Active」、「Beautiful」、「Clean」、「Innovation」の四つのレベルで認定される。認証は企業の環境推進イメージの認知や不動産価値の向上に役立つ。このようにグリーンインフラに取り組むための明確な目標や便益が共有されているのが重要である。

(2) 多機能型の都市型河川公園、ビシャン・パーク

前述のようにABC-WDGはシンガポールの国土全域を対象としており、ガイドラインと連動して2030年までに約100のグリーンインフラ・プロジェクトが対象として指定されている。その中でも最大級のものが、コンクリート三面張りの排水路カラン川（全長3km）を自然型の河川に再生し、公園と一体的に多機能型の都市型河川公園として再整備したビシャン・パークである（写真1）。

もともとカラン川は排水運河として、できるだけ早く水を下流に流すために造られた。直線的で画一的な河川断面を多様な断面と護岸形態に変え、非常時は氾濫原として機能するように設計された。また、従来の川幅17〜24mを最大100mまで拡幅し、許容流水量は40%も増加した。現在のビシャン・パークは従来の川が持つ治水や排水といった機能を超えて、コミュニティーの活動やレクリエーションの場として機能し、多くの市民が水や自然と親しむことができ、水と緑の大切さや魅力を実体験から理解できる場となっている（写真2）。

ビシャン・パークの河川部分では、シミュレーションを通じて流量だけではなく、流出速度に応じて川の護岸形態を設計している。流れが速い部分で

写真1■ 単一機能の排水路(左)から氾濫原を内包する都市型河川公園(右)へ生まれ変わった (写真:Ramboll Studio Dreiseitl)

写真2■ 多機能型で多便益なグリーンインフラに市民の誰もがアクセスできる (写真:Ramboll Studio Dreiseitl)

は生態緑化技術を活用した護岸補強を行っている。このように多様な護岸形態を創出することで、より豊かな生物の生息域をつくり出している。2012年に開園してから「25年に一度の洪水」が起きたが、そのような非常時の水量にも柔軟に対応できているという(写真3)。

　もう一つ注目すべきは、公園内に新しく設計された5100m^2の浄化ビオトープ(Cleansing Biotope)である。ビシャン・パーク内に流れるカラン川とビシャン・パーク内の池の2カ所から取水し、植物とバイオ・フィルターを用

写真3■ 非常時は氾濫原として機能する（写真：Ramboll Studio Dreiseitl）

いて水質を浄化している。棚田状にレベル差を変えて配置された浄化ビオトープには、カラン川と池からポンプアップされた水が上から順番に流され、バイオ・フィルターと多様な植物群の組み合わせにより、一日で約64万8000ℓの川の水と860万ℓの池からの水を浄化している。ここで浄化された水は子どもの水の遊び場に活用されるほか、半永久的に水が浄化されながら循環し、そして残りの浄化された水はカラン川に流れるようにデザインされている。

　このように、シンガポールではABC-WDGとそれに連動したパイロット・プロジェクトの実践を通じて、建物の屋根や歩行者空間、駐車場、庭から流れ出た雨水が川へ流れ着き、やがてはどこかの家庭のグラス一杯の水になるまでの水循環プロセスを可視化し、国民の誰もがこのグリーンインフラを体験し、理解することができるようなオープンな環境システムをつくり出そうとしている。シンガポールの取り組みは世界中で通用するアプローチであり、国土スケールでグリーンインフラを推進するための一つの優良事例である。

(3) 復興デザインや気候変動適用策としてのグリーンインフラ

　今後の都市スケールのグリーンインフラ創成の重要な視点の一つは、気候変動による異常気象や災害など予想不能な将来に向けて、都市のレジリエンス性を高めることである。2012年10月に米国東海岸を直撃したハリケーン・サンディにより、ニューヨーク都市圏は推定約650億米ドルと米国史上2番目の被害を受けた。約2.5 mの高潮によりニューヨーク市内の地下鉄やトンネルが水没し、800万世帯が停電、広域でインフラ機能が麻痺して甚大な影響を与えたのは記憶に新しい。

　そこで米国住宅都市開発省は、実際のプロジェクトとしての実施を前提とした「国際復興デザイン実施コンペティション」を開催する。約9.2億米ドルの予算は最終的に選定された六つのデザインチームが提案する地域の復興デザイン主体に助成され、現在ニューヨーク市やニュージャージ市の沿岸部の産官学民の連携でパイロット・プロジェクトの実施が始まっている。このコンペティションで各チームの提案の核となっているのがグリーンインフラである。防潮堤と都市公園のハイブリッド型、高潮や氾濫に脆弱な低平地の土地利用として、通常時はスポーツ・レクリエーション公園、非常時は氾濫原として機能するインフラなど、通常の都市基盤の機能を超えて、より多機能型、多便益のグリーンインフラが提案されている。コンペのディレクターを務めたHenk Ovink（元オランダ環境インフラ省ディレクター）は、「時代は変化しており、防潮堤などの単一目的の水を脅威として捉えた防御対策から、水と共生する包括的な復興デザインの未来系の模索が必要である」と述べている。今後、気候変動に伴う災害は世界中のあらゆる都市で予測される。このような復興デザインにも新しい都市スケールのグリーンインフラモデルを構築するヒントがあるかもしれない。

　最後に紹介するデンマーク・コペンハーゲン市のクラウドバースト・マスタープランは、気候変動適応策としてのグリーンインフラの在り方を示している世界で最も先進的な事例の一つだ。コペンハーゲン市でも、2011年7月に起きた2時間当たり150 mmのゲリラ豪雨により、旧市街は水災害が引き

写真4■ 2011年に起こった水災害によってコペンハーゲン市街地は甚大な被害を受けた（写真:Ramboll ＋ Ramboll Studio Dreiseitl）

起こされた（写真4）。被害想定額は10億ユーロと推定されている。今後も気候変動に伴う異常気象による水災害の頻発が予想されるコペンハーゲン市は、ブルー＋グリーンインフラを核としたクラウドバースト・マスタープランの作成に取り組む（図4）。

　コペンハーゲン市街地では、防災緑地となる土地が不足しており、既存の都市のリノベーションを通じて、災害へのレジリエンス性の高い都市の創成を目指している。具体的には、市街地内では屋上緑化などによる雨水の一時貯留による流出量の削減と、流出速度の遅延、道路空間の再配分により緑地帯などを設け、そこで雨水の一時貯留・浸透機能をもたせる。さらに非常時は道路・歩道空間が氾濫原として機能するような提案となっている。現在進行形のクラウドバースト・マスタープランではあるが、既に長い時間かけて

図4 ■ クラウドバースト・マスタープランではグリーンインフラによる減災を提案（資料：Ramboll + Ramboll Studio Dreiseitl）

完成した都市のストックや基盤を活かして、都市スケールのグリーンインフラを構想している点は、日本の都市にも非常に参考になる。

私たちの想像力と取り組み次第

　敷地スケールのグリーンインフラ・プロジェクトを都市・国土スケールで戦略的に展開するために、シンガポールのABC-WDGのように大きなビジョンを持ちつつ、多くのプロジェクトの推進を目指すアプローチや、気候変動適応策、将来起こり得る自然災害を想定した減災に資するグリーンインフラ戦略など、その都市・国土スケールでの取り組みを紹介した。市民の誰でもアクセスできる多機能型グリーンインフラのかたちは今後の私たちの想像力と取り組みにかかっている。

■ 引用文献

福岡孝則、加藤禎久（2015）「ポートランド市のグリーンインフラ適用策事例から学ぶ日本での適用策整備に向けた課題」ランドスケープ研究78（5）, pp.777-782
福岡孝則（2014）「Rebuild by Design： 復興デザインの戦略とアプローチ」ランドスケープ研究Vol.79 No.2, pp.108-109
ヘレン・ロックヘッド（2014）「レジリエントな復興デザイン：デザイナーは変化を起こせるか？」ランドスケープ研究Vol.79 No.2, pp.110-114
福岡孝則（2013）「シンガポールのブルーインフラストラクチャー　－ABC水のデザイン・ガイドラインとその展開」ランドスケープデザインVol.9, pp.96-101
ABC Water Design Guidelines（2009、2011、2014）, Public Utility Board, Singapore
http://www.rebuildbydesign.org
https://www.asla.org/2016awards/171784.html

執筆者プロフィール

福岡 孝則（ふくおか・たかのり）
神戸大学大学院工学研究科建築学専攻 持続的住環境創成講座 特命准教授

107ページ参照

COLUMN 4

下水処理場に生まれた都市部の
グリーンインフラ「品川シーズンテラス」

内池 智広（うちいけ・ともひろ）**大成建設 環境本部 サステナブルソリューション部**

　都民の生活を支えるインフラ施設「芝浦水再生センター」は、品川駅から徒歩で10分圏内の利便性の高いエリアに位置する下水処理施設である。この約20haの面積を有する施設の一部更新に併せて、2015年、持続可能な新しい都市基盤となるグリーンインフラが整備された。

　整備対象となった約5haのエリアでは、処理施設の上部に人工地盤がかけられた。この上部には、樹林、草地、水辺と多様な環境を有する約3.5haの緑地が創出され、公園などとして開放された。

　「雨天時貯留池」（大雨の際に汚れた水が海に流れないように初期雨水を貯留する施設）の上部には、商業施設と事務所の複合用途の高層ビルが建設され、緑地と併せて新たな都市基盤を担う施設として「品川シーズンテラス」が生み出されたのである。

　この施設、とりわけその広大な緑地は、様々な生態系サービスを我々に提供してくれる。

　一つは、人々のアメニティーの向上。新たに生み出された緑地は、人と人との触れ合いやにぎわいを創出し、ビジネス拠点に潤いを与えるとともに、コミュニティーを育む場として地域社会に貢献している。

　次に、都市における生態系ネットワークへの寄与。武蔵野台地と東京湾岸の間に位置するこの場所に、芝生広場、樹林、水辺と多様な環境を持つ広大な緑地を生み出すことで、双方をつなぐ生態系ネットワークの充実にも貢献している。

　さらには、ヒートアイランド現象の緩和。広大な緑地や水辺は、植物や水面からの蒸散や樹木による緑陰の形成などにより、周辺地域に比べて涼しいクールスポットを生み出す。

写真1■ 水再生センター上部に創出された品川シーズンテラス（写真：SS）

　そのほか、品川シーズンテラスが建つ場所は東京湾から都心への海風の通り道「風の道」に位置している。高層ビルの建設に際しては「風の道」を遮らないようシミュレーションによる配置が検討されており、「風の道」は広大な緑地の上を通って涼しい風を都心部へと運んでいく。
　都市において欠くことのできない下水処理施設といういわゆるグレーインフラも、その空間を有効に活用することで、生態系サービスなど、様々なサービスを人々や地域に提供するグリーンインフラになり得るのである。
　ところで、この広大な緑地。その価値を数字で表すことは残念ながら難しいのだが、周辺の不動産価値を高める役割も担っていると考えられる。「近くに下水処理場があるビル」と「憩える緑地のあるビル」のどちらを利用したいかと問われたら、多くの人は後者を選ぶのではないだろうか。

© Rebuild by Design/The BIG Team

12.都市　公園・緑地

ニューヨーク市周辺のグリーンインフラとこれからの都市生態学

原田 芳樹（コーネル大学都市緑化研究所 / OAP（Office of Applied Practices Inc.））

北米都市地域におけるグリーンインフラ計画では、気候変動下での減災、幅広い経済効果の推定、そして下水問題対策に焦点が当たる。高度に都市化された地域ではもともと土壌の無い敷地につくられる土壌創出型の生態系も重要な役割を果たすが、体系的研究に乏しいため「アダプティブ・マネジメント」を通した新しい実装、研究、計画の枠組みが模索される。

グリーンインフラの動向に関してここ10年間を振り返るとすれば、米国のニューヨーク市周辺に限っても重要な事例が挙がる。まず2012年にはハリケーン・サンディの被害に見舞われたが、これはグリーンインフラ分野の転機になった。例えば翌2013年には、ロックフェラー財団が競技設計「Rebuild by Design」を開催し、気候変動と災害を生き抜く新しい都市像を模索したが、翌2014年にはその実装に米国住宅都市開発省（HUD）が930億円の拠出を発表した。そして選出された7チームにはリーダーとしてOLINやSCAPEといったランドスケープ事務所、そしてOMAやBIGといった建築事務所も含まれ、現在全てのチームがそれぞれの敷地でステークホルダーと共同作業を進めている。

　特にニューヨーク市周辺では競技設計以前から多くのステークホルダーが関連対策に取り組んでおり、例えば水門や堤防に関しては米国陸軍工兵隊が、そして都市スケールでのバイオ・スウェールやグリーン・ルーフの実装は市の環境保護局（DEP）が管轄だ。そして堤防などでも海岸線の幹線道路が絡む場合は交通局が、そして緑化も公園や街路樹に手を加える場合は市の公園局がステークホルダーに加わる。生態系が保全の対象になる場合はさらに複雑で、例えばステーテン島の沿岸生態系を扱うSCAPEのチームは国立公園局や海洋大気庁、野生生物局、沿岸警備隊、そして環境保護や漁業に関する地元のNPOと共同作業を進めている。

　この中でもDEPによるバイオ・スウェールやグリーン・ルーフは雨水処理（保水・浄水）にほぼ特化して創出される生態系であり、連邦レベルで米国環境保護庁（EPA）が管轄し、米国で最も典型的で規格化の進んだグリーンインフラである。Rebuild by Designではこれら以外にも複合化されたグリーンインフラが含まれる点が特徴だ。例えば緑化を前提として堤防をデザインし塩性湿地の創出を図るものや、その上部を公園や緑道にすることで雨水処理に配慮するアプローチが様々な形で提案されている。また塩害に強いものを選んで公園の植生を多様化する案や、その際に排水系統も改善し機能面をバイオ・スウェールに近づける手法も多く見られる。しかし雨水処理に特

化した典型的なグリーンインフラであっても、敷地規模での性能はまだ体系的研究が進んでおらず、デザインや管理が多様化するほど、性能面の見当がつきにくい。その一方でRebuild by Designで選出されたチームには、ニューヨーク市一帯を中心とする多数の研究機関や環境コンサルタント、エンジニアが含まれるため、技術水準は高い。そしてそれぞれのステークホルダーの背後にはHUDの予算に加え、民間のものから、市や州、そして連邦政府に至る大小様々な財源がある。これらを再編し大型の資本を動かすと、グリーンインフラはどのような大規模化と多様化を遂げるのか。そこに大都市の人材や知識を動員すると、都市地域はどう機能するのか。これらは気候変動と減災のグリーンインフラが抱える重要な問いでありRebuild by Designの今後の展開が注目される。

グリーンインフラの経済効果

　それぞれのステークホルダーはハリケーン・サンディの被害以前からどのようなグリーンインフラに取り組んできたのだろうか。例えばニューヨーク市公園局によるMTNYC（ニューヨーク市100万本植樹プロジェクト）は特徴的な事例だ。MTNYCでは、400億円の予算をもとに2015年までの8年間で100万本の植樹を達成した。米国森林局とニューヨーク市公園局が共同で立案しており、樹木が持つ経済効果の大規模な推定に注目が集まった。その一部に触れるとすれば、市内には1997年時点で520万本の樹木が育っており、炭素換算で年間4万2300t（経済効果は年間約7800万円）、その他の汚染物質は年間約2200t（経済効果は年間約10億円以上）を大気から除去していると推定されている[1]。このうち、街路樹は約58万4000本を占め、雨水の保水に関しては年間337万m^{3}以上（経済効果は年間35億円以上）と推定されており[2]、これら以外にも隣接するビルの省エネルギー効果や地価など、項目は多岐にわたる。

　推定に使われた研究の多くが基礎的であり、推定結果が参考値にすぎない点は学会でも議論を呼んだ。しかし未完成であっても当代の研究成果を政策

に反映するのは連邦機関の使命であり、これらの推定はニューヨーク市がMTNYCを始めるきっかけを作り、予算を獲得し、マスタープランをまとめる際の原動力となった。そして1本でも木を植えることの効果を数値化したことがパートナー組織を増やし、寄付金やボランティアを募り、運動の拡大につながった。MTNYCは、ニューヨーク市長期都市計画大綱では気候変動や災害への対策としても位置付けられている。それに加え、生態系の経済効果はグリーンインフラの大切な側面であり、植樹におけるその全貌を社会に可視化することで、プロジェクト全体を動かしている点がMTNYCの最大の特徴である。

下水問題とグリーンインフラ

そして2400億円という大型予算をもとに2010年から20年計画で進行しているのがニューヨーク市のDEPによるグリーンインフラ計画だ[3]。この計画の目的は雨水が下水道に流れ込む前にグリーンインフラで保水することで、下水処理場の負担を軽減することにある。世界的にみてもロンドンや東京、そしてニューヨークといった大都市には合流式下水道が含まれ、雨水とその他の下水を同じ配管でまとめて排水している。ニューヨーク市の場合は下水道の6割が合流式だが、降水により下水流量がプラント処理限界の2倍を超えるとCSO（Combined Sewer Overflow、合流式下水の緊急排水）が始まり、未処理の下水が排水されることから、都市周辺の水質を考える上で大きな問題となっている。

このためDEPのグリーンインフラ計画では、2030年までに合流式下水区域の1割にバイオ・スウェールやグリーン・ルーフを整備し、下水道に流れ込む雨水を減らすことで、年間570万m^3を超えるCSOを削減できるとしている。特にグリーンインフラを用いるシナリオは、グリーンインフラの代わりに地下施設を建設するシナリオを1500億円下回っており、MTNYCと同様に推定の経済効果がプロジェクトの原動力となっている。

そしてRebuild by DesignでもCSO対策は重要課題として扱われており、敷

地がニューヨーク市内のものはDEPと共同でプロジェクトを進めているため、両者は深く関連している。しかしニューヨーク市におけるCSOは12時間当たり約2.5mm（10分の1インチ）の降水でも起きる日常的な災害であり、雨水の保水は都市内部の屋上や微細な敷地の寄せ集めでも有効な対策を打つことができる。このようなCSO対策が発揮する効果は、非常事態宣言が発令されるような水害では十分ではなく、水際からの浸水や地下水面の上昇に対しても大規模な対策が必要だ。さらに水害対策が守るのは主に都市そのものであるのに対し、CSO対策では都市周辺や下流の水質に焦点が当たるため、主導する連邦機関と財源、法制度が違いとして挙げられる。

保水の生態学

　グリーンインフラの動向に触れるなかで保水という言葉を何度も使ったが、そもそも何を意味しているのか。例えば、「生態系の保水率」と聞いて米国の多くの生態学者が思い浮かべるのはニューハンプシャー州のハバード・ブルック実験森林（HBR）における長期生態学研究である[4]。HBRにおいて保水率は観測項目の一部にすぎないが、森林の降水に対する保水率はおよそ65％。つまり降り注ぐ雨の35％は森林から小川に排水され、残りの65％は時間をかけて蒸発・蒸散し大気に戻っていく。

　これは45年間の観測の平均値であり長期観測の極端な事例だが、保水率はその年の天候や季節によって大きく異なるだけでなく、降水量や風速、湿度などが似通った年でも性能にばらつきが出るため、ある程度実測に基づいてグリーンインフラを計画する必要がある。

　そして緑化や緑地には「緑」という言葉が目立つのでグリーンインフラの主体は植物に思えてしまうが、保水を考える際に多くの研究者がまず注目するのは土壌だ。自然界の土壌に関して保水を含めた様々な属性を調査し、巨大な分類体系を築き上げたのが土壌科学であり、この知識を応用し植物の作用も含めた生態系全体の機能を実測するのが上記のHBRの様な生態学研究だ。

都市の土壌

　では上記の様な生態学分野にとって、都市に創出されるグリーンインフラはどのように映っているのだろうか。例えば、ニューヨーク市のセントラルパークは敷地の土壌をそのまま使っているわけではなく、19世紀後半に約1万5000m³の砂と3万m³を超えるコンポストや堆肥を敷地外部から搬入し混ぜ合わせたものを使っている[5]。この「土壌のようなもの」は厳密には大自然の土壌分類に当てはまることはないが、土壌科学における既存の知識を基に大ざっぱになら性質を考えることができる[6]。そのため伝統的な土壌科学ではあまり扱われないが、米国では1990年代後半から都市生態学の研究が大きく取り上げられるようになり、それに伴って2010年前後からは芝生や宅地の前庭、学校の校庭、そして長い間舗装で覆われた土壌や都市内部に残された森林などの研究が急速に進展してきた。従ってMTNYCを含む前出の三つの事例においても、空き地や既存の緑地、そして舗装を剥いで敷地とする場合は、関連研究が体系的に進められている。

土壌創出型のグリーンインフラ

　その一方で、現在増加しているのが土壌創出型のグリーンインフラ、つまり土壌のないところに土壌を搬入し、植物を植え、創出された生態系だ（図1）。代表的な敷地を挙げるとすれば、舗装の上、建物の屋上、駐車場のような地下にある構造体の地上部が含まれる。そして防水処理をして隔離された敷地（例えば、ゴミ埋立地、汚染された工業跡地）や緑化を前提として高速道路などを構造物で覆い、その上を公園にする場合も同様の技術が使われる。

　例えば前出のDEPによるグリーンインフラ計画では、少なくとも半分以上がこのような敷地であり、Rebuild by Designの提案やMTNYCの街路樹も同様の敷地を多く含んでいる。現代ランドスケープ作品から事例を挙げるとすれば、ニューヨーク市のハイライン公園やフレッシュキルズ公園の一部、米国の他の大都市ではシアトル市オリンピック彫刻公園（写真1）やダラス市クライデ・ウォーレン公園（写真2）などが該当する。今日の都市デザイ

図1 ■ 土壌改良の度合いと種類

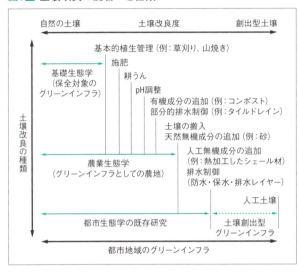

都市地域は様々な生態系で成り立っており包括的な理解に向けて創出型土壌のさらなる研究が望まれる。土壌創出型のグリーンインフラは工学や園芸科学分野で研究が始まっているが敷地規模での機能に関しては体系的研究に乏しい。Slone（2012）の分類をもとに、加筆・修正して作成

写真1 ■ シアトル市のオリンピック彫刻公園　2007年に竣工したWEISS / MANFREDI Architecture / Landscape / Urbanismの代表作の一つ。敷地は石油輸送施設跡地で12万tの汚染土壌を取り除いたうえで、残った汚染土壌は防水層で隔離されている。その上に15万m³を超える土壌を市内の別の建設現場から搬入して緑化が行われた（写真:Benjamin Benschneider）

写真2■ ダラス市のクライデ・ウォーレン公園 2012年に竣工したOBJ Landscape Architectureの代表作の一つ。幹線道路の上部を構造体で覆い緑化することで造られた。敷地の大部分は土壌の深さが36〜61cmで、成分の50%をエクスパンデッド・シェール(軽石状に熱加工した粘土質の素材)が占める(写真:OJB Landscape Architecture and Aerial Photography Inc.)

ンの現場で類似する敷地は非常に一般的だ。そして園芸科学の発展により、植物の生育が目的であればこのような実践はある程度確立しているといえる。しかし土壌に含まれる人工素材の割合や土壌の深さ、排水・保水層のデザインなど、基本的な性質だけでも自然の生態系とは大きくかけ離れるため(写真3)、敷地規模の保水や浄水といった性能は研究が発展の途上にある。

　例えば、現段階で最も規模の大きい動向分析はキャリー生態系研究所によるグリーンインフラ国際データベースの分析だと思うが、グリーン・ルーフに限っても降水に対する平均保水率は5割程度と報告されている[7]。しかしデータのばらつきが大きく、保水率が4割以下や8割以上の例も多数含まれており、天候や立地、そしてデザインが持つ要因分析には至っていない。

写真3■ ブルックリン・グレンジ屋上菜園の人工土壌（スケールはcm）。成分の半分がエクスパンデッド・シェール（軽石状に熱加工した粘土質の素材）、残りをコンポストなどが占め自然の土壌は含まれていない。グリーン・ルーフにはセダムなどの耐乾燥植物が使われる場合が多いが、デザインの多様化で野菜の栽培なども見られるようになった

新しい応用の在り方

　なぜここまで生態系の機能を突き詰める必要があるのか。例えば、ニューヨーク市の長期都市計画大綱は2007年から2030年までに、100万人の人口増加を想定している[8]。この場合のグリーンインフラの使命は、環境改善を通した開発余力の確保であり、既に高度に開発された都市をさらに高度に都市化する戦略だ。しかし、アスファルトやコンクリート、バラスト（砂利）であっても、条件によっては1〜3割の保水効果があるだけでなく[9]、特に土壌創出型のグリーンインフラはデザインや管理（例えば、水やり）によって保水率が4〜5割にすぐ落ちてしまうので、大幅な環境改善には工夫が必要だ。またDEPのグリーンインフラ計画では降水の度に約25mmまでは完全に保水できると仮定しているが[3]、25mmはかなりの降水量である上に、一度雨が降ると保水率の回復に日数を要するため、さらにデータに基づいたシナリオが必要だ。おそらく現時点では社会の期待と実際の生態系機能はズレており、このズレを明らかにしたり、解消したりすることで、生態学が人間社会に寄り添って共に大都市を運営していく機会につながるのではないだろ

写真4■ ニューヨーク市ブルックリンにあるブルックリン・グレンジ屋上菜園。ニューヨーク市環境保護局（DEP）のグリーン・インフラ基金を使い旧海軍施設の屋上を緑化してつくられた。米国農務省の基金をもとにコーネル大学が試験的にアダプティブ・マネジメントを実践しており、水、窒素化合物、重金属類の流入・流出速度が測定されている。主な測定対象は、降水やほこり（大気降下物）、排水、水やり、施肥など。測定データは菜園のマネジメントの改善に使われるだけでなく、改善後のデータに基づいて2017年に新しく建設される菜園のデザインとマネジメントプランが決められる

うか。

　ここまで触れた限りでは土壌創出型のグリーンインフラは心もとなく見えるが、一体何が長けているのだろうか。ハイラインのような公園や一般的なグリーン・ルーフを思い浮かべると、森林のような生態系に比べ、スケールが格段に小さく、単純であり、設計されたシステムである。このため機能の測定が比較的容易なだけでなく、作り方や変更も指定でき、改善に向けた実験系（試行錯誤や微調整）が立てやすい（写真4）。気候変動の被害も大型のグリーンインフラ計画も、あまり研究が進まないまま世界中の大都市で始まっており、グリーンインフラを実装しつつ計画し、実験しつつ実装する新しいフィードバックの在り方が必要とされている。このようなアプローチは生態学や自然資源管理学では、「アダプティブ・マネジメント」と呼ばれることが多いが、特に今世紀に入ってから盛んに議論されるようになった。世界的に見てもグリーンインフラのアダプティブ・マネジメントを体系的に実践している大都市はまだ報告は無い。早い段階で乗り出す国や地域が、新しい時代のグリーンインフラ先進国になる可能性が高い。

■ 引用文献

1) Nowak, D.J., et al., Assessing urban forest effects and values New York City's urban forest. 2007: Resour. Bull. NRS-9. Newtown Square, PA: U.S. Department of Agriculture, Forest Service, Northern Research Station. 22 p.
2) Peper, P.J., et al., New York City, New York: Municipal Forest Resource Analysis. 2007: Center for Urban Forest Research, USDA Forest Service, Pacific Southwest Research Station Davis.
3) NYC DEP, NYC Green Infrastructure Plan: A sustainable strategy for clean waterways. 2010. [Online] <http://www.nyc.gov/html/dep/html/stormwater/nyc_green_infrastructure_plan.shtml> (Accessed on April 01, 2016).
4) Likens, G.E., Biogeochemistry of a forested ecosystem. 2013: Springer Science & Business Media.
5) Rosenzweig, R. and E. Blackmar, The Park and the People: A History of Central Park. 1992: Cornell University Press.
6) Sloan, J.J., et al., Addressing the Need for Soil Blends and Amendments for the Highly Modified Urban Landscape. Soil Science Society of America Journal, 2012. 76(4): p. 1133-1141.
7) Driscoll, C.T., et al., Green Infrastructure: Lessons from Science and Practice. A publication of the Science Policy Exchange. 2015: p. 32.
8) Bloomberg, M., PlaNYC: A Greener, Greater New York. Vol. http://www.nyc.gov/html/planyc/downloads/pdf/publications/planyc_2011_planyc_full_report.pdf. 2011: City of New York.
9) Mentens, J., D. Raes, and M. Hermy, Green roofs as a tool for solving the rainwater runoff problem in the urbanized 21st century? Landscape and urban planning, 2006. 77(3): p. 217-226.

執筆者プロフィール

原田 芳樹 （はらだ・よしき）
コーネル大学都市緑化研究所 / OAP（Office of Applied Practices Inc.）代表

ハーバード大学デザイン大学院ランドスケープ専攻修了。ジェームズ・コーナー・フィールド・オペレーションズ勤務。イェール大学森林科学部研究助手、ハーバード大学デザイン大学院客員講師を経て現職。都市環境の改善に役立つ生態系の創出、機能の測定と高度化を研究興味とする。主な研究領域は人工土壌、水と窒素の循環系、都市生態学など

13.都市 公園・緑地

ロンドングリーングリッド計画

木下 剛(千葉大学大学院園芸学研究科緑地環境学コース)

大ロンドンのグリーングリッド計画は、成熟都市を支える新しいインフラづくりの戦略である。それは、緑地のネットワークを通じて都市空間・施設の結合力を高めること、緑地相互のネットワークにより地域の魅力や人々の意識を高めること、緑地を都市インフラの決定的に重要な要素として組み込むことを狙いとしている。

2012年ロンドンオリンピック・パラリンピックの主会場となったクイーンエリザベスオリンピックパーク（QEOP）は、東ロンドングリーングリッド（ELGG）と呼ばれる広域計画の主要部分を構成している。この計画がオリンピックを誘致・実現したというわけではないが、両者の狙いは多くの部分で一致した。そのため、様々な相乗効果をこの地域にもたらした[1]。とりわけ、ロンドン有数の「疲弊地域」とされる東ロンドンの環境・社会・経済の再生を意図した都市計画とオリンピックの誘致は、その目的が完全に一致した。逆に言えば、地域を再生するためにオリンピックが誘致されたのである[2]。

　本稿では、QEOPの計画・事業にも触れながら、その上位計画ともいえるELGG、その拡張版としての全ロンドングリーングリッド（ALGG）の各計画について紹介したい。ALGGとは、ELGGの方法論をそのままに、対象を大ロンドン全域に広げた、グリーンインフラの戦略ネットワークの計画である。計画の策定主体は、東ロンドン、全ロンドンのグリーングリッドともに、大ロンドン行政庁である。大ロンドンの行政区域は二つのシティーと31の特別区（Borough）からなり、大ロンドン行政庁は交通、警察、消防・救急などの公共サービスのほか、経済開発や広域政策の立案を行う。

　英国におけるグリーンインフラの取り組みについては、大ロンドンのように、広域計画を持ち個別事業も盛んに実施されている地域はまだそれほど多くはない。広域計画は策定済みだが実施例はまだ少ないという地域も目立つ。逆に、広域計画を持たぬまま個別事業が先行している地域もある。よって、広域計画はグリーンインフラの事業実施にとって必須の要件とはいえないが、広域計画を策定する地域は増えている。なかでも、大ロンドンのグリーングリッド計画は、オリンピック・パラリンピックを控えた日本でのグリーンインフラ導入に際し、なぜ広域戦略が必要なのかを考えるのに適した事例だ。

グリーングリッドの狙いと機能

　グリーングリッドとは、「オープンスペース、河川、その他のコリドーから成るネットワークで、都市域とテムズ川、グリーンベルトをつなぎ、さら

には魅力的で多様なランドスケープ、人々と生物のために高水準に管理されたグリーンインフラを提供するもの」とELGGでは説明されている。また、「都市域・都市縁辺部・田園内の公開された環境で、結合された上質で多機能なオープンスペース、コリドーとその間をつないで多様な利益を人々と生物に提供するネットワーク」と定義された[3]。

　ELGGは、良好な緑地ネットワーク（環境的な利益）が社会的・経済的な利益を下支えするという考え方に基づいており、東ロンドンという疲弊地域に対する人々の印象を刷新することを目指している。社会的な利益として心身の健康福祉、反社会的行為の減少などが、経済的な利益として不動産価値の向上、雇用や投資の促進、医療費の削減などが、それぞれ挙げられている。このように、環境保全に資する従来の緑地計画を超えて、その恩恵を広く社会や経済の利益に波及させることを意図している点に注目したい。

　グリーングリッドは当初東ロンドンを対象に立案されたが、その後ALGGが計画され、これに統合された。ALGGの枠組みは東ロンドンのそれをほぼ踏襲するとともに、より直接的に、グリーングリッド＝グリーンインフラの戦略ネットワークと位置付けている[4]。

　ALGGの狙いは、緑地・空地ネットワークによる空間結合、地域の魅力向上・人々の意識向上、都市インフラ（特に気象変動対応）への緑地・空地ネットワークの組み込みなどである。ちなみに、QEOPには、こうした計画の狙いが端的に実現されている。敷地レベルの計画で意図されたことが、広域計画の文脈においても明快に説明できる点が英国計画行政の強みとも言えるだろう。

背景と位置付け

　ALGGの上位の計画体系について一瞥しておきたい。ALGGは、国家計画方針枠組み[5]における、生物多様性およびグリーンインフラのネットワーク計画の積極化などの規定に則すものである。また、自然環境白書[6]の「誰もが上質な緑地を利用できるようにし、人々の健康を改善する」という考え

方は、ALGGの大前提にもなっている。

　ALGGがグリーンインフラのネットワーク計画という位置付けを明確にした背景には、ロンドン計画が「グリーンインフラの戦略ネットワーク」を施策に位置付け、その附則計画ガイダンスとしてALGGを位置付けた[7]こともおおきい。ロンドン計画は大ロンドンの空間計画に係るロンドン市長のヴィジョンと戦略を示すもので、冒頭から市内の貧困や雇用の動態を示し、都市計画の主たる課題が経済の再生にあることを強く印象付ける。それゆえ、グリーンインフラの戦略ネットワークにも、地域経済や健康福祉への貢献が期待されているのである。

　QEOPのある東ロンドンは、大ロンドンでも貧困の度合いが最も高い地域の一つとされ、都市再生が期待されるエリア（ロンドン計画の中で特定されている）が集中している。こうした地域にグリーンインフラを張り巡らし、公園緑地だけでなく交通結節点や公共施設、職場へのアクセスを改善することで、物的環境面での地域間格差を是正することが期待されたのである。

ヴィジョンと実現方法

　ALGGのヴィジョンは、居住地と職場・公共交通・グリーンベルト・テムズ川などと接続が良く、上質なデザインが施された多機能な空地・緑地から成るグリーンインフラネットワークを創出することである。このネットワークは、全ての人々にとって魅力的であり、アクセスが可能であり、多様な用途を提供しながら、人々にも野生生物にも利益となる変化に富んだランドスケープを提供する。

　つまり、ALGGはアクセシビリティーと多機能性によって誰もが利用できる都市インフラの創出に重きを置いている。また、常に人間と野生生物双方の利益を意図している。これらは、単機能で利用者を限定するだけでなく、野生生物への利益を考慮しない従来の社会インフラと大きく異なる点である。それでは、こうしたヴィジョンはいかにして実現されるのであろうか。これだけの規模の計画であってみれば、計画主体である大ロンドン行政庁の財政

支出は大変なものだろうと考えてしまうが、実は大ロンドン行政庁直轄の事業はほとんどなく、多くは下位自治体である特別区その他の行政関連機関の政策、民間プロジェクトやプロポーザルの開発許可を通じて、ALGGの計画が目指すところを実現するという手法によっている（写真1）。

　従って、大ロンドン行政庁の役割は、関係機関やステークホルダーのパートナーシップおよび計画推進に必要なガバナンス体制の構築を支援しつつ財源の支援や確保を働き掛けることにある。財源については、グリーンインフラの保全・創出に係る短期的なものだけでなく、改修やマネジメントのための長期的な見通しを開発許可申請において明示することを求めている。

持続可能な交通接続

　グリーングリッドの意義は多岐にわたるが、特に今日的と思われるものの一つに持続可能な交通接続という視点が挙げられる。具体例として、歩道や自転車道の戦略ネットワークがある（写真2）。歩道や自転車道はグリーン

写真1■ イーストヴィレッジの住宅地(旧五輪選手村)に整備された雨水貯留池

写真2■ 広域自転車道の拠点としてのレディフィールズ公園

インフラを相互に連絡する他、それ自体がグリーンインフラネットワークを構成する。また、自転車道、グリーンウェイ、歩道のネットワークは、持続可能な交通手段の選択、レジャーの選択、身体活動の支援・促進とみなされている。

　歩道や自転車道によって公園緑地や交通結節点、景勝地、文化遺産をネットワークする手法は目新しいものではないが、歩者分離といった従来の目的を超えて、持続可能な交通手段（グリーントラベル）の選択肢を増やすことを狙いとしているのは成熟都市らしい視点といえる。

気候変動への対応

　都市計画や緑地計画の主要課題として気候変動対策を盛り込むことは欧米の先進諸国ではもはや常識となっている。ロンドンは気象状況がもたらすインパクト（洪水、乾燥、暑熱）に脆弱な都市であるとし、各種リスクの軽減に貢献するグリーンインフラの役割を特定している。例えば、洪水リスクマ

ネジメントについては、既存の洪水防御施設・下水道・緑地が一定の効果を上げているものの、昨今の気候変動によるリスクの増大に対して、既存・新規の開発行為へのグリーンインフラの統合が求められる、と指摘している。グリーンインフラによって雨水を地下浸透させたり、一時貯留したりすることは、戦略的な洪水リスクと局地的な洪水リスクの両方を軽減する。また、グリーンインフラが既存のグレーインフラ（下水道など）を補完することで、グレーインフラの追加整備を回避、もしくは遅らせることができると指摘している（写真3）。

洪水調整だけでなく、水質汚染の拡散を軽減するという狙いもある。雨水が運ぶ汚染物質の除却もグリーンインフラの重要な役割とされている。また、グリーンルーフ、ポケットパーク、レインガーデンなどは、グレーインフラの負担を減らし、表面排水による洪水リスクを軽減する手段とみなされている（写真4）。

写真3 ■ メイズブルックパークに再生された河川と氾濫原

写真4■ オリンピックパークに整備されたバイオスウェル

持続可能な食料生産

　グリーンインフラに持続可能な食料生産の役割を期待していることもユニークである。食料の安全保障といった大きな政策の一翼を担う視点も含まれており、地域社会による食料育成プロジェクト（Community food growing projects）という形で実施に移されている。このプロジェクトは、都市内の空閑地や放棄地を活用してコミュニティーガーデンや菜園をつくり、安全で廉価な食料生産と地産地消、身体の健康改善を図る。食品の安全性やフードマイル、食料自給力の低下、低所得者のフードデザート問題など、様々なリスクをはらんでいるグローバルな食品流通とは対局にある。コミュニティーレベルでの食料生産の支援は、都市住民が趣味的に楽しむ従来の市民農園とは異なる、インフラと呼ぶにふさわしい試みといえる。

グリーングリッドエリア

　ALGGは、大ロンドンを11のエリアに分け、エリアごとの詳細な計画に

基づいて、実施に移されている。このエリアは基本的には、大ロンドンを東西に横断するテムズ川とそこから南北に延びる支流を軸として設定されており、生態学的なコリドーをネットワークの基軸にしている。また、各エリアでは南北の支流を東西につなぐ歩道や緑地をサブリンクとして計画の主眼にしている。

　例えば、リーバレーとフィンチリーリッジは、リー川を軸とするエリアである。リー川の下流部は長らく工業地帯として利用されてきたが、産業構造の転換に伴い、ブラウンフィールドが増加、土壌も汚染されたままとなっていたため、環境の再生および土地の有効活用が望まれていた。そこで、中・上流部に展開するリーバレー地域公園を下流部からテムズ川まで延伸し、水と緑の連続性を取り戻すことが意図された。その起爆剤となったのがQEOPである。QEOPにはALGGのあらゆるエッセンスが詰め込まれている。例えば、国際級のスポーツ会場でありながら生物多様性アクションプランに準拠し、多様なハビタットの形成と人々の利用を両立させている（写真5）。また、フィンチリーリッジという広大な集水域を持つリー川の洪水調整に資するグリーンインフラが、公園緑地のみならず住宅地開発を通じて創り出されている。大規模な工場敷地によって遮られていた、リーバレーをまたぐ東西方向の歩道が改善・創出されたことも、グリーングリッドの趣旨にかなう大きな成果といえよう。

なぜ広域戦略か？

　ELGGおよびALGGの計画を概観してきたが、これらから我々は何を学ぶべきか。グリーンインフラの取り組みは、とかくぜいたく品と見なされがちな緑というものに、ぜいたくとは対極にある、人間生存の根幹（生命、交通、食料など）を支える働きが備わっていることを我々に再認識させてくれる。また、従来の緑地計画では緑地相互のネットワーク化を目指すものの、それを通じて都市空間を結合するという視点は必ずしも十分ではなかった。緑地ネットワークが自己目的化してしまい、それを手段として用

写真5■ 洪水調整とハビタットの形成を兼ねたオリンピックパークの湿地

いる視点が十分ではなかったのだ。しかしインフラとは手段にほかならない。緑のネットワークを持続可能な交通手段とみなし、都市の要所要所を接続するという考え方は、災害時における安全な移動空間の確保という点からも重要であろう。

　また、ALGGでは明確には述べられていないが、野生生物や生物多様性に配慮するということは、生態系を健全に機能させるということである。健全な生態系は様々な恩恵（生態系サービス）を我々にもたらす、グリーンインフラの多機能性はまさにこの生態系サービスの多様性に立脚している。このようなインフラの概念は、人工的な機構に依存した既存の社会インフラとは異なるものである。さらに、交通や排水など、ほかの社会インフラが担ってきた役割を積極的に受け入れるという姿勢がグリーンインフラにおいては顕著である。その逆に、緑が担ってきた役割（生物生息地の提供や生物多様性の向上など）をほかの社会インフラや土地利用（民有地を含む）に展開していくということもグリーンインフラに特有のアプローチといえる。縦割りに縛られない横断的なアプローチである。

加えてグリーンインフラは広域戦略にのっとることでより効果的に機能を発揮できる。ここでの広域戦略は、上位自治体の直轄事業を総花的に網羅した計画ではなく、下位自治体の計画・事業（民間事業含む）を広域的観点から調整するための計画を意味する。これにより、個別事業の単なる総和を超えた、より大きな効果が期待できる。QEOPを計画の一要素として包含するELGG・ALGGのように、東京でも、オリンピック・パラリンピックを通じて都心の環境構造・生態系を再編するような、骨太な戦略が欲しいところである。

■ 引用文献

1) 鈴木卓(2015)「ロンドンに学ぶ,オリンピックが都市にもたらすもの－Jason Prior氏へのインタビュー」ランドスケープ研究,79(3),216-220頁.
2) 木下剛(2015)「ロンドンオリンピックが残したもの～グリーンインフラの戦略ネットワークの形成を通じた地域の再生～」ランドスケープ研究,79(3),213-215頁.3) Greater London Authority (2008)「East London Green Grid: London Plan (Consolidated with Alterations since 2004) Supplementary Planning Guidance」
3) Greater London Authority (2008)「East London Green Grid: London Plan (Consolidated with Alterations since 2004) Supplementary Planning Guidance」
4) Greater London Authority (2012)「Green Infrastructure and Open Environments: The All London Green Grid - Supplementary Planning Guidance https://www.london.gov.uk/WHAT-WE-DO/environment/parks-green-spaces-and-biodiversity/all-london-green-grid (2016年10月13日確認)
5) Department of Community and Local Government (2012)「National Planning Policy Framework」
6) Department for Environment, Food and Rural Affairs (2011)「The Natural Choice: securing the value of nature」
7) Greater London Authority (2011)「The London Plan」

執筆者プロフィール

木下 剛 （きのした・たけし）
千葉大学大学院園芸学研究科緑地環境学コース 准教授

1996年より千葉大学園芸学部助手。助教授を経て現職。専門は造園学。文部科学省在外研究員としてエディンバラ・カレッジ・オブ・アート（2001.9-2002.8）、客員研究員としてシェフィールド大学ランドスケープ学科（2016.4-2017.3）に留学。持続可能な生存単位の計画方法論の確立に向けてグリーンインフラや千年村プロジェクト（http：//mille-vill.org/）の研究に取り組む

COLUMN 5

ビオ ネット イニシアチブ

竹内 和也 （たけうち・かずや）三菱地所 環境・CSR推進部

　都市域では、三菱地所レジデンスが開発する分譲マンション「ザ・パークハウス」の植栽計画に生物多様性の保全の考え方を取り入れた「ビオ ネット イニシアチブ」という取り組みを敷地の大小を問わず、全ての物件で行っている。点であるマンション単体から周辺の緑地や街の緑をつなぎ、生物の中継地としての役割を果たす緑化空間を創出し、当該エリアが面としてエコロジカルネットワークを形成することを目指している。

　開発整備拠点を足掛かりとして、周辺エリアの生態系の容量、復元力の向上に寄与するグリーンインフラの整備は、外来種の侵入・繁殖を防ぐ対策、豪雨時は敷地内に一時的に雨水をためる取り組みと併せて検討され、都市域における質の高い生態系サービスを実現し、その維持に貢献している。この空間を利用することで、コミュニテイーを育むレクリエーションの機会も提供しており、都市域の住民に対して強いメッセージを発している。

　「ビオ ネット イニシアチブ」では、生物多様性保全に向けてやるべきことを誰にでも分かりやすくするために五つのアクションとして行動指針を明確にして取り組んでいる。

"守ること"（侵略的外来種などの不採用）

　侵略植物は周囲の植物を排除し、その種子が鳥によって運ばれるなど、広域に影響を及ぼすため、侵略植物を使用しないことでほかの多様な地域在来の植物を守る。

"育てること"（地域性植物の活用、広域自生植物［在来種］の過半数使用）

　計画地周辺における地域性植物を確認し、街の中で愛される樹木の採用を検討。地域ごとの植生を育む。

図1　ビオ ネット イニシアチブのイメージ

本マップはイメージであり、実在する地域や実際の建物ではない。また、実際に特定の生物が生息および飛来することなどを保証するものではない

"つなぐこと"（周辺緑地などとの緑のネットワークを考慮）

地域の美しい並木を形成する樹木やその地域の在来種を多く取り入れることで、周辺の緑地や街の緑とのつながりを創出する。グリーンインフラを考慮することで、地域に飛来する鳥やチョウ類などの休憩中継地の確保に貢献する。

"活かすこと"（樹木の持つ自然な形の美しさや土壌の持つ生命力を活かす）

樹木の大きな枝打ち、強い剪定を可能な限り減らし、スペースに見合った樹木の持つ自然な形の美しさを活かす。また、薬剤散布の機会を減らすことで、土中の小生物や微生物への影響を少なくする。さらに土壌の持つ生命力を活かすことで植物の成長を促す。

"減らすこと"（病気や害虫の発生を抑え、剪定・刈り込みの頻度を少なくして焼却ゴミを減らす）

病気や害虫が発生しにくい植物の採用を検討し、薬剤散布を減らした植栽管理を行う。また、低灌木・地被類を密植させたり、ウッドチップなどを土の表面に施したり、落葉を活かした土壌の露出を少なくしたりすることで、雑草の発生を抑制。さらに、頻繁な剪定や刈り込みが必要となる樹木の採用を少なくすることで、剪定枝葉の焼却ゴミを減らす。

14.都市　公園・緑地

持続可能な土地利用とグリーンインフラ

清水 裕之（名古屋大学大学院環境学研究科）

グリーンインフラの推進は、生態的機能を高めることで持続的な国土を形成しようとする考え方と相通じる。この観点で先駆的に展開されているドイツの景域計画を例示しつつ、小さなスケールから大きなスケールまで、グリーンインフラを空間計画としていかにシームレスかつ体系付けて整備すべきであるかを考える。また今後、少子高齢化のなかで、不足がちになると考えられる緑の空間の管理作業量を景域管理作業量として数量化して考察する方法も提示する。

私たちの国土には森や農地、公園など様々な緑の空間がある。こうした空間は、それぞれに人間と自然との関係を作り上げ、私たちに様々な機能を提供してくれている。

　ところで近年、エコシステム・サービス（生態系サービス）という言葉を耳にする。これは自然が人間に提供してくれるサービスを、経済的価値を含めて把握しようという考え方である。TEEB[1]（生態系と生物多様性の経済学）の定義によると、供給サービス、調整サービス、生息・育成地サービス、文化的サービスが含まれている。これらのサービスを提供してくれる生態的環境は基本的に緑とそれを育む大地によって構築される。すなわち、我々人類が自然の恩恵を受けながら健康で持続的に生活していくために、緑のつながりを小さなスケールから大きなスケールまでネットワーク化する、あるいはハブとコリドー（回廊）の形成[2]など生態的空間の接続性を配慮しつつ、国土空間として体系立てて保全、涵養していくのがグリーンインフラの目指す所である。

シームレスなグリーンインフラの展開

　2015年に策定された国土形成計画、第5次国土利用計画にグリーンインフラという用語が初めて登場した。自然環境の持つ多様な機能を活用するグリーンインフラの考え方が国土整備の一つの方針に取り上げられたのである。しかし、その具体的な方向性はまだ十分に示されていない。

　国土整備方針の基本図は、国土利用計画法に基づく国土利用基本計画に定める5地域（都市地域、農業地域、森林地域、自然公園地域、自然保全地域）区分図である。これは、都道府県が土地利用の実態を踏まえて作成する。日本の土地利用は、国土交通省、農水省、環境省など複数の省庁が異なる所管を行い、5地域は大きく重なっている。特に農業地域と都市地域は複雑に重なり合い、土地利用調整が大変難しく、国土計画の大きな課題となっている。残念ながら現在の5地域区分図は、単にそれぞれの地域を重ね合わせているだけであり、どこを保全し、どこを開発するのかといった方針を示すも

のではない。しかしこれからは、持続可能な土地利用を目指して、それぞれの地域で、保全、開発などの方針を示したゾーニングを積極的に行う必要がある。グリーンインフラの考え方はまさに、そうした政策的に分断されている自然システムをネットワーク構造として再構築し直そうという考え方でもある。そうした観点に立てば、国土を様々なスケールでシームレスに俯瞰するまなざしが必要である。

ここで環境先進国のドイツにおける空間計画の体系を見てみよう（図1）。ドイツの場合、日本の都市計画法と建築基準法に当たる空間秩序計画法と建設法典に基づく土地利用計画の体系、自然保護法に基づく景域計画の体系が、州、地域、市町村、地区のレベルの空間計画階層において明確に規定されシームレスに接続されている。

グリーンインフラの保全涵養は景域計画の体系が受け持っているが、土地

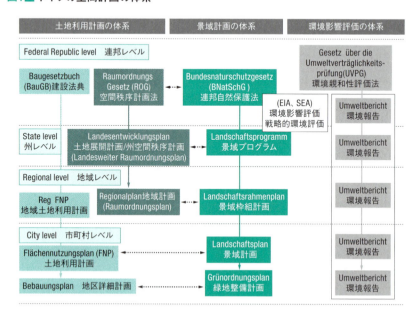

図1 ドイツの空間計画の体系

利用計画の体系とは相互に関連付けるように法で厳密に規定され、各スケールの適切な空間計画が作られるように整備されている。近年では、環境親和性評価法（環境影響評価法）が整備され、エネルギーなどの観点も空間計画に盛り込まれるようになった。このような整った計画体系をわが国の分断された空間計画体系の中でどのように整備することができるかは、これからの課題だ。ただし、グリーンインフラの考え方は、ネットワークという視点から各スケール間、各監督官庁間のシームレスな接続を考える契機になると考える。

　ドイツの景域計画は図版と文章によって構成され、景域の整備方針がゾーニング図と記述によって明示される。従って、それを見れば、どこを住宅地として開発し、あるいは、どこを自然環境として守るか、あるいは、どこを修復すべきかが、計画対象のスケールに応じた粗さで明確に示されている。ただし、個人の権利を直接コントロールするのは地区詳細計画と緑地整備計画のみであり、それ以外のスケールの計画は、単に方針を示すにとどまり、個人の権利を侵害しない。しかし、州レベルの計画から地区詳細計画まで、担当部局あるいは関連自治体の合意が成立したうえで、各スケールの計画の整合性が取れているため、大きなスケールの計画も実質的にはかなり強い影響力がある。

　特に大きな影響力を持つのが、地域レベルの計画である。これは日本でいうと県よりはもう少し小さいエリアで、州レベルの計画と市町村レベルの計画をつなぐものであり、時間をかけて市町村や農業団体、狩猟団体などの関連のステークホルダーの合意を取り付けたうえで策定され、市町村の計画に強い指導力を発揮している。

　ここで具体的なドイツの土地利用計画と景域計画の事例を取り上げよう（図2）[3]。対象はミュンヘン地域、ミュンヘン市、そして、その一部のリーム地区である。リーム地区はミュンヘン市の東端にある旧飛行場の再開発地域で、国際展示場、商業センター、住宅地から構成されている。地域の景域計画には、地域の緑連接が描かれ、ミュンヘン市を川の流れに沿って串刺し

図2 ■ ドイツの土地利用計画と景域計画の事例

[ミュンヘン地域「地域の緑連接」]

[ミュンヘン地域 リーム地区の地域計画の「地域の緑連接」]

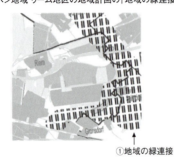

[ミュンヘン市土地利用計画 リーム地区の「緑の連なり」]

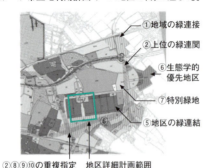

引用文献3)より引用

[ミュンヘン市景域計画の「緑の連なり」]

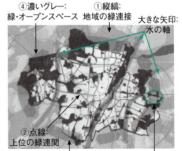

[ミュンヘン市景域計画リーム地区の「緑の連なり」]

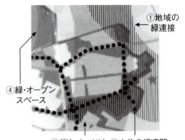

[地区詳細計画と緑地整備計画]

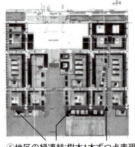

にしている。南側は山側であるが、そこには特に冷気を発生させるための緑連接が描かれている。ミュンヘン市の景域計画には、地域の緑連接が反映されているのに加えて、市独自の緑の連なり（上位の緑連関）、緑地オープンスペース、グリーンベルトが追加され、より細かい緑のネットワークを示している。

　他方、リーム地区では、東の方に地域の緑連接が通っている。ミュンヘン市景域計画には、さらに、加えて上位の緑連接、オープンスペースがそれを取り巻き、グリーンベルトがその上を通って描かれている。これらを反映してミュンヘン市の土地利用計画には、生態学的優先地区などが、より細かい補足指定を伴って描かれている。そして、具体的な開発計画を規定する地区詳細計画と緑地整備計画（一体的表示）には、建物間の空間は浸透性の被覆を行うことが示され、また、植栽される樹木は1本ずつ指定されている。緻密な連関性をもってシームレスなスケール間の接続がなされていることが分かる。

グリーンインフラを既存の法律体系を使って構築する

　日本の場合、5地域の指定に沿って、市町村の土地利用計画が策定されるが、将来方針に踏み込んだシームレスな計画の連携は構築されていない。しかし、実は、ドイツの景域計画に近い計画体系を実現する可能性が日本の法体系にも存在する。

　都市地域に限定されるが、都市緑地法により、市町村は「緑地の保全及び緑化の推進に関する基本計画」（緑の基本計画）を定めることができる。都道府県も広域緑地計画を定めることができる。国土交通省のホームページに示された緑の将来像のイメージ図[4]にはハブとしての緑の拠点、コリドーとしての緑の軸などが示されており、精度は粗いが、ドイツの景域計画に極めて近いものといえる。ただ、緑の基本計画は任意であり、また、上位の計画の指導力が弱いため、近隣の市町村との計画の整合性が十分には取れていない点がドイツと異なる。ある市町村が保全する緑地として指定している隣を、

異なる市町村が住宅地の開発を行う場所として指定しているといった不整合が生じている。

　緑の基本計画は都市地域にしか適用されないが、より広い地域の景域を整えるための手法も用意されている。それは景観法の枠組みである。景観法は全ての自治体が策定することができるもので、どのエリアでも景観計画地区を定めることができる。そして、必要であれば、景観の保全のために行為の規制などを行うことができる拘束力を備えている。日本の景観法は、自然保護法のもとにあるドイツの景域計画とは異なり、むしろ、美的景観や風景の保全を前提に構築された経緯がある。しかし、景観法には景観の規定があえて設定されていないため、自由な裁量により、景観計画地区の設定をすることが可能である。

　このような観点から、景観法と緑の基本計画を関連付け、都市計画マスタープランと連動させることで、今の法整備においても、グリーンインフラの整備方針はある程度具体化できるのではないだろうか。森林法、自然公園法、特定都市河川浸水被害対策法などの指定も、景観計画地区の設定に組み合わせることも可能である。こうした様々な土地利用関連の規制や誘導を市民に分かりやすい形で、景観計画にまとめることができれば、それは大きな一歩となる。また、日本にはまだ地域スケールの計画体系はないが、都道府県の広域緑地計画と景観計画が強い指導力を発揮することができれば、市町村間の整合性がより強く構築されると考える。

近隣景域複合体と流域圏プランニング

　ここで、グリーンインフラの概念を使って、より具体的に、シームレスに国土の緑の体系を考えるための一つの筋道を示したい。提案したいのは、景域を管理する地域エリアで一体的に把握することである。景域は森林、田畑、集落、水面など様々な景域単位から成り立っている。また、それをつなぐ水路なども重要な役割を担う。そして、それらが一体的に管理されることで、その景域の機能が発揮される。つまり、森林、水田などの要素をそれぞれ単

独に扱うのではなく、その一体的管理領域として空間の特徴を把握すべきである。その最も小さくまとまりのある複合単位をここで、「近隣景域複合体」と呼ぶことにする。私たちの国土には様々な種類の緑があるが、それらが集まって、特徴的な近隣景域複合体を作っている。里山しかり、平地の水田集落しかりである。

　図3に、基本的な近隣景域複合体の四つの類型を示した。一つは里山のような景観を構成する「里山近隣景域複合体」である。二つ目は海辺の漁師町などに該当する「里海近隣景域複合体」である。三つめは「平野部農村近隣

図3　近隣景域複合体の四つの類型

[里山近隣景域複合体の模式図]

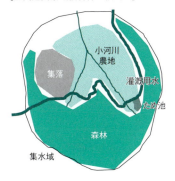

[里海近隣景域複合体の模式図]

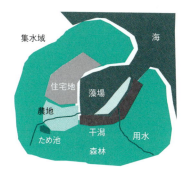

[平野部農村近隣景域複合体の模式図]

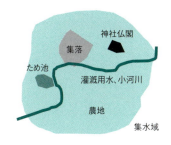

[都市部近隣景域複合体の模式図]

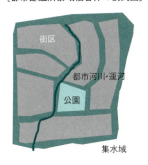

景域複合体」である。この類型には主に農地が水田の場合とその他の農地の場合、あるいは、その混合の場合などが考えられる。そして、四つ目が「都市部近隣景域複合体」である。ここには、あまり大規模な緑地は見られないが、街区を構成する建物敷地内の緑地、街路樹、公園の緑などによって景域複合体が構成されている。景域複合体を一つのマネジメント体系として整えつつ、空間的な展開を図ること、これがグリーンインフラの構築には非常に重要と考える。

次に考えるべきは流域単位であろう。なぜなら、大きな河川によって、それぞれ異なる空間のまとまりが見られるからである。また、緑の成長は水の循環と不可分であり、その意味でも流域圏を一つの圏域として捉えることは意味がある。このような考え方は既に、流域圏計画論[5]として言及されているが、その重要性をここでは指摘しておきたい。

近隣景域複合体を管理形態と一体的に把握することは、景域管理のコスト、あるいは労働力を把握すべきであるという主張でもある。グリーンインフラを管理する労働力は、極端に遠方からの導入は難しい。基本的に近隣景域複合体の周辺からの労働力に期待することになり、地域が基本的に供給できる

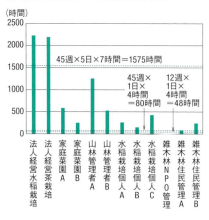

図4 ■ 1人当たりの年間管理作業量

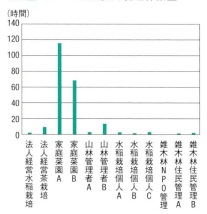

図5 ■ 1アール1人当たり管理作業量

労働量を把握することが重要である。

　ここで、様々な景域単位における管理作業量の把握を試みる。図4は私たちのケーススタディーで得た一人当たりの年間管理作業量である。図5は同じものを1アール当たりの作業量に換算したものである。景域管理作業量には幾つかのタイプがあることに気付く。

　一つは、法人経営による水稲栽培や茶栽培に見るように、1アール当たりの作業量は少ないが、年間一人当たりの管理作業量は多いタイプである。これはもっぱら職業として管理しているタイプで、「職業型管理」と呼ぶべきものである。それと対照的な管理作業量の類型は、年間の作業量は少ないが、単位面積当たりの作業量が著しく多いタイプである。これは、家庭菜園などに見られるタイプで、仕事があるなしに関わらず田畑に出かけて作業をするような管理作業類型である。これは健康のためなど、「自己実現型管理」ということができる。

　そのほかに、個人で水稲を栽培する類型がある。年間を通して週末だけ作業をすることから「週末型管理」と呼ぶ。これは兼業農家の成立に関わる業態であり、稲の栽培はうまく業務管理を行えば、週末管理である程度は賄えるからこそ、兼業農家による水稲栽培が成立しているのである。そして、最後の類型は年間2、3回程度の作業量の類型であり、これは雑木林の管理に見られるものである。これを「ボランティア型管理」と呼ぶ。

　このような複数の景域作業類型が存在することを認識することが、グリーンインフラの管理には重要である。それは、地域が健全な労働量を提供するためには、その地域に見合った景域作業類型の混合を知ることが重要だと考えるからである。例えば、ある里山近隣景域複合体において、そこにある全ての農地を合理的経営体としての企業や個人に任せることは難しいし、また、そうあるべきではないと考える。むしろ、そこに住まう高齢者が自己実現型管理で参加する可能性や、あるいは、都市部からのボランティアを招き入れボランティア型管理で一部の景域管理を賄うというような管理類型の混合を考えるべきであろう[6]。

■ 引用文献

1) TEEB(2016),Ecosystem Services, http://www.teebweb.org/resources/ecosystem-services/
2) Mark A. Benedict, Edward T. McMahon (2006),Green Infrastructure, ISLANDPRESS, pp.12-14
3) 清水裕之(2012)、ドイツの緑地保全における地域計画、景域計画、土地利用計画、地区詳細計画及び緑地整備計画の接続-バイエルン州、ミュンヘン地域、ミュンヘン市リーム地区を事例として-、都市計画論文集　Vol.47、No.3、pp.235-240
4) 国土交通省(2016)、緑の基本計画、緑の将来像図（イメージ図）、http://www.mlit.go.jp/crd/park/shisaku/ryokuchi/keikaku/index.html
5) 石川幹子、岸田由二、吉川勝秀編(2005)、流域プランニングの時代、技報堂出版
6) Hiroyuki Shimizu et al. (2016) Labor Forces and Landscape Management, Springer

執筆者プロフィール

清水　裕之（しみず・ひろゆき）
名古屋大学大学院環境学研究科 教授

1952年愛知県生まれ。東京大学工学部建築学科卒業、同大学院工学研究科建築学専攻博士課程修了。工学博士、一級建築士。主な図書に「水の環境学」（共編著、2011、名古屋大学出版会）、「臨床環境学」（共著、2014年、名古屋大学出版会）「Labor Forces and Landscape Management -Japanese Case Studies」（共著、2016年、Springer）がある。「地球温暖化、人口変動など地球環境を取り巻く環境の持続可能性は脅かされており、グリーンインフラによって国土のレジリエンシイを高めようとする動きが世界規模で活発化している。しかし、日本は、残念ながら世界の動きに歩調が合っていない。地球規模の大きな視野と哲学をもって日本のグリーンインフラが整備されていくことを期待したい」

COLUMN 6

持続可能な土地利用を加速させる ABINC認証

三輪 隆（みわ・たかし）竹中工務店 技術研究所

　「いきもの共生事業所®認証（通称：ABINC認証）制度」は，都市における生物多様性保全への貢献度や生態系サービスが高い優れた緑地を有する事業所を認証する制度である。この認証制度は、一般社団法人企業と生物多様性イニシアティブ（JBIB）が開発した「いきもの共生事業所®推進ガイドライン」（図1）を評価基準として、一般社団法人いきもの共生事業推進協議会（ABINC）が評価・認証する第三者認証である。

　この認証制度が注目される背景として、都市の土地の過半が民有地であり、都市におけるグリーンインフラ構築を考えるうえで、企業の事業所の緑地の果たす役割の重要性が増していることがある。特に、企業の生産施設が集中する都市の臨海部などにおいては、企業保有地はまとまった面積を持ち相互に近接しているため、緑地としてのまとまりの確保やエコロジカルネットワークの形成が比較的容易で、都市の生物多様性の保全や回復に寄与することが可能である。また、都市生活者が身近に触れることのできる企業保有地の緑地は、都市生活者に対する普及啓発や生物多様性の主流化の観点からも重要である。

　この認証制度が準拠する上述のガイドラインは、企業が事業所で持続可能な土地利用を実現するための敷地の管理の処方箋を示したもので、生態学や緑地管理の専門知識のない一般従業員でも使える簡便で実践的なツールとすることを目指し、JBIBが東北大学大学院の協力を得て開発したものである。企業人と研究者が協働して作成することで、内容が科学的に正確であるばかりでなく、責任ある企業として土地管理に求める水準が高く、専門知識のない従業員でも直観的に分かりやすく実用性の高いツールとなっている。従って、それをもとに認証するABINC認証も実践的で取り組みやすいものとな

っている。

　ABINC認証は17の評価項目からなり、大別すると「環境づくり」、「維持管理」、「コミュニケーション」の3分野で構成されている。評価項目として、緑化面積率のほか、水辺や裸地などの植生がない土地利用も生物多様性保全に貢献可能なものは評価に加えたことや、樹林の複層林化、地域性種苗の利用、地域生態系との調和、動物の生息場所への配慮、物質循環への配慮、水循環への配慮、化学物質管理、外来生物対策、地域や専門家との連携、人材育成なども評価していることが特徴である。

　2014年に認証制度が発足し、今までにオフィスビルや商業施設、集合住宅、工場、研究所などの多様な施設用途から35施設が認証された（表1、図2）。ABINCは、ABINC認証の取り組みを通じて、企業保有地での生物多様性保全活動の活発化、都市における生態系サービスの高い土地利用の普及や都市におけるグリーンインフラ構築を加速させ、安全で豊かな都市生活の基盤となる持続可能な土地利用が普及していくことを目指している。

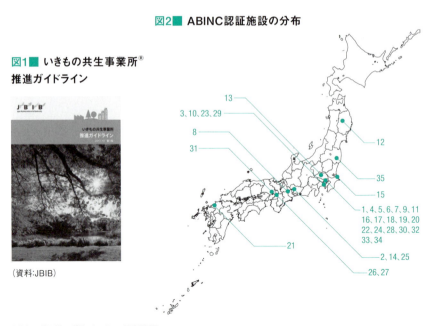

図2 ABINC認証施設の分布

図1 いきもの共生事業所® 推進ガイドライン

（資料：JBIB）

表1 ABINC認証施設一覧（名称は認証取得時のもの）

	名称	主用途	所在地
1	大手町タワー・JXビル／大手町パークビルディング	事務所	東京都
2	大名古屋ビルヂング	事務所	愛知県
3	横浜ビジネスパーク	事務所	神奈川県
4	三井住友海上 駿河台ビル／駿河台新館	事務所	東京都
5	東急プラザ表参道原宿	商業施設	東京都
6	六本木ヒルズクロスポイント	事務所	東京都
7	アークヒルズサウスタワー	事務所	東京都
8	イオンモール東員	商業施設	三重県
9	大手町フィナンシャルシティグランキューブ・宿泊施設棟	事務所	東京都
10	MARK IS みなとみらい	商業施設	神奈川県
11	大手町タワー	事務所	東京都
12	盛岡セイコー工業	工場	岩手県
13	トッパンパッケージプロダクツ深谷工場	工場	埼玉県
14	JX日鉱日石エネルギー知多製造所	工場	愛知県
15	花王鹿島工場	工場	茨城県
16	清水建設技術研究所	研究所	東京都
17	イオンモール多摩平の森	商業施設	東京都
18	飯野ビルディング	事務所	東京都
19	ザ・パークハウス 千歳烏山グローリオ	集合住宅	東京都
20	ザ・パークハウス 西新宿タワー60	集合住宅	東京都
21	ザ・パークハウス 桜坂サンリヤン	集合住宅	福岡県
22	ブランズシティ品川勝島	集合住宅	東京都
23	ライオンズ港北ニュータウンローレルコート	集合住宅	神奈川県
24	プラウド国分寺	集合住宅	東京都
25	イオンモール常滑	商業施設	愛知県
26	イオンモール四條畷	商業施設	大阪府
27	イオンモール堺鉄砲町	商業施設	大阪府
28	(仮称)世田谷区粕谷2丁目計画	集合住宅	東京都
29	ザ・パークハウス 東戸塚レジデンス	集合住宅	神奈川県
30	ザ・パークハウス 国分寺緑邸	集合住宅	東京都
31	ザ・パークハウス 宝塚	集合住宅	兵庫県
32	世田谷ハウス	集合住宅	東京都
33	ザ・ガーデンテラス目黒	集合住宅	東京都
34	(仮称)武蔵野・中町三丁目新築工事	集合住宅	東京都
35	三進金属工業株式会社　福島工場	工場	福島県

15. 都市　空地

「空」マネジメントによるグリーンインフラ整備

阪井 暖子（東京都都市整備局市街地整備部企画課（元国土交通省国土交通政策研究所））

人口減少・超高齢社会に突入し、土地需要の鈍化とともに都市縮退（コンパクトシティ化）への動きが強められている。これはグリーンインフラの整備を進める好機である。空地などの発生消滅の実態を把握し、その動きを戦略的にマネジメントすることにより、グリーンインフラを整備する土地空間の確保が可能となる。

わが国では、2011年に人口が前年比で26万人減少し、「人口減少社会元年」を迎えた。この後も人口減少が続くとともに、高齢化も進む。これに伴って土地需要の減少も想定され、都市内の空き家や空地の問題が昨今大きく取り上げられるようになってきた。こうしたなか、集約型都市形成（いわゆるコンパクトシティ化）が都市政策として進められ、都市の縮退の仕方についても盛んに議論されている。集約型の都市において、延焼遮断などの防災機能の向上とともに、利用密度が高くなる都市内で、良好な生活環境の保全・創出のためのグリーンインフラの役割が期待される。また一方で、縮退する所での防災性などを確保、向上する役割も期待される。

　ところで、「グリーンインフラ」は、2014年版環境白書の第1章において「土地利用において自然環境の有する防災や水質浄化等の機能を人工的なインフラの代替手段や補足の手段として有効に活用し、自然環境、経済、社会にとって有益な対策を社会資本整備の一環として進めようという考え方である」と定義付けている。つまり、グリーンインフラの構築は土地利用と一体不可分であり、その整備に適した土地・空間を確保することが大前提となる。しかし、特に成熟した都市内においては、こうした土地・空間を確保することは至難であった。

　だが、前段で述べたように土地需要の鈍化とともに、空地などが発生してきている。そこで本稿では、空地などの発生消滅の実態の動きを捉え、その動態をマネジメントすることにより、グリーンインフラ構築に寄与する土地空間を確保する方策について考察を行う。

空地などの発生消滅の実態

　空地などの発生消滅の実態を把握するため、全国の1742市区町村の行政土地利用担当者にアンケートを実施した[1]。この中で、「発生している空地のうち、自治体として、地域の地形・水系などの自然（流域圏や崖線など）や歴史文化などの観点から重要で、緑地化などにより保全・再生を図ることが望ましいと考えられるものがあるか。ある場合は、具体的な地区名等を教

えてほしい」との問いを設けた。結果は、回答自治体のうち「ある」は約3％であったが、「分からない」も43％あり、市区町村ではグリーンインフラに対する認識は低いことが推察された。具体的に問題箇所として挙げられたのは、都市計画緑地・公園、風致地区や重要文化景観・歴史地区など都市計画に位置付けられている所、また自然公園地区や国立公園隣接地区などとともに、河川、河岸段丘、斜面緑地など、市区町の緑施策の中で骨格として重要であると位置付けている所であった。行政施策で骨格となる緑などを位置付けても、なかなか整備が進められていない実態が伺える。

　計画、施策に位置付けられた重要な場所でのグリーンインフラを的確に進めていくためには、空地の発生消滅などの動きを適正に規制誘導していくことが有効な方法の一つと考えられる。こうした施策を行っていくためには、まず、空地などの発生消滅の経年的な動態の把握が必要である。そのため、人口減少がみられる市区町村で、ミクロ（地区）レベル（概ね500m×500mの街区）について、住宅地図で各区画ごとに20年間の土地利用の変化を把握する、可視的かつ定量的な調査を複数地区に対して行った。

図1　斜面住宅地における空地などの発生消滅の実態（横須賀市）

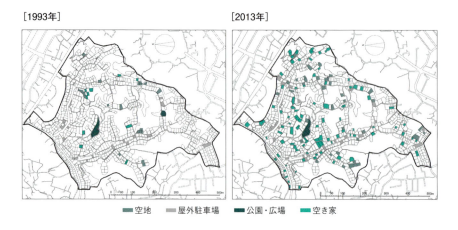

緑の骨格形成に重要と思われる斜面にある住宅地について北九州市、横須賀市の2地区についても調査した（図1）[2]。その結果、2地区で共通していたのは次の点である（図2）。

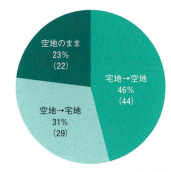

図2 ■ 20年間の宅地と空地の変化（宅地のままは除く）（横須賀市）

カッコ内は件数

- 20年間で空地化は進行している。
- 空地化は、急坂や車が入れない細い道路、位置指定道路である階段沿いなどで多く見られる。また、坂や道の行き止まりにある土地でも多い。
- 道路のアクセスが良いところでは、空地になってもその後新たに住宅が建てられることが多い。

さらに、斜面住宅地では、空地になる前に空き家化も相当進んでいるが、斜面であるために撤去費用が割高になることもあり、老朽化した住宅が放置されていることが多い。また、空地においても同様に手間がかかるため雑草の繁茂により、近隣の迷惑となっていることも多い。

動態のコントロールによるマネジメント[3]

空地の発生や消滅の動態を捉えてグリーンインフラのための土地を確保し、整備を進めるマネジメントが可能ではないかと考える。登記簿を確認すると、空地などになったところに新たに住宅を建築するのは相続した人ではなく、新しく購入した人が多い。地元の不動産屋によると、不動産価格が安価であるということが選定基準となっていることも多い。一方で、斜面住宅地に近い平地の市街地においても空き家、空地は増加している。平地の市街地の空き家、空地に新規の住宅購入者を誘導し、斜面住宅地の空地を緑地に戻していくことができないか。特にグリーンインフラとして重要な位置付けにある所については、斜面住宅地に再利用禁止の規制をかけることにより、コントロールによる効果は高まる。

横須賀市では、高齢者が亡くなり家を撤去した後、植樹を促進している。住んでいた故人をしのぶメモリアルになるとともに、斜面住宅地の緑地化が進み斜面地の崩落危険性などの軽減といった防災・減災にもつながる。

暫定利用によるマネジメント

　もう一つ、グリーンインフラに活用する空地などの土地利用マネジメントは、暫定利用である[4)][5)]。暫定利用は時間限定であることや、それがいつでも変更可能であるということから、利用者のみならず、土地所有者の土地利用に対するハードルを下げる。日本において、特に公共的、公益的に利用しようとした時、土地所有者の意向が大きく影響し、合意形成が難しいことが問題として指摘されている。しかし暫定利用は、土地所有者の意向によって、変更が可能であるということにより、そのハードルが下げられる。利用者の側も、お試しで利用してみることができる。

　暫定利用によって、「試してみる」ことにより、例えば暫定緑地や都市農地といった土地利用の効果測定もできる。また、実際にモノができ可視化され実体験されることによって、周辺住民などと合意形成しやすくなる。特にグリーンインフラは、その必要性が実感として認識されづらく、ほかの土地利用に比べ経済効果において競争力が弱いとされる。グリーンインフラを、暫定的にでも整備することにより、その効果や必要性が実感され、整備に対する世論を形成しやすくなる。さらに、社会状況や周辺状況の変化に、柔軟に対応することも可能である。

　例えば、ニューヨーク市をはじめ米国の諸都市やドイツなどの西欧諸国で多くみられる「コミュニティーガーデン」といった暫定的な都市農地や緑地は、周辺に居住する都市住民のコミュニティーの形成や健康状態の改善、ひいては犯罪率の減少などにもつながる。地域イメージが改善され、都市の価値も高めている。

　わが国においても、ニューヨーク市のコミュニティーガーデンのような効果は、市民農園や市民緑地などの暫定的な「農」により期待できる。アメニ

写真1■ リズ・コミュニティーガーデン(ニューヨーク市)。ニューヨーク市で最初にできたコミュニティーガーデン。同市では、犯罪が多発し荒廃していた時期にコミュニティーガーデンが生まれ地区再生に寄与した。その後都市環境が改善し、開発圧力が高まった時に開発で消滅しそうになったのを市民が運動を起こして守ってきた歴史がある。手前に吊るされているのは寄付金集めの籠。2011年11月撮影

ティーの向上やコミュニティーの形成・強化とともに、雨水浸透や、ヒートアイランド現象の軽減などの効果、さらに災害時の延焼遮断や避難場所としての効果も期待される。

このように多様な効果が期待されるグリーンインフラ整備を暫定的に空地の利用で進めていくためには、戦略的にマネジメントできる仕組み、主体が必要である。グリーンインフラに適した場所において、土地所有者などの承諾を得ながら、整備効果を定量的に把握し効果の見える化も図りつつ、戦略的に推進していくことが求められる。

人口減少はグリーンインフラ整備の好機

人口減少社会に突入し、土地利用に対する需要はこれまでと異なり、その量も減少してくる。一方で災害は激甚化しており対処が急がれる。これらの状況に柔軟に賢く対応していく新たな国土、土地活用方策が必要である。持続可能であり、そしてより豊かな成熟社会を構築する方法を追求することが、現代に生きる私たちの課題である。

グリーンインフラは、まさしくこの新たな国土政策の重要な項目の一つで

ある。経済成長、人口増により拡大し膨張し続けている時代には、なかなか整備ができなかったグリーンインフラ。社会の潮目が変わってきている今こそ、グリーンインフラを整備する好機であると考えている。

■ 参考文献
1) 阪井暖子 他(2012)「オープンスペースの実態把握と利活用に関する調査研究」国土交通政策研究106号、国土交通省国土交通政策研究所
2) 阪井暖子 他(2015)「空地等の発生消滅の要因把握と新たな利活用方策に関する調査研究」国土交通政策研究124号、国土交通省国土交通政策研究所
3) 阪井暖子(2013)「諸行無常と都市空間のマネジメント-空地の発生消滅の実態と新たな使い方としての暫定利用-」土地総合研究2013年夏号、日本不動産研究所
4) 阪井暖子、尾藤文人(2015)「都市空間の可変的利用方策に関する海外調査(伊国)速報」国土交通省国土交通政策研究所報56号(2015年春号)、国土交通省国土交通政策研究所
5) 「都市計画 特集 都市空間の暫定利用を考える」、Vol.65 No.3、2016年6月、都市計画学会(2016)

※本稿に示した考察は、筆者が国土交通政策研究所で行った調査の成果を活用しているが、筆者個人の見解であり、国土交通省国土交通政策研究所の見解ではないことをご承知おき頂きたい。

執筆者プロフィール

阪井 暖子 (さかい・あつこ)

東京都都市整備局市街地整備部企画課(元国土交通省国土交通政策研究所)

沖縄その他でまちづくり全般に取り組む。土地利用、都市政策からの地方活性化がテーマ 国土交通省国土交通政策研究所を経て昨年度より東京都。東京大学工学部都市工学科博士課程修了。技術士(総合技術監理部門、建設部門)。「グリーンインフラは、国土政策の要、強く美しい国土の骨格と考えており、今後、多角的な取り組みを積極的に進めていきたい」

16. 農山漁村 農地

農地・農業用施設はグリーンインフラの形成にどう貢献できるか？

橋本 禅（東京大学大学院農学生命科学研究科）

農地は農業用施設と一体となり様々な生態系サービスを提供し、グリーンインフラとして機能する。ただし、その内容は地目、整備の有無や水準、維持管理の状況、採用される農法の違いによって異なる。本章では農村のグリーンインフラのうち、特徴的な事例を紹介するとともに、その計画的な制御の方法について検討する。

食料・農業・農村基本法に明記されているように、農業は農産物の生産と同時に、国土の保全や水源の涵養、良好な景観の形成、文化の伝承、自然環境の保全などにも貢献している。農業が持つ食料生産以外の機能は総称して「農業の多面的機能」と呼ばれる。グリーンインフラの特性として多機能性が挙げられることを踏まえると、農業生産の場である農地は少なくとも潜在的にはグリーンインフラの機能を持つといえる。また、農地がグリーンインフラとして多面的な機能を発揮するためには、農道や水路なども不可欠であるから、これら農業用施設もグリーンインフラの重要な構成要素として考えることが妥当だ。なお、欧州会議のレポート「Building a Green for Europe」の中でも、食料生産だけでなく生物多様性の保全やレクリエーション、水質浄化のような多面的な機能を持つように管理される農地は、グリーンインフラに該当すると考えられている[1]。

農地がもたらす生態系サービス

わが国の農地や農業用施設が持つグリーンインフラとしての機能を生態系サービスの観点から整理すると次のようになる。まず、供給サービスでは、農地における食料やその他の農産物の生産がこれに該当する。調整サービスでは、以下のような機能が該当する。水田やため池などでの雨水の一時貯留による洪水防止や河川の流況安定、循環型かんがい、多自然工法の施工による水質汚濁防止、土壌中の微生物の働きによる水質浄化、雨水の地下水浸透を安定させることによる土砂崩壊防止や水源涵養、湛水や植被による土壌侵食防止、家畜ふん尿などの農地還元による有機物の分解、水田における蒸発潜熱による微気象の緩和などだ。

また文化的サービスでは、美しい景観や教育、レクリエーションの機会、祭事などの農業と関わりの深い伝統行事や文化、心身の安らぎなどが挙げられる。最後に基盤サービスでは、魚類や水生昆虫、両生類などの生息地の形成・維持が挙げられる[2]。なお農地や農業用施設が提供する様々な生態系サービスは、必ずしも農村に固有なものではない。近年では都市部においても

農地が人々に農産物以外の様々な生態系サービスを提供していることが認識され、2015年には都市農業振興基本法も制定された。

農地を中心としたグリーンインフラの例

　ここでは農地を中心とした農村のグリーンインフラのうち特徴的な事例を三つ紹介する。

　一つ目の事例は「田んぼダム」である。田んぼダムは、雨水を一時的に貯留する機能を高めた水田のことである。水田はもともと水を蓄えて水稲を生産することを目的に、四方が畦で囲まれ、田面も作物が成長する作土と呼ばれる土の層の下には、耕盤という硬く、水も空気も通りにくい土の層がある。ただし、田面に水を蓄えているだけでは稲は生育しないので、適切なタイミングで中干しや間断かんがいなどが必要になる。このため、水田には適時に田面から排水するための排水口が設けられている。田んぼダムは、排水口に落水量を調整する装置を付けることで、通常の排水口よりも単位時間当たりの排水量を少なくするものである。こうすることで、大雨の際に水田は畦の高さギリギリまで水を蓄え、また水田から排水路、河川に流出する雨水のピークの緩和にも貢献することで、大雨時に下流域の洪水被害の軽減にもつながることが知られている[3]。

　水田はもともとその構造的な特性から洪水防止や河川の流況安定に寄与することが知られているが、田んぼダムはその機能をさらに向上させたものである。田んぼダムは新潟県の村上市（旧神林村）で発祥したものだが、現在では全国各地に広がっている。また、田んぼダムとは技術的に異なるものの、水田に接続する排水路にオリフィス堰を設置し、排水路の流量を抑制することで、一帯の排水路や水田の雨水貯留機能を高める取り組みも見られる。

　二つ目の事例は、越流堤（溢流堤）と近隣農地の調整池（遊水地）としての機能である。大規模な河川は、豪雨時に流域における水害の危険性が高まる。この被害を軽減するため、大河川では、河川の堤防の一部を低く設計し、豪雨時に河川が一定水位以上になるとそこから越流させ、洪水の一部を

住宅などのない低平地に流入させ一帯を調整池（遊水地）として機能させる例がある。全国的に著名な調整池では渡良瀬遊水地があるが、この場合は湿地や草原が遊水池として機能する。全国には農地が調整池（遊水地）として機能する例もある。この場合、遊水池となった農地には甚大な被害が出るが、下流域の市街地での水害は軽減ないしは回避される。例えば、利根川と鬼怒川の合流地点の直前に設けられた菅生調整池や、そのすぐ下流に広がる田中調整池（写真1）は、普段は農地として利用されているが、洪水時にはそれぞれ2690万m^3、6068万m^3の治水容量を発揮する[4]。現在、岩手県の北上川の両岸で建設が進められている一関遊水地も、農地に遊水池としての機能を付加した事例である。

最後の事例は、農地・農業用水による地下水涵養である。阿蘇外輪山の西側から熊本市に至る広い範囲は、一つの地下水盆を共有しており、この地域では生活用水のほぼ全てを地下水で賄っている。この地下水の涵養量は年6億4000万m^3に上り、その内約2億1000万m^3を上流の水田が担っている。特に大津町や菊陽町に広がる白川中流域は、他流域よりも水源涵養能力が高いことが知られている[5]。この地域では、地下水を利用する熊本市や企業などの出資により、白川中流域水田湛水事業として、水稲の営農の一環としてかんがい期に実施される湛水で、湛水期間が1～3カ月のものについて、その

写真1 ■ 遊水池として機能する農地（田中調整池の例）

平常時（2016年2月撮影）

台風15号による出水時（2001年9月撮影）

（資料：国土交通省関東地方整備局利根川上流河川事務所）

期間に応じた助成金が支払われている。また、水路の路床をフトン籠（金網製の籠に自然石や砕石を詰めたもの）で施工することで、地下水涵養に配慮した水路整備も行われている。

グリーンインフラとしての農地・農業用施設の特性

　農地は農業用施設と一体となり様々な生態系サービスを提供し得るが、その内容は同面積の農地でも水田と畑地という地目、整備の有無、整備の工法、維持管理の状況、取られる農法の違いにより異なる。全ての農地が等しく同じ水準の生態系サービスを発揮するわけではない点に注意が必要である。

　例えば調整サービスでは、農地が持つ土砂崩壊防止や水源涵養、土壌侵食防止の能力は、水田と畑地により大きく異なることが知られている。また、水田は畦に囲まれ雨水を一時貯留できるため、洪水防止の機能を持つと言われるが、同じ水田でも単位面積当たりの貯水量は、未整備田と整備田とでは異なる。

　また、水田は水質浄化の機能があると言われるが、肥料の投入が多すぎれば水質の汚染源となる。文化的サービスの代表格である美しい田園景観も、耕作や維持管理が続かない限りは農地や法面に雑草が生い茂り、景観は悪化する。また、水路と田をつなぐ魚道が魚類や両生類などの移動を助け、田面に設けられた「江（え）」が中干しや落水時に魚類などの退避場所となることで基盤サービスの一つである生息地の提供に寄与することも知られているが、ほとんどの水田や水路はそのような付帯施設を持たない。

　大まかに言うと、土木的な工事によりグリーンインフラとしての機能向上が期待できるのは、主に供給サービス（農産物の生産性）、農地・施設の物理構造（例えば、農地の区画形状や水路の構造）や土質（例えば透水性）に依拠する調整サービス、基盤サービスの一部にすぎない。継続的な維持管理の有無や農法における環境への配慮も、グリーンインフラとしての農地の機能を左右する。さらに複雑なのが、ある種の工法や農法の採用、維持管理は、一部の生態系サービスを向上させる一方で、他の生態系サービスを劣化させ

ることもあるという点だ[6]。例えば、戦後に多くの水田で農業生産の向上を目的に行われてきた排水改良による乾田化や用排水路の分離、水路の三面コンクリート化や管路化は、土壌の排水性の向上や用排水の管理効率を改善することで農業の労働生産性（つまり供給サービスとしての農産物の効率的な供給）を実現した。しかしこれらは他方で、景観の構造を単調で人工的なものにし、それまで水田が提供してきた水生昆虫や両生類、魚類の生息環境（つまり基盤サービス）を損なったことはよく知られている[7]。同様に、生産性の向上を目的とした化学肥料や防虫害の対策を目的とした農薬の投入、維持管理労力の軽減を目的とした除草剤の散布も、農業の土地生産性や労働生産性の向上を実現する一方で、適切に使用されなければ、水質汚濁や土壌の劣化などにつながることもある。

グリーンインフラとしての農地の機能向上に資する制度

　グリーンインフラとしての農地や農業用施設の機能は、地目や整備の有無や取られる工法、維持管理の状況、農法によっても異なる。ここではそれら機能の向上に寄与すると考えられる事業や制度の概要を紹介する。

　まず一つ目は、農業農村整備事業である。本事業は、土地改良法などを根拠とした、農地や農業用施設などの農村の生産・生活インフラを建設する公共事業の総称であり、グリーンインフラとしての農地や農業用施設の建設手段である。2001年からは環境との調和に配慮した事業の実施が義務付けられたほか、2002年からは、本事業を実施する市町村に対し、農村地域の環境保全に関する基本計画である「田園環境整備マスタープラン」の策定が義務付けられるなど、事業のグリーン化が進んでいる。

　本事業は三つの点で道路や河川、公園などの社会資本を整備する公共事業と大きく異なる。第1に、本事業が地元農家や地方自治体からの申請と、受益農業者や地権者の同意のもとで実施される点である。事業の対象となる土地のほとんどは私有地だから、財産権の保護の観点から事業の実施にあたり地権者の同意は不可欠だ。第2に、事業費の大部分は国や都道府県、市町村

の負担で実施されるが、事業の性質に応じて受益農業者も事業費を負担しなければならない。第3に、建設された農地や農業用施設は原則として、受益者などが中心となり維持管理される[8]。

　一般的な公共事業は、国公有地を対象としたり私有地を用地買収したりして公費で実施され、また建設した施設の維持管理も国や地方自治体が行う。一方で、農業農村整備事業は公共事業でありながらも、主として私有地（農地）を対象に農業者らの申請と同意、さらには受益者負担のもとで実施され、農業者などによる維持管理を前提としている。こうした事業の特徴も、グリーンインフラとしての農地、農業用施設の性質をほかのインフラと異なるものにしている。

　二つ目に紹介する日本型直接支払制度は、グリーンインフラとしての農地、農業用施設の機能に影響を及ぼす営農や維持管理の在り方を方向付けるための制度と考えることもできる。

　本制度は、①多面的機能支払（農道や水路などの農業用施設の共同的な管理や補修作業を支援）、②中山間地域等直接支払（中山間地域などの条件不利地域と傾斜地の生産費の格差を補填することで、条件の不利な地域での営農の継続を支援）、③環境保全型農業直接支払（化学肥料・化学合成農薬を原則5割以上低減する取り組みと合わせて行う温室効果ガスの排出抑制や生物多様性保全に効果の高い営農活動を支援）に大別できる。簡単に言えば、多面的機能支払は主に農業用施設の維持管理の継続のため、中山間地域等直接支払は条件の不利な地域での営農・維持管理の継続のため、そして環境保全型農業直接支払は、農法を環境に配慮したものに転換させるための支払制度であると説明できる。

　三つ目は、農業振興地域制度である。本制度は農業振興地域の整備に関する法律のもとで都道府県が農業振興地域を定め、市町村が農業振興地域整備計画を策定するという流れになっている。この計画には農用地利用計画が含まれており、農業振興地域内の土地で特に農用地などとして利用すべき土地の区域が「農用地区域」に定められる。実は、農業農村整備事業や日本型直

接支払制度のもとでの各種の支払いは、農用地区域内にある農地を基本的な対象にしている。従って、グリーンインフラとして機能する農地や農業用施設を整備し、その機能を向上させるために支払い制度を効果的に活用するためには、農業振興地域の指定や農用地利用計画の内容について、グリーンインフラの観点から周辺土地利用や他の法定土地利用計画の内容を考慮して十分に吟味する必要がある。

■ 引用文献

1) European Commission (2015). Building a green infrastructure for Europe,http://ec.europa.eu/environment/nature/ecosystems/docs/green_infrastructure_broc.pdf(2016年10月10日確認)
2) 橋本禅・齊藤修「農村計画と生態系サービス」農林統計出版、2014
3) 吉川夏樹・有田博之・三沢眞一・宮津進(2011)「田んぼダムの公益的機能の評価と技術的可能性」水文・水資源学会誌.Vol. 24.No. 5.271-279頁
4) 松本敬司・福岡捷二・須見徹太郎(2013)「利根川河道沿い三調節池群の洪水調節量の算定」土木学会論文集B1(水工学).Vol. 69.No. 4. I_793-I_798頁
5) 熊本県・熊本市・菊池市・宇土市・合志市・城南町・富合町・植木町・大津町・菊陽町・西原村・御船町・嘉島町・益城町・甲佐町「熊本地域地下水総合保全管理計画」、http://www.pref.kumamoto.jp/common/UploadFileOutput.ashx?c_id=3&id=574&sub_id=1&flid=1&dan_id=1(2016年10月10日確認)
6) 国際連合大学高等研究所・日本の里山里海評価委員会(編)(2012)「里山-里海-自然の恵みと人々の暮らし-」朝倉書店、2012
7) 水谷正一(編著)(2007)「水田生態工学入門-農村の生きものを大切にする-」農文協
8) 公共事業としての農業農村整備事業の在り方研究会(2015)「公共事業としての農業農村整備事業の在り方について 提言」、http://www.maff.go.jp/j/council/seisaku/nousin/bukai/h27_5/pdf/sankou2_2.pdf

執筆者プロフィール

橋本 禅（はしもと・しずか）
東京大学大学院 農学生命科学研究科 准教授

専門は農村計画。東京大学大学院農学生命科学研究科で博士号を取得。マサチューセッツ工科大学、国立環境研究所、京都大学大学院農学研究科、同地球環境学堂を経て2015年11月より現職。「グリーンインフラや生態系サービスの概念が、国土政策や農業・農村政策の在り方を考える新たな視点を提供してくれることを期待している」

17.農山漁村　森林

市民参加による景観保全と森林セラピーの両立

上原　三知（信州大学大学院総合理工学研究科）

英国では農林地にフットパスが整備され、観光や健康増進に大いに貢献している。日本では農林地の恩恵が十分に享受されず、生産経済の観点から放置されてきた。市民参加のワークショップを通じて、私有林を新しい共有地として再生した「信州型パブリック・フットパスモデル」の効果と意義を紹介する。

ここでは、旧住民（森林所有者）が自分たちや地域の新住民（森林非所有者）のために、私有林をフットパスの設置によって共有緑地として共同で活用、維持するためのシステムづくりの事例を紹介する。土壌保全（地滑り防止）、景観保全、森林の保健休養の機能が期待されている。

　英国では人の自由な歩行を認めたパブリック・フットパスが全土で展開され、その健康や地域経済へ与える社会的な価値が一般の人々にも認識されている。フットパスの利用者が国に与える経済効果は61億4000万ユーロと見積もられ、実際に5億2700万人（イギリスの人口は約6000万人）が年に1回は英国の田園地帯にウォーキングのために旅行に訪れる[1]。

　また英国では土地利用データ（GLUD）と地形データによる環境区分ごとに、死亡原因（循環器疾患など）が比較分析されている[2]。4000万人分ものデータ解析から、緑地空間へのアクセスは社会的地位が低い人（低所得者）が病気になることを緩和するという仮説が検証された。

　その結果、仮説どおりに、特に低所得者の中でも、緑地空間へのアクセスが高い環境に居住する人ほど、罹患率比（IRR）が低くなることが明らかになった。さらにIRRが低いほど、死亡原因となる病気が発症しにくいことを示し[2]、その国家的な論証に基づき、健康や福祉対策としてフットパスの整備や改善が実施できるようになっている。

　一般的に高所得者の多くが都市域に居住していることを考えれば、田園地域の居住者にとっては周囲の緑地環境へのアスセス性は極めて重要な要素になると考えられる。

　一方でわが国では森林が国土の67%（英国はわずか8%）を占め、その占有率は世界で第3位であるものの、その利用率は世界のランキングでワースト3位である。このような利用率が低い里地・里山の景観保全、生物多様性の保全、土壌保全、保健休養などのグリーンインフラとしても重要な公益的な機能は、市民に十分に理解、享受されず、短期的であってもその転用による収入が見込まれる場合には容易に失われてしまう。緑地空間のアクセス性が担保する保健休養機能が、日本ではほとんど有効に活用できていないことは

大きな損失といえる。

ただし、日本でも開発により失われる可能性が高い身近な緑地を、新たな市民参加の手法で保全・活用したケースがある。この住民主体の事例を信州型グリーンインフラと呼びたい。

長野県の伊那谷には、二つの日本アルプスに挟まれた天竜川に沿って段丘林と呼ばれる谷に水平な樹林コリドーが存在する。西を木曽山脈に、東を赤石山脈に挟まれるこの天竜川に沿った複数の段差林（面）は川が形成した河岸段丘と考えられてきた。しかし、近年、河岸段丘が存在しつつも山側の幾つかの段差面は断層によるものと判明し、谷全体が地溝とされている。

地溝とは、ほぼ平行に位置する断層によって区切られ、峡谷の形状をなしている地塊および地形のことである。侵食によってできた谷とは異なり、基本的に正断層の活動によって形成される。

Formanらのランドスケープ・エコロジーでは、伊那谷の段丘林のように形態的に奥山と水平に残る緑地は、生物の移動先としての種の保全機能が高いことが指摘されている。さらに伊那谷には、遠景のアルプスと近景の段丘林が重なる独自の地域景観や斜面下部の住宅地に対する防災などの機能もあった。

しかしながら、長らく続いた林業の低迷や、近年、長野県でも増加する松枯れを契機に、段丘林全体を伐採し、合法的に太陽光パネルなどによる発電のための土地利用への更新事例が増えてきている（写真1）。

信州型グリーンインフラのリラクゼーション効果

近年、日本でも森林浴による心理的・生理的な癒やしの効果に注目が集まり、特に森林探索によるリラクゼーション効果の検証を中心とする研究が進みつつある[3) 4) 5)]。これらの研究の多くは森林内部での活動や散策がどの程度ストレスを軽減できるかに主眼を置いたものである。

一方で海外では、都市的な人工環境に比べて有する森林の癒やし効果だけでなく、森林と草地などの連続するシークエンス（連続的な景観体験）が与

写真1 ■ 伊那谷における地域シンボルである段丘林の太陽光発電施設化

える環境の印象[6]や、都市林の公園的利用者よりも、むしろ自宅から眺めることができる近隣住民の方が不動産価値の維持の観点から高く評価することを明らかにした研究[7]など、より空間的で、多面的なグリーンインフラの効果の検証が進んできた。このような観点から筆者は、計画的にニュータウン用地に残された里地・里山空間としての活用効果[8]、森林散策路としての魅力と癒やし効果の関係[9]など、より複合的な公益的機能の発揮の観点からの研究を行ってきた。

今回紹介する事例は、その中でもグリーンインフラとしての多面的な機能が期待されながらも、開発される危険性が高い住宅に近接した斜面緑地を市民との共同で実際に保全活用したプロジェクトである（写真2）[10]。

図1は筆者がアドバイザーとして関わった長野県伊那市上牧区（人口1816

写真2 ■ 上牧里山自然パークの段丘林フットパスから展開する多面的な活用（写真：唐木 隆夫）

人、459戸）における段丘林の部分的な松枯れ木の伐採による改善と、段丘林の所有者62人の同意を得て開設した段丘林全体をつなぐパブリック・フットパスづくりの実践地である。この活動は、上牧区民および近隣有志で組織した上牧里山づくり（代表：大野田文吉氏、事務局長：唐木隆夫氏）と地

図1 伊那市上牧地区の"天竜川河岸段丘里山自然パークづくり"による段丘林保全型の
パブリック・フットパス概況図

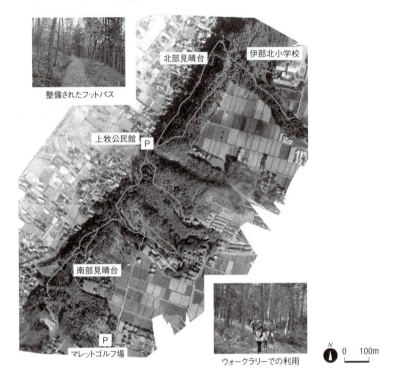

域の方々、伊那市が連携し、長野県の補助金、環境省事業「平成26年度里地里山等地域のシンボルと共生した先導的な低炭素地域づくりのための事業化計画の策定・FS調査委託業務」のサポートも受けて実現した。

上牧では先の松枯れ対策を契機に私有林の一部をパブリック・フットパスとして地域住民に開放した。このように複合的な対応で、想定される開発を地域単位で回避し、野生動植物の生息環境を保持するだけでなく、地域の小学校の環境教育に活用する動きが始まっている。

実際に隣接する伊那北小学校の先生方21人にルートを歩いてもらい測定

したストレス軽減効果は、疲労感（F）の改善を除いて、日本の森林浴の発祥の地である木曽の赤沢自然休養林や、全国のセラピーロードに認定された信州大芝高原と同様の効果が期待できる結果となった（図2）。疲労感（F）の軽減が少なかったのは、この日の調査が通常授業の終了後に実施されたこと、いくつかの周遊ルートをつなげた長距離コースの散策になったことが影響している。よって今後、段丘上部における共有の駐車スペースの充実や、推奨コースの設定を見直すことで、保健休養面の効果を十分に改善できる余地を残している。

赤沢自然休養林および信州大芝高原は、公共の森林公園として税金で維持費が賄われることを考えると、上牧の私有林の共有化によるフットパスで地

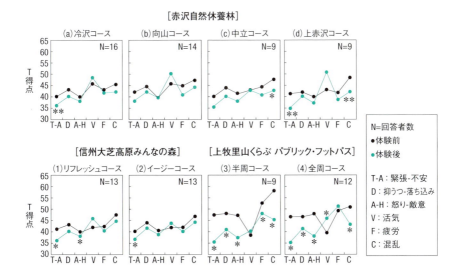

図2　市民との協働によるパブリック・フットパスと、赤沢自然休養林および信州大芝高原のセラピーロードのストレス軽減効果の比較

ストレスの値（T得点）は高いほどストレスが大きいことを示すが、活気（V）のみは高いほどポジティブな気分であることを示す。グラフ中のアスタリスク（**<0.01、*<0.05）は、体験前後の値の統計的な有意差を示す

域行政の財源に新しい負担をかけず、同様のリラクゼーション効果が得られる意義は極めて大きいと言える。

信州型グリーンインフラの景観保全効果

　62人の段丘林の所有者や保全活動参加者だけでなく、この緑地を囲う地域全体の住民の段丘林に対する支払い意志額を明らかにするために、上牧区の全戸数を対象にアンケート調査を行った。調査票の回収戸数は267戸（回収率65.1%）、回収枚数は411枚（人）、有効回答数は321枚（人）であった。

　その結果、山付きと呼ばれる段丘林の所有者が多い北部・中部・南部の3地区だけでなく、所有者が少ない新しい東部地区、清水町、西部地区（清水町および西部地区は直接段丘林に隣接しない）の住民でも76%以上の回答者が支払い意思を示した。

　これらの段丘林の地権者を含む隣接した区のアンケートにおいて、この保全の取り組みに対して「支払ってもよい」と回答した人の支払い平均は年間当たり約625円となり、単純に地区の人口数で計算すると、毎年約113万円に相当する価値をこの取り組みで担保できていることになる。

　同段丘林は隣接地区や同市を越えた対岸の地域や住民からも望めるので、その緑地による地域景観の保全価値はより大きな金額に相当すると考えられる。

信州型グリーンインフラのコミュニティー形成効果

　地元の集計によれば、昨年は年間で3000人もの保全活用への参加者や散策のための来訪者があり、近隣の小学校、幼稚園も含めた環境教育のフィールド活用を展開した。

　もともとは経済的に未活用の緑地であり、開発による消失の可能性があったことも考えると、保健休養林に期待されるリラクゼーション効果を、地域住民の協働で達成した意義は極めて大きい。加えて、住宅地における背景や地域のシンボルとしての景観保全効果、旧住民に対して30倍の人口となっ

図3 市民参加によるグリーンインフラの価値・意義の評価と享受促進の重要性

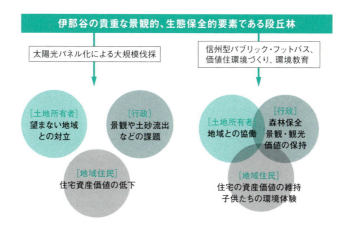

た新住民との交流など、地域へ与える波及効果は多岐にわたっている。

このように上牧の事例が多様な恩恵を地域に与えるのに対し、先の太陽光パネルによる土地改変は、太陽光パネルの設置業者と周辺住民との対立が生じるなど、必ずしもその地区全体の利益につながらないケースが存在する（図3）。

地権者やパネルの設置企業のみにその利益が集中する太陽光パネルへの置換に比べると、フットパス整備を契機にした緑地空間としての保全とその活用による土壌保全（地滑り防止）、景観保全、森林の保健休養機能が担保されることは、多くの住民にもその利益を与える可能性が高い。

長野県に隣接する群馬県伊勢崎市では突風により太陽パネルが飛散し問題となった。また森の美しさで別荘地として開発され、高原観光も盛んな山梨県北杜市でも、涸れ沢を埋め立てた太陽光パネルの危険性を巡る住民間の対立や、森林が突如メガソーラー発電所化された地域で不動産業者が所有する別荘地の資産価値が暴落したことによる対立も報告されている[11]。

このような環境意識が高く、良かれと思い太陽光パネルの導入に取り組

だ地権者も望んでいない地域住民間の対立が起こっている。さらには、首都圏（県外）および海外のディベロッパーによる林地の大規模なメガソーラーへの転用計画が、地域住民の理解が不十分なまま進められるケースなどもある。

　自然エネルギー発電のために森林を伐採すること、市民参加で伐採を回避し、保健休養機能や景観保全機能、防災機能などの公益的機能を最大化すること、両方の選択肢を考え、どちらに向けても丁寧な合意形成が求められる。

多面的な機能の発揮に期待

　先述したように、日本の国土の林地面積率は世界第3位でありながら、その利用率は世界でワースト3位である。また、国土の5％程度の大都市に人口の80％が居住する。海外におけるグリーンインフラは大都市の人口を拡大するための新しい戦略の一つになっているようであるが、美しい里地・里山を有する日本の田園地域では、存在していながらもほとんど有効に活用されていない。これらの森林や農地の新たな活用による英国のような多面的なグリーンインフラ機能の発揮が期待される。

　長野県は日本の田園地域の代表でありながら、東京、名古屋、金沢から短時間で訪れることができる恵まれた立地特性を有している。また、その過ごしやすい冷涼な環境や、豊かな食文化による"長寿県"としても注目を集めている。このような地域の森林所有者自らが私の部屋に直談判に来てスタートした田園型グリーンインフラの産官学による実戦モデルが他地域での参考になれば幸いである。本活動を進めるうえでは、恩師である重松敏則九州大学名誉教授のもとで参画した福岡県黒木町での英国BTCVと地域住民との協働ワークショップの経験が大変大きな糧となった。

■ 引用文献

1) M Christie, J Matthews、The economic and social value of walking in England、The Ramblers' Association、London, 2003
2) Richard Mitchell, Frank Popham、Effect of exposure to natural environment on health inequalities: an observational population study 、Vol.372, No. 9650, p1655?1660, The Lancet、2008
3) 綛谷珠美・高山範理・香川隆英・PARK Bum-Jin・宮崎良文・古谷勝則(2008):森林散策路の光・温熱環境と森林浴における主観評価との関係:ランドスケープ研究 71(5) 713-716
4) 高山範理・香川隆英・綛谷珠美他(2005):森林浴における光 / 温熱環境の快適性に関する研究:ランドスケープ研究 68(5) 819-824
5) 井川悟弘一・高山範理・香川隆英・PARK Bum-jin (2005):晩秋の森林保養地における森林浴の心理的評価と物理環境要因の関係:環境情報科学19 229-234
6) AXELSSON-LINDGREN C・SORTE G(1987) Public response to differences between visually distinguishable forest stands in a recreation area:Landsc Urban Planning Vol.14(3) 211-217
7) Liisa Tyrvainen and Hannu Vaananen, (1998):The economic value of urban forest amenities: an application of the contingent valuation method:Landscape and urban planning, vol.43, p.105-118
8) 上原三知(2008)春・夏の里地・里山林における環境保全プログラムとそのリラクセーション効果の関係性:ランドスケープ研究 71(5) 525-528
9) 上原三知(2010)森林セラピーロードにおける森林散策路の景観評価と心理面における森林浴効果との関連性:ランドスケープ研究 73 (5) 413-416
10) 橋本悟史・藤井真・上原三知(2016)開発が想定される斜面緑地の支払全意志額とアクセス性および住宅からの可視性との関係:ランドスケープ研究、79(5), 677-680
11) http://www.gepr.org/ja/contents/20150706-01/、(2016年10月9日確認)

執筆者プロフィール

上原 三知 （うえはら・みさと）
信州大学大学院 総合理工学研究科 准教授

エコロジカル・プランニングの研究で芸術工学博士（九州大学）を取得。神戸芸術工科大学デザイン学部環境・建築デザイン学科助手を経て現職。ランドスケープアーキテクト連盟（JLAU）のILFA Committee。「日本の文化や風土にも適応し、地域の総合的な魅力を高めるようなグリーンインフラの実現に貢献したい」

18. 農山漁村　海岸

グリーンインフラとしての海岸砂丘系

松島 肇（北海道大学大学院農学研究院）

役に立たない荒地とされ、開発の対象であった海岸砂丘。近年では国内の都市圏ではほとんど残されていない希少な景観となってしまったが、実は自律的復元力を備えたメンテナンスフリーの自然堤防でもあった。グリーンインフラの王道ともいうべき海岸砂丘系が、大都市圏内において今なお残存する石狩海岸は、グリーンインフラを活用した沿岸都市の新たなビジョンを示している。

石狩海岸を紹介する前に、日本の海岸の現状について概説したい。南北に長く伸び、大小7000もの島々からなる日本列島は総延長約3万5000kmの海岸線を有している。なお、ここでの「海岸」とは、低潮線（干潮時の汀線の位置。潮間帯の海側境界）から通常大波限界線（荒天時に波が及ぶ範囲）の間を指す（図1）[1]。環境省では、この海岸の人工物による人為的影響度合いにより、自然海岸、半自然海岸、人工海岸の三つに大きく区分している。自然海岸とは、海岸に人工物がない海岸で総延長の約50%の海岸線に相当する。半自然海岸とは、海岸に人工構造物が設置されているが潮間帯（干潮時の汀線から満潮時の汀線までの位置）は自然状態である海岸で、総延長の約20%に相当する。人工海岸とは、埋め立てなどにより潮間帯に人工構造物が設置されている海岸で、約30%に相当する。自然海岸はさらにその形態から砂浜海岸、磯浜海岸、海食崖に分けられる。そのうち、自然状態で残された砂浜海岸は、総延長の10%にすぎない。しかし、この残された砂浜海岸も沿岸部の開発や海岸侵食、侵食対策としての護岸工の設置などにより年々減少し、海面上昇が予測されている将来においては、危機的状況にある。

図1 ■ 「海岸」の定義と石狩海岸の海岸砂丘系イメージおよび空中写真

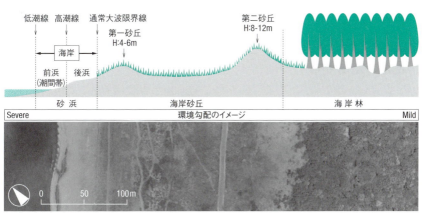

空撮写真は慶應義塾大学・一ノ瀬友博氏の提供。2015年6月撮影

一般に砂浜海岸は、汀線から内陸に向かう環境勾配に応じて、無植生帯である砂浜から草原・湿地・低木林・森林へと植生の成帯構造が成立し砂丘を形成する。すなわち、波の影響を受ける範囲（通常大波限界線）までは植生が定着できず砂浜となり、それより内陸側に乾燥・堆砂・飛沫塩分・貧栄養などの環境条件に耐性を有する海浜植物が定着する。これらの海浜植物は砂浜からの飛砂を捕捉することで砂丘を形成する。砂丘は文字通り丘状に盛り上がることで自然堤防として機能し、背後に静穏域を形成する。こうして、静穏域に塩性湿地や砂丘列が形成され、汀線から距離が離れるに従い土壌が形成され森林が成立する。このような海からの環境勾配により形成される、砂浜海岸に特徴的な海岸景観を「海岸砂丘系」と呼ぶ。この独特の海岸景観（海岸砂丘系）は、前掲の様々な環境要因の影響による「撹乱」を受けやすい撹乱生態系だ。それゆえに撹乱に対して強い耐性を有する自律的復元力（レジリエンス）に富んだ生態系が成立する。

　しかし、このような自律的復元力も、撹乱生態系を構成する生きものが存続できるような撹乱からの避難地（レフュージア）や生態系復元のための供給源（ソース）、そしてそれを支える環境基盤がひとまとまりの「系」として周囲に維持されていることが重要である。残念ながら、国内では海岸砂丘系として海岸景観を保全する動きはほとんどなく、そもそも「海岸」と定義されているのがいわゆる砂浜部分、すなわち、低潮線から通常大波限界線に限定されている。そのため、砂浜さえ自然状態で保たれていれば、背後（海岸陸域）の土地利用は植林地であっても住宅地であっても定義上は「自然海岸」が保全されていることになるので、後背地の保全は考慮されて来なかった。特に、地形図上では海岸砂丘に成立する自然草原は「荒地」であり、土地利用上も"役に立たない土地"として、自然公園区域内においてさえも十分な保全は図られていなかった[2]。

　こうして、砂浜海岸を形成していた海岸砂丘系は農地や宅地へと転換され、新たに造成された農地や宅地への飛砂や塩分飛沫を防ぐためにクロマツを主体とした海岸林が海岸草原（砂丘）上に造成されてきた[3]。さらに、海岸林

や後背地を高潮や海岸侵食から守るために防潮堤が砂丘や砂浜上に造成され、多くの海岸で海岸砂丘系が断絶した。

石狩海岸の海岸砂丘系

　石狩海岸は、北海道中部の日本海側に面した石狩湾の最奥に位置し、石狩川河口に発達した砂浜海岸である。小樽市銭函から石狩市厚田区望来まで総延長約25kmに及ぶ海岸は、小樽市と石狩市の行政界に当たる中央部に石狩湾新港を有し、海水浴場として整備された区域が3カ所ほどある。人口190万都市である札幌市に隣接し、小樽市、石狩市、周辺の江別市や当別町も含めると、札幌圏220万人規模の周辺人口を抱えることから、北海道内において最も利用されている海岸である[4]。

　石狩海岸の大きな特徴は、大都市近郊において自然状態の海岸砂丘系を維持していることである。1980年代に築港された石狩湾新港により、海浜の汀線方向の連続性は2分されたものの、海から内陸へ向かう汀線と垂直方向には、砂浜から海岸砂丘（自然草原）を経て海岸林（自然林）に至る連続性（成帯構造）を自然状態のまま維持している。海岸砂丘を形成する自然草原は、国土の1%にも満たない希少な景観であり、またクロマツ植林が一般的な本州の海岸林に対し、石狩海岸の海岸林はカシワを主体とした自然林である。個々の景観だけを見ても、自然度の高さが伺えるが、これらが海岸砂丘系として一体的に残された海岸は国内の主要な砂浜海岸ではほとんど見られず、大都市近郊に至っては皆無であった[5]。つまり、石狩海岸は大都市圏に位置しながら、全国的に見ても自然度の高い海岸砂丘系を有する希少な海岸であった（写真1）。

海岸砂丘系の機能

　では、グリーンインフラとしての海岸砂丘系の果たす機能とはどのようなものであろうか。海岸砂丘系の有する生態系サービスについて石狩海岸を中心に紹介したい。

写真1 ■ 石狩海岸の俯瞰景（左手に石狩湾、右手に札幌市街地が広がる）（写真：谷 彩音）

　第一に、調整サービスとして、自然堤防による防災・減災、砂浜涵養、防風・防砂機能が挙げられる。石狩海岸の海岸砂丘は、汀線から500mほどの幅を有し、うち300mほどの間に第一砂丘列と第二砂丘列を有している。第一砂丘列で海抜約6m、第二砂丘列で海抜約12mの高さを有し、当該海域では4m程度の津波高を想定していることから、自然堤防として十分な高さを有していることが分かる。これらは高波だけでなく、強い潮風や飛砂を防ぎ、また後背地に静穏域を形成することにより樹木の生長を助け、バイオシールドとしての海岸林を形成する。こうして、自然堤防としての砂丘や海岸林の多重防御による防災・減災効果が期待される。さらにこれらの砂丘は砂のストックとしても機能する。海岸侵食や高潮などで砂丘が波をかぶると、砂丘を形成していた海浜植物が枯死し、地下茎などで砂丘として保持されていた砂が崩れ、再び砂浜を形成する砂となる。崩れた砂丘は静穏時に再び植生に覆われ、植物が飛砂を捕捉することで砂丘として自律的に再成長する。
　第二に、基盤サービスとして、海からの環境勾配により形成される独特の

海岸景観（海岸砂丘系）による生態基盤の形成が挙げられる。海域と陸域の境界である砂浜や国内では希少な自然草原、カシワやイタヤカエデといった広葉樹を優占種とした森林などの多様な景観が、エコトーンとして連続的に保全されていることで、それぞれの景観依存種はもちろん、イソコモリグモ（Lycosa ishikariana）のように幾つかの景観を横断的に利用する種の生存基盤を提供している。

　第三に、供給サービスとして、ハマナス（Rosa rugosa）やハマボウフウ（Glehnia littoralis）のような食用に給される植物や、砂丘によりろ過された地下水（淡水層）の涵養などが挙げられる。砂丘では比重の関係で淡水層が海水層の上部に形成されることから、各地の砂丘で井戸が掘られ地下水が利用されている（写真2）。千葉県の沿岸部に分布している酒蔵の調査から、これらの水が日本酒の仕込み水に適し、利用されてきたことも明らかになっている[6]。また、オランダでは砂丘水道として、飲料水のろ過に砂丘が利用されていることが紹介されている[7]。さらには、アイヌの人々はテンキグサ（Leymus mollis）の葉を用いて籠（アイヌ語で「テンキ」）を編んでいたこと

写真2■ 海岸砂丘下の地下水利用。京都府・天橋立の「磯清水」井戸

も供給サービスの利用として知られている。

　第四に、文化サービスとして、海水浴を中心としたレクリエーションの場としての利用が挙げられる。近年は後述するオフロード車両の砂丘上への乗り入れにより海岸砂丘系が大きな撹乱・破壊を受けていることから、2000年の石狩浜海浜植物保護センターの開設に伴い環境教育の場として石狩海岸が活用されるようになってきた。

石狩海岸の課題

　石狩海岸は、北海道内では最も利用者の集中する海水浴場を有する海岸でもある。しかしながら、海水浴場に指定されているのは3カ所で計2kmほどにすぎず、残りの区間は指定区域外として自由利用とされている。砂浜まで車両の乗り入れが可能であることから、この自由利用の区域ではテントを張ってキャンプやバーベキューを楽しむ利用者が多い。しかしながら、トイレやゴミ箱といった施設がないことから、ゴミの放置やし尿の散乱といった公衆衛生上の問題、ほかの利用者の迷惑行為といった利用者間のあつれきも顕在化していた。自由利用区域は海水浴場区域外であるため、監視員などがいないなかでの海水浴利用やオフロード車両・水上バイクの利用は、安全上の問題も大きい。さらに、オフロード車両が砂丘上を走行することによる砂丘植生への影響や地形の改変も大きな問題となっている。

　海岸砂丘は脆弱な景観であり、人が歩くだけでも大きな影響があることが指摘されている[8]。残念ながら、石狩海岸では1980年代から継続的に車両の乗り入れが確認されており、その結果、走行路上の植生が消失することで風食が生じる「Blowout」が発生していた。一旦、Blowoutが生じると、踏みつけられていない周囲の砂丘も風食により侵食され、結果としてクレーターのような窪地（風食凹地）が至る所に出現した。これまで、海岸砂丘におけるこのような植生や地形への影響は、生態系への影響と捉えられてきたが、結果として海岸砂丘系の有する「災害リスクを低減し、自律的復元力を備えたグリーンインフラとしての機能」を損なっており、インフラの破壊行為と捉

写真3■ 石狩海岸の海岸砂丘。上は自律的復元過程にある砂丘、下はBlowoutによりクレーターのようにえぐれた砂丘

えることができる（写真3）。

　海岸砂丘の脆弱性は先述したとおりであるが、一方、海岸砂丘系の復元力の高さもこれまで指摘してきた。重要なことは、脆弱性に対する暴露を避けること（例えば石狩海岸であれば車両の乗り入れを規制するなど）はもちろんであるが、同時に、復元力を発揮するための「系」としてのつながりを維持することである。砂浜海岸のような撹乱生態系においては、砂浜と砂丘の侵食と堆積による海岸線の変化を、自然の営力により季節的に生じるものとして捉え、海域と陸域の境界の曖昧性を理解し、その変化を許容できるだけ

のつながり(十分な空間)を確保することが重要である。しかし、現在の「海岸」の定義では、砂浜部分のみに焦点を当て、後背地との連続性は考慮していない。石狩海岸のような景観において、グリーンインフラとしての多機能性を十分に評価するためにも、景観的連続性を考慮した「海岸砂丘系」として海岸景観を捉え、評価することが求められる。

石狩海岸の保全・活用

　海岸は管理形態・関連法規が複雑に入り組み、管理主体間での調整が必要なことが多く、また、管理主体も限られた人員・予算で対応しきれない状況も理解できる。石狩海岸ではそのギャップを埋めるべく、2011年に石狩海岸に関わる市民グループの代表者が集まり、市民団体(現NPOいしかり海辺ファンクラブ)を設立して、利用マナーの策定、利用者への普及啓発、環境教育プログラムの提供、フットパスルートの選定と整備、海岸のパトロールと車両乗入れ防止柵の修復、石狩浜海浜植物保護センターの運営など、管理主体と協働しつつ「新しい公共」の形を模索しながら非常に公益的な活動に取り組んでいる[4]。

　石狩海岸は人口減少社会における都市と砂浜海岸との関係において、レジリエンスの高い新たな海辺のモデルを提示している。すなわち、海域と陸域の境界である海辺をグリーンインフラとして、海岸砂丘系の保全並びに多様性の担保、これらの景観がもたらす防災・減災・教育・観光・レクリエーションといった生態系サービスの保全と活用、そしてこの景観を持続的に管理するための「新しい公共」による市民と行政の協働である。200万都市・札幌圏でこの海辺のモデルが維持されている意義は大きい。近い将来、既存の道路や上下水道といったインフラの維持管理すら困難になるとの指摘もあり[9]、気候変動に適応し、持続可能な海辺の姿を創造したい。

注:本論はランドスケープ研究[10]に寄稿した原稿をもとに、再構成し加筆したものでる。

■ 引用文献

1) 環境庁自然保護局編(1998)「海辺調査」第5回自然環境保全基礎調査 総合報告書・データ編
2) 松島肇、浅川昭一郎、愛甲哲也(2002)「北海道沿岸域における自然景観の保全に関する研究」ランドスケープ研究 Vol. 65. No. 5. 633-636頁
3) 永松大、松島肇(2014)「日本の海浜植生、その現状と将来への提言」景観生態学. Vol. 19. No. 1. 1-3頁
4) 松島肇、有田英之、内藤華子、菅原峻(2014)「石狩海岸における海浜環境の多様性とその保全への取り組み」景観生態学. Vol. 19. No. 1. 41-49頁
5) 松島肇、有田英之、内藤華子、菅原峻(2015)「訂正:石狩海岸における海浜環境の多様性とその保全への取り組み」景観生態学. Vol. 20. No. 1. 67-68頁
6) Kaneko K.、Oshida K.、Matsushima H. (2013)「Traditional Food Culture (Local Cuisines、Japanese Sake) That Has Been Nurtured by the Rich Nature of the Region: The Case of the Coastal Area in Chiba Prefecture, Japan.」Food and Nutrition Sciences. Vol. 4. 964-971頁
7) ミツカン水の文化センター(2005)「ハーグ郊外の国営砂丘水道 砂丘はオランダのめぐみ」水の文化.No. 19. 24-25頁.
8) MacLachlan A. and Brown A.C.「The ecology of sandy shore」Academic Press、2006.
9) 中村太士(2015)「グレーインフラからグリーンインフラへ 自然資本を活かした適応戦略」森林環境2015. 89-98頁
10) 松島肇(2016)「砂浜海岸に見る海辺のレクリエーション利用と景観保全」ランドスケープ研究. Vol. 80. No. 3. 200-203頁

執筆者プロフィール

松島 肇（まつしま・はじめ）
北海道大学大学院農学研究院 講師

1972年「気比の松原」の福井県敦賀市生まれ。東京湾沿いの千葉市で育ち札幌市へ。2002年北海道大学大学院農学研究科修了。助手、助教を経て現職。海岸景観の保全と利用管理について研究。2011年の震災以降、特に海岸砂丘の有する減災機能を強く意識するようになり、グリーンインフラとしての海岸砂丘の復権に取り組んでいる。博士（農学）

`19.農山漁村` 海岸

グリーンインフラとしての海岸湿地・干潟

河口 洋一（徳島大学大学院理工学研究部）
西廣 淳（東邦大学理学部生命圏環境科学科）

海岸や河口に広がる湿地や干潟は生物多様性のホットスポットであるだけでなく、高潮の軽減など重要な防災機能も有する。人工的な沿岸防災施設とは異なり、沿岸の湿地や林は、撹乱から自律的に回復する能力を持つ。ここでは国内外の事例をもとにグリーンインフラとしての湿地や干潟の役割を紹介し、今後の方向性を議論する。

東日本太平洋沖地震で発生した津波は、多くの人の命を奪い生活に甚大な被害をもたらしただけでなく、海岸の自然環境にも大きな変化をもたらした。沿岸の防潮堤は破壊され、クロマツの海岸林が広範囲でなぎ倒された。海岸近くの湿地や干潟の姿も大きく変わり、多くの生きものが姿を消したようにも思われた。

しかし、津波の翌年には多様な海浜植物とともにマツ類の実生が高密度で確認され、林床に海浜植物を伴うクロマツ林が回復する兆候が認められた（写真1）[1]。また干潟の生物の残存、回復も確認されるようになった[2]。これらの事実は、津波のような大規模な撹乱を受けても、海岸の生態系は自律的に回復する能力をもっていることを示唆している。

このような生態系の回復能力は、撹乱が生じる前の生態系から引き継がれた植物の種子や地形（これらを生物学的遺産という）の存在や、異質性の高い生態系が相互に連結していることにより発揮される。仙台海岸を例にすると、海岸には砂浜と海岸砂丘、河口付近には干潟や湿地があり、さらに人によって作られた海岸林、水路、農耕地といった環境がパッチ状に存在してい

写真1 ■ 津波を受けた仙台湾岸でのクロマツの実生更新（写真：西廣 淳）

る[2]。川から海に運ばれた土砂は沿岸を漂い、それらは風や波によって打ち上げられて砂浜を形成する。さらに流入する川の河口部では潮の満ち引きと土砂の堆積・浸食により干潟がつくられる。このような土砂の動態は、津波による撹乱を受けた後の地形の回復を可能にするものと考えられる。

アメリカにおける海岸湿地の機能への注目

　近年、海岸湿地の防災機能が注目されている。アメリカの東海岸、ニュージャージー州にあるサウス・ケープ・メイには、渡り鳥の中継地として有名な湿地が海岸に沿って広がっている。この湿地は環境NGOのネイチャー・コンサーバンシーが土地を購入し、連邦政府や州政府の支援を受けながら、自然再生事業を行っている。2012年の秋、大型ハリケーン・サンディがアメリカの東海岸に上陸し、海面の上昇による氾濫でニューヨーク市をはじめ多くの地域に未曾有の大被害をもたらした。しかし、サウス・ケープ・メイでは、広大な湿地に海水が侵入したため、湿地周辺の市街地における高潮の被害は軽減された[3]。また、嵐によって起きる波の減衰に湿地の植生が役立つことも明らかにされている[4]。

　サウス・ケープ・メイの湿地は大西洋フライウェイにおける渡り鳥の中継地で、世界有数の探鳥地であるため多くのバードウオッチャーがこの地を訪れ、その経済効果も大きい。減災、生物多様性保全、地域経済に貢献する湿地はグリーンインフラの優れた事例といえる。

　沿岸の湿地だけでなく、サンゴ礁、マングローブ、カキ礁、砂丘なども、波や暴風そして高潮などを弱める機能を持つ。さらにこれらの生態系は、平常時には水質浄化、生物多様性保全、水産物供給、炭素蓄積、風景の保全などの生態系サービスをもたらす。このような多機能性はグリーンインフラの重要な特徴である。さらに、コンクリート製の防潮堤は時間とともに劣化し、また損傷すると補修が必要であるのに対し、自然の地形や植生は、生態系の連結性が維持されていれば自律的な回復が期待できる。

　気候変動への適応能力も、グリーンインフラの大きなメリットである。気

候変動に伴い海面が上昇すると、コンクリート製の防潮堤では、設計どおりの高さの波に対応することが難しくなる。これに対し、マングローブ林やカキ礁などの場合、海面の上昇に合わせてその高さも上昇するため、波浪軽減などの機能は維持される。

このようなメリットがある一方、グリーンインフラの弱点も指摘されている（表1）。例えば、コンクリート製のインフラは完成直後から機能を発揮できるのに対し、グリーンインフラは機能を発揮できる程度まで発達するのに長期間を要する場合が多い。またグリーンインフラのみで防災機能を担保させようとすると、広大な面積を要することも弱点の一つである。例えば高潮を5〜25cm減衰させるためには、1kmにわたる沿岸植生が必要であるという評価がある[4]。このようにグレーインフラとグリーンインフラは相互に長所・短所が異なるため、両者を組み合わせたハイブリッド型のインフラが有効であることが指摘されている[5]。

これらを踏まえ、アメリカやヨーロッパでは沿岸防災におけるグリーンインフラの活用の検討や推奨が進んでいる。例えばハリケーン・サンディによる被害からの復興計画では「インフラ投資の全てにおいて、グリーンインフ

表1 ■ 海岸防災のためのグレーインフラとグリーンインフラの長所と短所

	長所	短所
グレーインフラ	・計画論や設計論が確立している ・機能の評価や予測がしやすい ・完成直後から機能を発揮する	・海面変動が進行すると十分に機能しなくなる ・経年的に劣化する ・供給できる生態系サービスが限定される ・危険性を認識しにくくなる ・有事には機能するが平常時は役に立たない
グリーンインフラ	・魚類の生息、水質改善、炭素蓄積、観光資源など、多様なサービスを供給できる ・時間にともなって生態系が発達することで機能が強化される ・撹乱を受けても自律的に回復できる ・海面変動などの状況変化に順応できる ・建設コストが安価である	・実例が少なく計画論や設計論が確立されていない ・機能の評価や予測が困難である ・自然再生によって整備する場合、機能を発揮するまで時間を要する ・たいていの場合、広い面積を必要とする ・コスト・ベネフィット評価に必要なデータが不足している

文献6）の表の概要を翻訳

ラの選択肢を検討すること」が明記されている[6]。

日本での動向

　日本においても、2014年6月に閣議決定された国土強靱化基本計画には、「海岸林、湿地等の自然生態系が有する非常時（防災・減災）及び平時の機能を評価し、各地域の特性に応じて、自然生態系を積極的に活用した防災・減災対策を推進する」ことが述べられている（http://www.cas.go.jp/jp/seisaku/kokudo_kyoujinka/pdf/kk-honbun-h240603.pdf）。しかし、グリーンインフラの考え方や設計論が十分には整備・普及していないため、各地において試行錯誤が進められている段階にある。

　太平洋に面する四国の沿岸部では、近い将来に発生が予測される「南海トラフ巨大地震」のハード対策が急がれている。例えば徳島県の阿南市を流れる那賀川の河口域では、津波と高潮の対策で堤防のかさ上げ工事が行われている。

　那賀川は、剣山山系のジロウギュウ付近を源流に東流し、紀伊水道に注ぐ流路延長125km・流域面積874km^{2}の一級河川である。那賀川河口の右岸にはLEDや化学製品、電子機器の工場が進出する工場地帯で、阿南市の経済基盤として重要な場所である。左岸は堤防の背後地に住宅が近接しており、また、堤防の前には那賀川で唯一の泥干潟が存在している。この干潟は下流に向かって発達した砂嘴（さし）の内側にあり、河床は泥や砂泥が堆積している。干潟には環境省そして徳島県のレッドデータブックに記載されているトビハゼ、タビラクチ、チワラスボといった魚類や、シオマネキ、ハクセンシオマネキといった甲殻類、さらにフトヘナタリなどの貝類が確認されており、那賀川汽水域のホットスポットとなっている。

　堤防のかさ上げ工事は、既設堤防を3.8mかさ上げするに当たり、住宅地が迫る堤内地側に堤防を広げることが難しく、そのため、干潟のある堤外地側に広げる計画が検討された。その結果、工事に伴い広い面積の干潟が影響を受けることになり、環境保全検討委員会が立ち上がった。本来の防災機能

を維持した上で、干潟環境への影響を軽減するための手法や対策が検討された。工事の工期が迫っていたため、限られた時間での検討となったが、堤防の法勾配を干潟区間では3割からより傾斜の緩い2割に変更することで、干潟の改変範囲を当初計画の24%消失から10%に低減することができた。また、透水性矢板や穴あきブロックによる空隙の確保など、使用する材料そして工事手順の見直しも行われた（写真2）。

さらに、消失する干潟と同等面積の代替地づくりも行われた（写真3）。現在は環境回復モニタリング委員会において、実施された環境保全対策のモニタリング結果を検証し、順応的管理が行われ、環境保全対策は良好に推移している。

那賀川河口域における防災工事では、環境保全の取り組みが丁寧に行われたが、このような手続きを行ってもなお、課題が残されている。それは、時間的余裕がない防災工事のため、堤防のかさ上げ工事と同時に代替地を作らざるを得なかったことである。そもそも那賀川流域には、まとまった面積の干潟が1カ所しかない。そのため、環境保全措置や代替地づくりがうまくい

写真2■ 那賀川河口の干潟と堤防かさ上げ工事（写真：河口 洋一）

写真2■ 那賀川河口で造成した干潟の代替地（写真：乾 隆帝）

かない場合、生物が大きく減少する危険性がある。例えば、干潟の生きものであるアナジャコ類やテッポウエビ類は、底泥に巣穴を掘り利用するが、その巣穴は希少ハゼ類も利用する。干潟に生息するハゼ類の中には自分で巣穴を掘ることができない種があり、そのようなハゼ類は、巣穴を掘るアナジャコ類やテッポウエビ類が定着した後でないと定着することができない。このように代替地への生きものの定着に時間を要する場合、保全策の効果が十分に発揮されない可能性がある。時間的制限のある工事ではこのようなリスクが生じるため、もしこれまでに干潟を増やす取り組みを行っていれば、今回の工事においても、保全策の検討がしやすかったと思われる。

海岸湿地による防災・減災

これまで湿地や干潟の保全上の価値については重要視されてきたが、今後は生物多様性保全に加え、減災や経済効果など複数の役割を評価することで、保全も結果的に実現されるようになるだろう。湿地や干潟の持つグリーンイ

ンフラの機能を発揮させるには、現在の湿地や干潟を保全するだけでなく、再生を進めることが望まれる。さらに、自然災害に加え気候変動による海面上昇が進行することを考えると、海岸や河口に広がる湿地や干潟、砂浜や海岸林など異質性の高い生態系が相互に連結して存在する状態を維持し、それらグリーンインフラとグレーインフラの個々の特性を活かしたハイブリッド型のインフラ整備も検討することが望まれる。

■ 引用文献
1) 富田瑞樹・平吹喜彦・菅野洋・原慶太郎（2014）低頻度大規模攪乱としての巨大津波が海岸林の樹木群集に与えた影響.保全生態学研究 19: 163-176.
2) 五十嵐由里・郷右近勝夫・鈴木孝男・富田瑞樹・原慶太郎・平泉秀樹・平吹喜彦・松本秀明（2014）海辺のいのちのメッセージ：仙台湾海岸でよみがえる ふるさとの自然.南蒲生／砂浜海岸エコトーンモニタリングネットワーク
3) Greg Hanscom(2013)Nature vs. nature: Is "green infrastructure" the best defense against climate disasters？ http://grist.org/cities/nature-vs-nature-is-green-infrastructure-the-best-defense-against-climate-change/
4) カテリーナ・ウォウク（2015）ハリケーン・サンディ復興戦略と海岸のレジリエンス:自然インフラとハイブリッド型アプローチ.古田尚也(監)特集　防災・減災のためのエコロジカルデザイン. BIOCITY.No. 61. 22-29頁.株式会社ブックエンド.
5) IUCN（2013）減災(災害リスク軽減)のための環境の手引き.人間の安全保障と気候変動適応のための健全な生態系. http://www.bdnj.org/pdf/140509.pdf
6) Sutton-Grier AE, Wowk K, Bamford H（2015）Future of our coast: The potential for natural and hybrid infrastructure to enhance the resilience of our coastal communities, economies and ecosystems. Environmental Science & Policy 51: 137-148.

執筆者プロフィール

河口洋一 （かわぐち・よういち）
徳島大学大学院理工学研究部 准教授

新潟大学大学院自然科学研究科環境科学専攻博士後期課程修了、博士（学術）。応用生態工学会副幹事長。専門は河川生態学・生態工学。「防災などの公共事業と生物多様性保全・河川海岸システムの保全を両立させる技術・理念として、グリーンインフラに期待」

西廣 淳 （にしひろ・じゅん）
東邦大学理学部生命圏環境科学科 准教授

206ページ参照

COLUMN 7

人口減少、気候変動下における
グリーンインフラ

中村 太士（なかむら・ふとし）北海道大学大学院 農学研究院

　東日本大震災が起こり、気候変動に伴う豪雨災害が頻発化する中、日本政府は国土強靭化基本法を制定した。一方で、上昇を続けてきた日本の人口は、2011年以降減少に転じた。特に地方の人口減少は深刻で、北海道の道東や道北の人口は、2005年から30年間で約40％低下する。その結果、都市圏への人口集中は益々進み、地方の過疎化と農林地放棄が進行する。さらに戦後復興期や高度経済成長期に作られた道路、鉄道、水道などの社会資本は既に老朽化し、2037年度には維持管理・更新費が投資総額を上回り、必要な更新費が得られなくなると試算されている。地殻変動や気候変動、人口減少、社会資本の老朽化といった課題を抱える日本の将来を考えた時、人口減少に伴う土地利用の変化を先取りし、洪水や津波危険地からヒトが撤退することができれば、放棄された土地に自然生態系を再生し、豪雨時や地震時のグリーンインフラとして利用することが可能になる。

　筆者らは、農地（北海道）、都市（静岡県）、海岸域（徳島県）におけるグリーンインフラの生物多様性保全機能と防災機能を自然科学並びに環境経済学の視点から評価して、グリーンインフラを再生するための地域合意とモニタリング手法を開発し、国土形成に果たすグリーンインフラの役割を明らかにする研究を進めている（環境研究総合推進費4-1504）。特に環境省の保護増殖事業との連携、病院と協働した障がい者によるモニタリング手法の開発、南海・東南海地震への対応を含めた防潮林や水田の治水機能に関する工学的評価により、日本全国に適用できるプロトコルを提供したい。

　既に多くの成果は出始めており、その一部を紹介したい。北海道では、湿地を開墾して作られた農地が放棄された場合、数十年で湿地性の植物、昆虫、鳥類群集が回復し、放棄地をグリーンインフラとして確保できれば、洪水や

写真1 ■ 舞鶴遊水地と2016年3月16日に飛来した2羽のツル

　高潮の被害を軽減できることが明らかになっている。また、研究対象とする舞鶴遊水地にかつて生息していたタンチョウが飛来し（写真1）、周辺地域との連携、社会経済的な面も踏まえた新たな地域づくりを目指した具体的な検討が始まった。静岡県では、特別支援学校の高校生と遊水地内の埋土種子を調べ、地上植生よりも多くの種が地下に存在していたことが分かった。さらに、遊水地内に、障がい者が活用する水田がつくられることにより、植物種多様性が約5倍に増加し、絶滅危惧種も確認できるようになっている。また、徳島県では鹿児島県出水市に集まっていたナベヅルが飛来するようになり、その生息場所が浸水想定地域と重なるなど、生物多様性保全と洪水防御の二つの面から水田利用の重要性が示されている。

> 20.農山漁村　遊水地

アザメの瀬と加茂川流域再生

厳島 怜（九州大学 持続可能な社会のための決断科学センター）

戦後の急速な都市化による洪水被害の増大、河川改修、農地における圃場整備、水資源開発や洪水防御のためのダム建設などにより、河川は姿を変え、人の関係性も大きく変化した。本来、河川は多面的機能を有するグリーンインフラであり、様々な恵みを地域にもたらしてきた。これらの機能を復活させるためには、物理的な環境改善だけではなく、人と河川の関わりを構築することが必要である。

ここでは、河川・流域を対象としたグリーンインフラの事例として、再生氾濫原のアザメの瀬と加茂川流域再生の事例を説明する。グリーンインフラは地域資源を活用するため、地元住民との合意形成やグリーンインフラの利活用による維持管理が必要となる。アザメの瀬では、整備した再生氾濫原を地域が活用することでグリーンインフラの機能が持続される好例であり、加茂川流域はグリーンインフラの計画段階から地域住民が参画する事例である。

再生氾濫原"アザメの瀬"

　氾濫原と呼ばれる洪水時に浸水する低平地は、稲作に適した土地であるため、新田開発や河川改修により失われてきた。かつては、消失した氾濫原の代替機能を水田が果たしていたが、圃場整備によって河川と用排水路と水田の連続性の欠如や水路環境の劣化に伴い、ドジョウやナマズといった氾濫原湿地に依存する生物の生息場が失われている。紹介する再生氾濫原のアザメの瀬は、流域内で消失してしまった氾濫原を再生する自然再生事業であると同時に、洪水時に水を貯留することで治水機能を有したグリーンインフラである。

　アザメの瀬は、佐賀県を北流する一級河川松浦川の河口から15.6kmに位置している（図1）。松浦川は、中上流域で大きく蛇行を繰り返す河川で、川沿いの平地や盆地は度々水害に悩まされてきた。アザメの瀬地区も事業実施前は水田であり、年に一度の頻度で洪水被害を受けていた。そのため、河川管理者である国土交通省によって治水対策が図られることとなり、堤防を築く方式や遊水地を建設する方式が検討されたが、地元との協議の結果、アザメの瀬地区の水田を買収し、氾濫を許容する地区とすることで下流域の洪水流量の低減を図る方式となった[1]。

　計画案として、アザメの瀬地区の大部分の地盤を切り下げて湿地とし、湿地環境維持のために直接的な洪水流の流入や土砂による埋没を防ぐため、洪水時には下流側に位置する流入口から水が流入する方法（バックウォーター式）が採用された。湿地内には洪水の導入や排水を目的としたクリー

図1 ■ アザメの瀬と加茂川流域の位置図

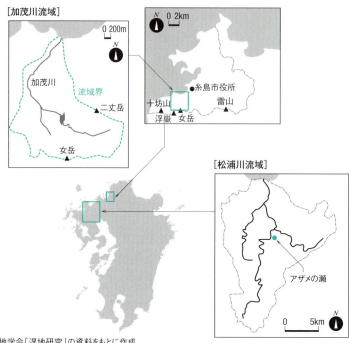

日本湿地学会「湿地研究」の資料をもとに作成

図2 ■ アザメの瀬平面図

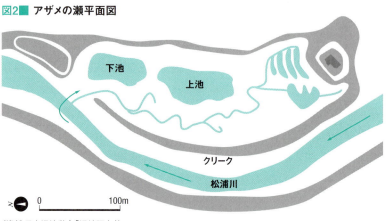

(資料:日本湿地学会「湿地研究」)

クや湿地とつながった水田、観察路などの教育・学習施設を設置した[2]（図2）。工事完了から10年が経過したアザメの瀬の平常時と洪水時の様子を写真1に示す。

住民参加と合意形成

事業実施にあたり、徹底した住民参加によって事業計画を立案したことも大きな特徴である。地域住民、学識者、行政のメンバーで構成された「アザメの瀬検討会」を月に一回程度開催し、計画案や維持管理体制について議論が交わされた。検討会では下記の七つの合意形成ルールが定められ、意思決定をする主体は行政や学識者ではなく、地域住民であることが明示された。①メンバーは非固定の自由参加とする、②月に一回程度のペースで繰り返し話し合う（一度決まったことも知識の蓄積や状況の変化に応じて再度話し合う）、③検討会の進め方についてもみんなで話し合って決める、④老人会・婦人会などに積極的に参加し、幅広く地元の意見・知識を吸収する努力をする、⑤会場を固定せず複数の場所で開催する、⑥「〜してくれ」ではなく、「〜しよう」を基本姿勢とする、⑦学識者の立場をアドバイザーとして位置付け、主体はあくまで住民とする[2]。

グリーンインフラは地域の自然資源を活用するため、その効果を持続して

写真1 ■ 平常時と洪水時のアザメの瀬の様子（左：平常時、右：洪水時）（写真：林 博徳）

発揮させるためには、地域のコミュニティーの連携、協働が必要となる。アザメの瀬では、検討会の過程で活動を支援する住民主体の自治組織「アザメの会」が発足し、現在も主体的に活動を続け、事業の効果を持続させる試みが続けられている。

順応的管理

　アザメの瀬では、施工後の現地の動植物の生息・生育状況や地下水位などのモニタリング結果に合わせて、地盤高や地形勾配などを変更する順応的な管理が行われている。第一次施工の完了後、中間モニタリングが実施され、以下の計画変更が行われた。①クリーク周辺の土地が乾燥することから、クリーク河岸の地盤高を下げる、②陸生の外来植物の繁茂を抑制し、目標である湿地植生域を拡大するために、法面を急勾配とし、冠水頻度が高い湿地部分の面積を拡大する、③湿地水温の上昇や外来草本の繁茂を抑制するために、ヤナギ類を植樹する、④クリーク上流部の河岸崩壊を抑制し、一定の水面幅を確保するために河岸に木柵を設置する[2]。

　グリーンインフラは自然の機能を活用するため、施工後に計画通りの機能を発揮しないことが想定される。自然の状況に合わせて柔軟に計画変更を行うことや、変更を見通して計画を策定することが重要である。

生物のモニタリング結果

　現在、アザメの瀬では32種の魚類が確認されており、特に、産卵期に氾濫原的湿地環境を必要とするギンブナ、コイ、ナマズ、ドジョウなどが多く確認されている。擬似産卵床を用いた調査では、アザメの瀬に産卵されるコイ科魚類の卵の個体数は、松浦川本川の約50倍であることが明らかになっている。植物相も豊かであり、洪水時にアザメの瀬に流されてくる種子を捕捉した結果、100種以上の種子が流されてくることが明らかとなった。冠水頻度が高い地点では湿地性植物群落が定着しており、ヤナギタデ、ミゾソバなどが見られる。そのほか昆虫類も豊富で、ガムシ、ミズカマキリ、

コオイムシなどが多数生息しており、北部九州最大のコオイムシの生息地となっている[2]。

維持管理体制

　日本は温暖多雨な気候で植物の成長が速く、草刈りなどの植物の管理が必要となるため、維持管理はグリーンインフラ導入に際し大きな課題となる[3]。アザメの瀬ではグリーンインフラの恵みを持続的に享受するため、住民主体で維持管理を行っている。主に、①草刈りなどの植生管理・清掃、②小学生を対象とした環境学習教室、③地域で昔から取り組まれていた伝統的行事の三つが維持管理活動として行われている。これらの活動は全て、住民が主体的に関わることによって実施されている。特に、②はアザメの瀬において、小学生が生物や自然環境について学習するものであり、アザメの瀬計画当初の目標であった「人と自然のふれあいの再生」を達成するとともに、次世代の維持管理の担い手の育成にも貢献している[4]。

グリーンインフラによる加茂川流域再生

　河川・流域を対象としたもう一つの好例が加茂川の流域再生だ。福岡県糸島市の西部を流れる加茂川は、流路延長4km、流域面積7km^{2}の小流域である（図1）。森林の荒廃、砂防堰堤による土砂抑止と長期湛水による水質悪化、河川改修工事による河道の劣化、河口の人工化など、上流から下流に至るまで、典型的な河川環境の劣化が生じている。かつては、アユやシロウオが多く遡上し水産資源として活用されていたが、近年では著しく減少。また、水質の悪化による親水機能の低下、景観劣化などの問題が発生している。加えて、若年層の都市への移住などにより人口減少・高齢化が進んでいる地域である。

　加茂川は源流から海まで全ての区間を、佐波区という単一の集落を流下している全国でも珍しい流域で、加茂川は佐波集落にとって重要な生活基盤である。地域住民の加茂川に対する意識は強く、地域で独自に「佐波マスター

プラン」を作成し、加茂川流域の再生を重要課題として位置付けている。九州大学と糸島市は連携協定を有していることもあり、2014年度より地域住民と流域再生ワークショップを実施し、加茂川の流域再生の具体的方策について議論を重ねている。

加茂川の地域資源とグリーンインフラ計画

「佐波マスタープラン」では地域の誇りとして加茂川を中心とした自然環境が記載されている。豊かな自然環境は地域の重要な資源であり、集落の活性化、持続可能な地域づくりのためには、環境が劣化した加茂川を中心とする流域を再生することが重要である。そこで、加茂川流域の地域資源と課題について、以下に整理する。

① 水産資源

かつてはシロウオ、アユ、ツガニなどが多く生息し、食料資源として活用されてきた。しかし、近年では河川環境の劣化や水質の悪化によって生息数が減少してきており、河川再生によるこれらの種の回復は急務である。

② 森林資源

流域の多くは森林であり、上流域ではスギの植林地が大部分を占め、福岡県森林組合が間伐などの維持管理を行っている。また、民家に近い場所では、耕作放棄地の竹林化といった課題を有している。森林資源は建材、土木資材、バイオマス発電の燃料としての活用が可能であるため、森林の適切な管理や利用方法について検討が必要である。

③ 水資源

加茂川流域の大部分は山地であり、水量が豊富な河川である。現在でも隣接する流域へ農業用水を供給している。豊富な水量を活用した小水力発電、源流部の採水場（真名子の銘水）を活用した水のブランド化など水資源を活用した地域活性化の方策について検討が必要である。

④ 景観資源

加茂川上流部に位置する二丈渓谷は滝が連続する景勝地であり、福岡都市

近郊ということもあり景観資源としての活用が可能である。

　加茂川流域に存在する地域資源はいずれも自然資源であり、グリーンインフラとしての活用が可能である。地域資源の恵みを最大限享受するための方策について、佐波区と九州大学が合同でワークショップや現地調査を行い、図3に示す具体的なプロジェクトを立案している。現在、プロジェクトを実現させるための調査、研究を地域と合同で行っている。

流域再生の実現に向けた課題

　これらのプロジェクトを実現させるには課題が多く残されている。流域全体を再生するためには、森林、砂防、河川、農業、海岸、海洋、水質、生態系など、多様な学術分野を横断する科学的知見の蓄積が必要となる。しかし、

図3■ 合同現地調査により明らかとなった加茂川の課題とプロジェクト

❶河口域の自然再生

❷河道の自然再生

❸真名子堰堤の水質対策

❹二丈渓谷の滝見分け

❺森林再生（竹林化、維持管理）

❻小水力発電の導入

学術体系は明治期以降、管理者に対応して分化してきたため、縦割りの学術分野を横断的につなぐ必要がある。また、これらを管理する行政主体も分化しているため、連携する主体を形成することが必要となる。グリーンインフラはこうした課題を横串で解決する方策であるものの、具体的な計画論はまだ整備されていない。グリーンインフラの整備や維持管理の主体は地域であり、地域に根ざしたものでなければその効果を持続させることは困難であることから、計画策定に際し、地域が伝統的に蓄積してきた智恵と科学的知見をつなぐことも重要である。計画段階から、地域の思い描く計画と科学的根拠をすり合わせ、協働して計画案を作成する必要があり、協働のプロセスなくしてグリーンインフラは成立し得ない。そのためには、多様な主体が参加した検討会を重ねる必要があり、計画の策定には時間を要する。加茂川流域の再生は緒に就いた段階であり、多様な主体の協働、科学的知見の集積を通じて流域再生を実現することでグリーンインフラの計画論の構築を目指していきたい。

河川グリーンインフラの適用可能性

現在、気候変動による水災害の激甚化や人口減少に伴う地域の衰退が国土管理における課題となっている。河川をグリーンインフラとして活用することは、これらの問題解決に大きく貢献する。河川や氾濫原の再生、伝統知・地域知の活用は大規模水害対策として有効であり、河川を活用して地域のためのエネルギーを生産することや水産資源の再生は地域創生の柱となり得る。河川の多面的機能を最大限発揮させるための計画づくり、計画段階からの住民参加が重要である。

■ 引用文献

1) 島谷幸宏、今村正史、大塚健司、中山雅文、泊耕一（2003）「松浦川におけるアザメの瀬の自然再生計画」河川技術論文集.Vo.9.451-456頁.
2) 林博徳、島谷幸宏、小崎拳、池松伸也、辻本陽琢、宮島泰志、安形仁宏、添田昌史、川原輝久「再生氾濫原アザメの瀬における取り組みの包括的報告と事業評価」湿地研究.Vol.2.27-38頁.
3) 島谷幸宏、厳島怜（2015）「グリーンインフラ（案）」九州大学グリーンインフラ研究拠点編,アオヤギ株式会社.
4) 林博徳、島谷幸宏、泊耕一（2010）「自然再生事業における維持管理体制の在り方に関する一考察」河川技術論文集.Vo.16.535-540頁.

執筆者プロフィール

厳島 怜（いつくしま・れい）
九州大学 持続可能な社会のための決断科学センター 助教

1984年千葉県生まれ。専門は河川工学、河川環境。大学院修了後、国土交通省入省。水管理・国土保全局河川計画課を経て、2014年より現職。「持続性、強靭性を併せ持つグリーンインフラの導入により、自然環境と人間社会が調和した、美しく安全な国土が実現されることを期待しています」

21.農山漁村 集落

地域がつなぐグリーンインフラ

豊田 光世（新潟大学研究推進機構 朱鷺・自然再生学研究センター）

海に面した佐渡島・両津福浦の集落を、安心して暮らせる地域へと発展させたい——。地域住民の有志が集まって始めた津波避難道整備のプロジェクトが、様々なアイデアをつなげる対話の場を通して、地域のカッパ伝承を活かしたまちづくりに発展している。グリーンインフラの多機能性は、人びとの創造的思考で深化する。

グリーンインフラの推進において重要な課題の一つは、地域固有の自然資源の特徴や課題を総合的な観点から捉えて、地域環境が持つポテンシャルを高めていくことである。

　これまでのインフラ整備の多くは、自然環境の機能を十分に活かしきれずに、むしろ機能を限定させる形で進んできた。例えば、治水のための河川整備では、水をいかにためるか、あるいは水をいかに早く海まで流すかという視点で、ダムの設置や河川構造の改変を進めた。川を流れる土砂は、下流域に被害をもたらすやっかいなものとして、流出しないように抑えられた。その結果、多くの川は、生きものの乏しい、無機質なものとなり、海岸浸食も深刻化した。

　こうした課題を踏まえて、グリーンインフラでは、自然環境の「多機能性」を重視した国土保全が目指されている。例えば「川」であれば、単に「水が流れる場所」と捉えるのではなく、生きものの生息環境、洪水調整、森から海へのつながり、人びととの憩い、産業など、多角的な価値があるものとしてみていくのである。その際、多彩な関心がある市民の参加が、極めて重要な意味を持つこととなる。地域環境の様々な要素や機能をつなげながら包括的に捉えていく視点を醸成させることは、縦割りの意思決定に拘束されている行政システムのなかでは難しい。地域を一つの総体として捉え、様々な資源や課題を連関させながら考えていくことができるのは、まさに地域で暮らす人びとなのだ。

　グリーンインフラの「多機能性」を高めていくためには、インフラデザインのプロセスをいかに参加型・協働型で構築していくかが重要となる。様々な立場の人びとの参加を実現し、豊かでサスティナブルな地域社会の在り方を多角的に吟味することが、地域環境の多様な機能を活かしていくことにつながる。

　本章では、佐渡島の両津福浦という集落で展開した住民主導の津波避難道整備を事例として、「人びととの対話と協働」が地域環境を多面的に発展させていくうえでどのような意味をもつかを考える。

国道沿いの平凡なまちの変化

　島を横断する唯一の国道沿いに、両津福浦の集落はある（図1）。港へと向かう道の両側に広がる集落の風景を、多くの島民は車窓からしか眺めたことがない。住宅や空き店舗が並ぶ、平凡な町並みが続いており、国道を車で走っているだけでは、個性が見えてこない。両津福浦で地域づくりのプロジェクトに取り組みたいという相談を受けた時、どのような地域資源があるのか見当がつかず、展開の可能性についてイメージが湧かなかった。地域の人も同じように感じていたそうだ。

　しかしながら、2012年から始めた活動を通して、当初に感じていた集落のイメージは、大きく覆されることとなった。70歳を超えるシニアの世代が中心となり、集落の特徴と課題を分析し、その地域の地形、歴史、文化を活かした多彩な活動を展開したのである。安心して暮らすための防災と福祉のインフラ整備が進んで、他の集落の住民が視察に訪れるほどにまで活性化した。

　両津福浦で地域づくりの活動が始まったきっかけは、この集落が隣接する加茂湖という汽水域の環境保全活動に住民が参加していたことにある。加茂湖では、「佐渡島加茂湖水系再生研究所」という市民組織が母体となって、漁業者や流域住民、行政関係者、研究者が知恵を出し合い、自分たちの手で加茂湖を保全するための方策を考え、実践につなげている。メーンの活動は、矢板護岸の前にヨシ原を再生する自然再生事業である。「市民工事」というコンセプトのもと、計画から資金調達、施工、維持管理までのプロセスを市民主導で進めている。こうした加茂湖での活動に参加していた女性

図1　両津福浦地図

の一人が、ぜひ地元の集落でも何かプロジェクトに挑戦したいと考え、両津福浦での取り組みが始まったのである。

　2012年7月、東京工業大学の桑子敏雄教授を招いて、「ふるさと見分け」というまち歩きを行った。ふるさと見分けでは、空間（地形的地理的特徴）、時間（自然と文化の歴史）、価値（人びとの思いや不安）という三つの軸で地域の特徴を読み解いていく。20人ほどが参加して、福浦の様々な地域資源や課題を整理した結果、次のような意見が共有された。「福浦は低地に広がる集落のため、大震災が生じた際の津波被害が心配」、「水辺にまつわる地域伝承（カッパ伝説など）が豊か」、「縄文遺跡があることからも推測できるように、古来より人が暮らしやすい場所だった」、「高齢化が進み、地域に元気がなくなっている」、「多くの住民が地域の誇れる要素を認識していない」などである。こうした地域分析を踏まえ、どのような活動に取り組んでみたいか意見を出し合った。

　桑子教授と私たち研究者がアドバイザーを担い、人びとの関心や個性を活かして地域課題の解決方法を生み出す合意形成の理念とスキルを参加者に伝えた。また、話し合いで終わるのではなく活動実績を蓄積するためには、期限を設定して着実にアクションを生み出していくプロジェクトマネジメントの視点も必要である。こうしたことを学びながら、両津福浦の有志が「福浦ふるさと会」を結成し、2013年度から次の四つのプロジェクトに取り組み始めた。

（1）福浦・中ノ沢災害避難ルート整備
（2）福浦歴史年表作成
（3）伝説や伝統・文化を記載した小冊子作成
（4）福浦地区ふるさとマップ作成

　これらのプロジェクトを進めていくなかで、さらに新しいプロジェクトが生まれ、最終的には多彩な事業が展開していくこととなった。結成当時、ふるさと会のメンバーの平均年齢は71歳であり、高齢化という地域課題を越えての挑戦でもあった。

多様な機能が有機的につながる

　福浦ふるさと会が進めた最も大掛かりな事業は、避難ルートの整備である。集落の背後にある荒廃した山林を整備し、高台にある中ノ沢集落まで避難できる道をつくった。この山林は市の所有地であるが、事業の公共的意義を市に説明し、年度ごとの更新で10年間借用する許可を得て整備したのである。整備前、草木が茂り、人が全く通ることができない状態だった。人目につかない鬱蒼とした藪の中には、大量のゴミが投げ捨てられていた。ふるさと会のメンバーは、山林の清掃活動から道普請を開始した。

　ボランティアでの協力を申し出た地元の土木建設会社の支援のもと、地域住民が図面を描き、作業を行い、1年足らずで2本の避難道を完成させた。急いで丘の上まで登ることのできる「カッパの逃げ道」と、足が悪くてもゆっくりと避難できる緩やかな傾斜の「シャガの散歩道」である。これらの道を登り切れば、標高21mの地点まで避難することができるようになった。2013年10月20日に行われた道の完成記念イベントでは、地域に伝わるカッパの物語にちなんで参加者みんなでカッパのお面をかぶって渡り初めを行った（写真1）。子どもたちも楽しみながら、道の完成を祝った。カッパにふんしての練り歩きは、後に、近隣の福祉施設でのカッパ踊りの披露や、伝承を歌にしたカッパ音頭のCD制作などにも発展していった。

　両津福浦の住民にとって、避難道の整備は安心して暮らせる地域をつくるうえで、極めて重要な課題だった。約8割の住民が海抜6m以下の低地で暮らしているからである。過去に津波に襲われたという記録もあり、東日本大震災での津波被害を知った時、人ごととは思えなかったという。ただし、防潮堤建設の予定はなく、地域住民も必ずしもハード整備を望んでいたわけではなかった。そうし

写真1 ■ 避難道の渡り初めは地域伝承のカッパにふんして

たなか、住民主導で進めた避難道の整備は、自然災害に備えるための念願の事業だった。

　もちろん、安全なまちづくりは、道を造っただけで終わるわけではない。この道が災害時に活用されるようにするためには、日頃から地域の人びとが暮らしの中で道を使うことが重要である。そこで、ふるさとマップ作成のプロジェクトでは、避難道を活用した防災マップの機能の追加を検討することとなった。集落の様々な場所から避難道までどのくらいの移動時間を要するか、徒歩だけではなくシルバーカーを使って調べ、マップに記載した。移動時間の調査は、地域の女性たちが中心となって進めていった。このマップが完成したことで、地域外の人に集落の資源を紹介するまち歩きツアーも始まった（写真2）。

　福浦プロジェクトで中心的な役割を担った住民は、市民工事をはじめ多彩な事業を展開したことの成果について次のように語っている。「集落内外の

写真2■ 避難道の案内をする福浦ふるさと会メンバー

多様な立場の人びとが、連携して事業を進めたことが良かったのではないか。利用価値が少なく、荒廃していた地域の空間が、今では、散歩や生活のための道路として活かされている。何より、災害時の逃げ場を創出できた。市民工事を通して、連帯意識が醸成されていったと感じている」。

そもそも、なぜ連携が進んだのかを考えてみると、その理由として、活動を多面的に展開したことが挙げられる。「避難道を造ること」だけに関心が集中していたら、その他の関心を持つ人たち、例えば「カッパをテーマに活性化をしたい」、「一人暮らしの高齢者の交流の場をつくりたい」といった思いを持つ人たちは、プロジェクトに参加できなかった可能性がある。対話の場を設け、様々な関心や気づきをつなげたことで、新たな事業が次々と生まれていった（図2）。多機能性は、異なる視点を共有する対話と人びとの連携から、有機的に生成されていくのである。多彩な意見を紡いでアイデアを生み出すことは、合意形成の基本でもある。福浦ふるさと会では、二つのモ

図2 ■ 福浦ふるさと会の活動の発展

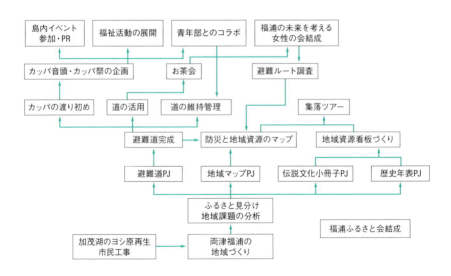

ットーをかかげ、コミュニケーションの場をつくり上げていった。
　(1)"ナイナイ"(人・時間・金)はタブー。小さなことから、一つずつ積み重ねましょう。
　(2)　できるだけ多くの人が協働して作業を進めましょう。
　こうした工夫は、創造的・建設的な対話を実現していくうえで、重要な意味をもつ。何かアイデアが生まれた時に、「できない理由」を挙げているだけでは実践的成果は生まれない。もちろんできないことはあるが、まずは思いやミッションを共有し、いかに実現するかを考えていくクリエイティブな思考を持つことが重要である。両津福浦の人びとは、話し合いに参加する際の姿勢をルールとして確認しながら対話と協働を進めたことで、多彩な可能性の発展につなげることができた。

対話と協働をいかにデザインするか

　グリーンインフラで重視されている「多機能性」は、どのような視点で構築していくべきなのだろうか。本章では、両津福浦の防災避難道整備を事例に、人びとの異なる関心をつなぐことで生成する多機能性について述べた。この事例は、住民が地域課題を分析しながらボトムアップで展開した事業であり、行政組織が主体となって進める一般的なインフラ整備とは異なる特徴を持つ。ただし、そのなかには、多機能性の追求に関わる重要な視座が含まれていると考える。
　多機能性の実現そのものが目的となると、インフラに多様な機能を付加することに焦点が置かれがちである。事業を進める人たちの頭の中で、整備しようとするインフラにどんな機能が付加できるかを考える。例えば、防災道に多機能性をもたせるために「福祉」、「レクリエーション」、「環境」などの要素を組み込んでいく。様々な働きの可能性を詰め込みさえすれば、多機能性を考慮したことになるという錯覚が生まれる。しかしながら、機能とは働きであり、ものと人との関わり、使い手のニーズや期待から生まれる。様々な価値を見いだす使い手がいるからこそ、その結果、異なる意味や機能が付

加され、その先に多機能性が生まれてくる。そのように考えるならば、グリーンインフラ整備で強調されている「多様な主体の参加」というプロセスこそ、多機能性の源泉となるのではないだろうか。

　多彩な声が共有される対話の場をつくり、地域環境の価値を読み解きながら、自然資源を活用する可能性を見いだしていく。重要なことは、声を共有し、地域を発展させるための策を共に考える場をデザインしていくということだ。グリーンインフラの理念に基づくマルチファンクショナルな国土づくりは、対話と協働が実現するような環境を整えることから始まるのではないだろうか。

執筆者プロフィール

豊田 光世（とよだ・みつよ）
新潟大学研究推進機構 朱鷺・自然再生学研究センター 准教授

佐渡島をフィールドに、地域環境の保全に向けた話し合いと協働の場をデザインしながら、多様な主体の協働による環境ガバナンスの在り方について研究を進めている。専門は環境倫理、合意形成、対話教育。兵庫県立大学環境人間学部講師、東京工業大学グローバルリーダー教育院特任准教授を経て、2015年9月より現職

22.農山漁村　集落

無人化地域のグリーンインフラ

深澤 圭太（国立研究開発法人 国立環境研究所）
岡田 尚（公益財団法人 日本生態系協会）

日本は人口減少時代に突入し、今後無居住化地域が全国的に拡大する。居住地としての機能が不要となった場所をグリーンインフラとして適切に管理することができれば、無居住化に伴う景観の荒廃を抑えられる。さらに新たな機能を付与すれば、周辺や流域の住民、過去にそこに生活していた旧住民にとって新たな価値を創出することが可能になる。

国の推計によれば、2050年には日本の現居住地域の20％が無居住化すると予測されている。これまで人為の干渉下で維持されてきた農村景観は無居住化により大きく変化すると考えられる。無居住化地域におけるグリーンインフラとは、無居住化によって生じる生態系サービスの劣化を抑制し、居住を前提としない新たな機能や利用価値を創出することにより、流域スケールで住民にとって住みよい環境を維持するための自然資本整備であると考えることができる。その具体的な手法としては、①森林への転換と機能の向上、②通いによる農村景観の維持、という二つがある。前者に期待される機能は二酸化炭素固定、災害の防止、シカ・イノシシといった獣害の防止などがある。後者では食料生産・景観向上・歴史文化機能の維持やコミュニティー維持などが期待される。過去に無居住化した集落の現状や、管理放棄された場所における近年の取り組みから、集落スケールでの無居住化に対するグリーンインフラの在り方と方法論について議論する。

森林への転換と機能の向上

　日本においては高度経済成長以降、産業構造の変化など様々な要因で各地に無居住化した集落が数多くある[1)2)]。数十年間無居住化した集落というと、どのような風景をイメージするだろうか？多くの読者は、植生遷移が進んでうっそうと茂った森林をイメージするかもしれない。確かに、そのような場所も確かに存在するが、実はそうでない場合もかなり多い。よく見られる光景は、ススキやササ類などに覆われた草地である。写真1は、無居住化後約40年経過した集落における水田跡である。このような集落跡に成立するススキ草原は、半自然草地のような種の多様度の高い植生とは大きく異なり、ススキが密生して他の植物種はあまり見られない。どのような場合に管理放棄された場所が森林に遷移するか草地にとどまるかはまだ明らかになっておらず、今後研究が必要な分野である。

　集落跡地が草本植物に覆われ、草刈りなどの管理がなされずに放置されることで懸念される生態系の負のサービスとして、枯れ草の増加による林野火

写真1 ■ 草地化した無居住化集落（1975年離村）の水田跡（写真：336ページも深澤 圭太）

災発生リスクの上昇が挙げられる。枯れ草は広葉樹の落葉よりも着火しやすいことが知られており、草地はほかの植生タイプに比べて林野火災発生リスクが高い傾向がある[3]。また、集落は大抵の場合森林と接しているため、無居住化集落の草地化は、食害が問題になっているニホンジカにとって好適な林縁環境[4]が長期間持続することも意味する。

特に西日本では、食用や土砂流出防止などの目的で植えられたモウソウチクが無居住化後に拡大している例も見られた（写真2）。モウソウチクは地下茎による栄養繁殖で拡大し、侵入先の森林の荒廃を招く。それにより林業生産が阻害され生物多様性の脅威になることが知られている厄介者である。また、モウソウチクの筍や地下茎はイノシシにとっての質の高い餌資源になる[5]ことから、獣害の悪化につながる可能性もある。

無居住化集落やその周辺は、現在人工林になっている場所が多く見受けら

写真2■ 家屋跡に侵入したモウソウチク

れる。特に、無居住化前に棚田であった場所にはスギが植えられていることが多い。スギ林が管理放棄された場合、林床植物の多様性が低下し、択伐林と比べて土壌保全機能は低下することが知られている[6]。また、伐採後に再造林が放棄された場所では、植生の回復が進まないことも多く、災害防止機能の低下が懸念されている。

　これらの無居住化がもたらすリスクは、その土地の地権者だけでなく、下流域や周辺の住民にも及ぶものであり、無居住化地域におけるグリーンインフラの受益者はそれらの人々である。そして、そのような負の影響を防ぐような無居住化地域におけるグリーンインフラの具体的な手法としては、森林への転換と森林整備による機能の向上が挙げられる。無居住化集落の農地跡はスギ植林地となっていることも多く、一つの集落の中でも離村時にスギを植栽した農地跡は人工林、植栽していなかった農地跡は草地となっていて両

者が共に存在している場合もあった。このことは、スギに限らず、離村時に植栽などの適切な処置を行えば、離村後の土地を森林に転換することは十分可能であることを示唆している。それにより、災害の防止だけでなく二酸化炭素の蓄積機能を高めることにもつながるだろう。また、今後利用される見込みのないモウソウチクやスギ・ヒノキを除去し、多様な樹種から成る森林に転換することは、その場所の水土保全機能や種の多様性を高めるだけでなく、周囲や流域全体にとっての森林の機能を高めることにもつながる。

農村景観の持続的な維持

　離村後放棄された集落がある一方、通いで可能な範囲の手入れ（草刈りなど）をしながら利用を継続している例も見られる。特に、農耕可能な平地が広い北海道においては、無居住化後もソバなどの粗放的な耕作や養蜂、牧草地としての利用が離村後も続いている場所が多く見られた。現在目立った利用のない無居住化集落であっても、学校跡や墓地、神社などで草刈りといった植生管理を続けているケースはかなりの割合で見られた。そのような場所は、旧住民が慰霊祭などで定期的に集う場所となっていることが多く、コミュニティー維持の機能を有している。

　上記のような利用と多様な機能の享受が、多様な主体の参画の下で持続的に維持されるなら、それもまたグリーンインフラの定義に当てはまると考えられる。持続性を考えると、その土地に縁のある旧住民だけでなく、流域の都市住民を巻き込んでいくことは必須の条件である。一つの集落単体での人口成長率がマイナスでも、外部からの移入によってコミュニティーの持続可能性は向上する。市街地から通える範囲であれば、自然との触れ合いを求める都市住民にとって潜在的なニーズがあるかもしれない。

　今後、資源利用の知恵や利用権を世代間でいかにして引き継いでいくかについて課題はあるものの、二地域居住のように暮らし方が多様化していく中で、無居住化地域における生態系サービスの利用価値が見直される日が来るかもしれない。

放棄地の管理事例

　中山間地域を中心として、使われなくなった土地が放置されている事例は、全国に多く存在する。それに対して、これまでは「放っておけば自然に還る」という漠然としたイメージがあるためか、グリーンインフラの考えを持って対策を進めている例は多くない。そこで、自然環境の有する多様な機能の発揮を能動的に進めようとする、数少ない事例を二つ紹介する。

(1) 放置された竹林を広葉樹林へ

　大阪府島本町と京都府大山崎町にまたがる形で位置する「天王山」は、日本初のモルトウイスキー蒸留所がある場所として有名である。ここでも、利用されなくなった竹林がやぶ化し、周辺の雑木林に侵入し新たな竹やぶを形成するなど、当地域に負の影響をもたらしている（写真3）。

　こうした状況に対し、行政や民間団体、企業、大学などで構成された協議会を設立し、協働で拡大した竹林を元の広葉樹林に再生していく取り組みが、2005年度から進められている。企業については、当地域に社有林を持つサントリーや、KDDIが参加している。

　協議会は2005年に「天王山周辺森林整備構想」を作成し、天王山の山頂とその周辺一帯の森林約250ヘクタールを対象に、豊かな水源の森と、歴史と文化の里山林の創造を目標とした。基本的な整備の方針として、今後もタケノコの生産を続けていく場所を除き、竹は全て伐採・駆除し、植林や実生の保残による多面的機能の高い広葉樹林の保全・再生を進めることとしている。

　傾斜の緩い場所や広葉樹が残存している場所では、竹の速やかな駆除を目指し、伐採・刈り払いを繰り返すことにより、地下茎を弱らせ、広葉樹林への転換を図っている。

写真3■ 放置された竹林は、周辺のマツ林や広葉樹林に勢力を拡大（写真:右ページも京都府大山崎町経済環境課）

広葉樹林の早急な再生が必要な場所については、地元の小学校と連携し、山で採集したドングリから育ててもらった苗を植え戻している。急傾斜地で、竹の侵入・拡大により広葉樹が枯死している場所では、竹を一気に取り除くと土壌流亡が起こりやすくなるため、まずは現存する竹の6～7割を伐採して林床に太陽光が届くようにして、自然に発芽・生育する広葉樹を保残、または植樹して、時間をかけて元の広葉樹林に戻していく。その傍ら、初夏に顔を出すタケノコをこまめに折る作業を続け、広葉樹林の形成と竹の駆除を同時に進め、林相転換を図っている（写真4）。

　こうした取り組みが継続して行われている場所においては、竹の勢いは衰え、元の広葉樹林が再生されつつある。しかしながら、竹の駆除には数年にわたる継続的な取り組みが必要となるため、諸事情により途中で活動が中断

写真4■ 竹を伐採し、広葉樹林への転換を進めている

した場所では、切った竹林が再びやぶ化するといった問題が生じている。また、地権者の中には、第三者による竹林の伐採に消極的な姿勢を崩さない人、伐採について相談したくてもどこに住んでいるか分からない人がおり、手を付けることも難しい竹林が虫食い状に点在するという問題も残されている。

今後の里山林づくりについては、当地域を「サントリー『天然水の森』」として整備していくため、サントリーとの協定締結に向けて、2町が地権者に対し、協力を呼びかけている。

(2) 造林放棄地を広葉樹林へ

2009年の夏、熊本県球磨村において、山林の傾斜地が崩れて発生した土砂によって道路が一時通行不能になる被害が発生した。死傷者はなかったものの、土砂の完全撤去には多くの費用と時間を要し、住民の生活に大きな影響を与えた。崩れたところは、広域にわたり木材の伐採、搬出を行ったあと、植林を行わず放置されていた場所「再造林放棄地」の一部だった（写真5）。

こうした状況に対し、熊本県は県独自の税である「水とみどりの森づくり税」を財源とした森林整備事業を進めている。球磨村の場合、造林放棄地のうち、土砂災害が発生した場所など、自然条件下での植生の回復が見込めない場所を対象に、ケヤキ、クヌギ、ヤマグリ、イチイガシなどの広葉樹と、スギ、ヒノキといった針葉樹を植栽し、その後は定期的に下草刈りを行い、植栽樹の健全な生育を促している。現在は若い広葉樹と針葉樹が生育する森林となっており、山林所有者の手によって管理がなされている（写真6）。

この事業により植栽された広葉樹は、事業終了後は山林所有者の財産となる。バイオマス資源や木材として利用が可能となるには数十年にわたる育林が必要となり、また、植栽後20年間は皆伐（森林を構成する林木を広域にわたり短期間で全て伐採すること）を行わないとする条件の下で事業が行われていることから、当面の間、土壌の流出を抑えるといった多面的機能は確保されていると言える。

ただ、もっと長い目で見た場合、当地はほかの地域と同様に林業を営むこ

写真5■ 伐採後、植林を行わず放置された場所。2006年撮影(写真：右も熊本県球磨村)

写真6■ 熊本県の事業により、多様な樹種の植栽が行われている

とができるし、写真5のような皆伐も規制されていない。当地が再びはげ山となる可能性はゼロではないという、林業や森林保全をめぐる、国の制度にも関わる難問は残されたままである。

無居住地の将来

　ここまで、無居住化した地域におけるグリーンインフラとして、森林への転換を目指すのか、農村景観を持続可能な形で維持するのか、という二つの選択肢について論じた。前者では無居住化した場所がもたらす負の生態系サービスを抑え、さらに周辺の住民が森林のもたらす恵みを享受できるような環境整備を行うことが重要だ。後者では農業生産を通して良好な景観を維持しながら旧住民のコミュニティー維持や周辺の市街地から訪れる人々との新たなつながりを創出する場をいかに維持していくかが主眼になる。前者については、グリーンインフラとしての事例はまだ多くないが、皆伐跡地の広葉樹林化など、これまでの取り組みが参考になると考えられる。いずれの選択肢を選ぶとしても、土地の歴史やそこにゆかりのある人々を尊重しながら居住を前提としない利用を促進することで、新たな人のつながりや多様な主体の連携が生まれることが期待できる。

■ 引用文献

1) 浅原昭生（2010）廃村と過疎の風景(4):「廃村 千選」I -東日本編-. HEYANEKO.
2) 浅原昭生（2011）廃村と過疎の風景(5):「廃村 千選」II –西日本編-. HEYANEKO.
3) 佐藤晃由・寒河江幸平・新井場公徳・佐野俊和・Song Weiguo・小西忠司（2004）林野火災の発生危険度と拡大を予測するシステムの開発に関する研究報告書. 独立行政法人 消防研究所.
4) Miyashita T, Suzuki M, Ando D, Fujita G, Ochiai K, Asada M（2008）Forest edge creates small-scale variation in reproductive rate of sika deer in a donor-control fashion. Population Ecology 50: 111-120.
5) 小寺祐二・神崎伸夫・金子雄司・常田邦彦（2001）島根県石見地方におけるニホンイノシシの環境選択. 野生生物保護 6(2):119-129.
6) 森林総合研究所「広葉樹林化」研究プロジェクトチーム（2012）広葉樹林化ハンドブック2012: 人工林を広葉樹林へと誘導するために. http://www.ffpri.affrc.go.jp/pubs/chukiseika/documents/3rd-chuukiseika1.pdf.

執筆者プロフィール

深澤 圭太（ふかさわ・けいた）
国立研究開発法人 国立環境研究所 主任研究員

横浜国立大学環境情報学府博士後期過程出身。公益財団法人自然環境研究センター研究員を経て現職。時間と空間の中で変化する野生動植物の動態の研究を進めており、その一環として無居住化集落における生物相の長期変化に関する研究を行っている

岡田 尚（おかだ・たかし）
公益財団法人 日本生態系協会

2003年に（公財）日本生態系協会に入職。以降、全国レベル、地域レベルのエコロジカル・ネットワーク形成に関する調査・計画などに携わる。「都市部や農山村地域の産業や生活の基盤となる自然生態系を守り、魅力的な国づくりを進める上で、『グリーンインフラ』は全ての政策の基本的な考えになると期待」

> 23.農山漁村　森林

グリーンインフラの経済評価

栗山 浩一（京都大学大学院農学研究科生物資源経済学専攻）

森林や農地には様々な役割が存在する。これまで木材生産や農業生産としての役割が重視されてきたが、今日では、災害防止としての役割も重視されるようになっている。本稿では、森林・農地のグリーンインフラとしての経済価値を評価する方法について示すとともに、今後のグリーンインフラ政策にどのように反映すべきかについて検討する。

　森林・農地の持つ役割に対する社会の要求は、木材生産や食料生産など産業に直結する役割だけではなく、災害防止や水資源保全、大気浄化・騒音防止、レクリエーション、伝統文化の保存、生物多様性の保全、温暖化対策など様々なものへと多様化している。表1と表2は、こうした森林・農地の持つ多面的機能に対する社会の要求の変化について、内閣府が実施した世論調査の結果をもとに示したものである。

　森林に関しては、木材生産の重要性が次第に低下したのに対して、野生動物の生息場や温暖化対策などの項目が追加され、森林に対する社会の要求が多様化していることを示している。しかし、災害防止の役割は全ての項目の中で一貫して最も重視されており、国民の半分以上が災害防止機能を重要な役割と回答している。災害の多い日本においては、森林の災害防止機能の重要性が古くから多くの人々に認識されてきたと考えられる。一方、農地に関しては食料生産としての役割が今日でも最も重要と考えられているが、水資源・災害防止の役割も比較的高い重要性を示している。

　このように、森林・農地の災害防止の役割は、決して近年になって注目されたものではなく、古くから重要性が理解されており、多くの国民にとって

表1 森林の多面的機能に対する社会の要求の推移

	1980年	1989年	1996年	2003年	2011年
木材生産	55%	28%	22%	18%	19%
災害防止	62%	68%	69%	50%	50%
水資源の保全	51%	54%	60%	42%	40%
大気浄化・騒音防止	37%	36%	41%	31%	27%
レクリエーション	27%	15%	12%	26%	20%
野生動物の生息場	項目なし	41%	41%	23%	29%
温暖化対策	項目なし	項目なし	項目なし	42%	45%

世論調査より作成。多重回答のため合計は100%を超える

表2 農地の多面的機能に対する社会の要求の推移

	1996年	2008年
食料生産	75%	66%
労働・生活の場	30%	46%
水資源・災害防止	24%	30%
伝統文化の保存	13%	18%
レクリエーション	8%	8%
農村教育	18%	36%
環境・景観の保全	項目なし	49%

世論調査より作成。多重回答のため合計は100%を超える

森林・農地をグリーンインフラとして位置付ける考え方は既に定着しているといえる。

代替法による経済評価

　一方で、森林・農地の多面的機能には市場価格が存在しないため、森林・農地のグリーンインフラとしての経済価値を評価することは容易ではない。このため、林野庁や農林水産省では、代替法を用いて森林・農地の防災機能を評価する試みを進めてきた。代替法とは、環境をそれに相当する市場財に置換する費用をもとに環境価値を評価する手法である。例えば、森林の土砂流出防止機能は、それに相当する砂防ダムの建設費用などをもとに評価する。

　林野庁は1972年に全国の森林の多面的機能を代替法によって13兆円と評

価した[1]。その後、林野庁は1991年に物価上昇を考慮して再評価を行い、全国の森林の多面的機能の価値を39兆円とした。また農林水産省は1982年から代替法による評価を開始し、1998年には全国農地7兆円、中山間地域3兆円との評価額を公表している[2)3)]。

2000年には農林水産大臣が日本学術会議に対して農業・森林の持つ多面的機能の評価に対して諮問を行った。これを受けて日本学術会議は特別委員会を設置して検討を行い、2001年に代替法で評価した結果を提出した[4]。表3は日本学術会議の評価結果を示したものだが、これによると全国の森林が持つ多面的価値は総額70兆円を上回り、この金額は当時の日本の国内総生産（GDP）の14%に相当するものであった。

このうち、グリーンインフラに直接関連する部分（表面浸食防止、表層崩壊防止、洪水緩和）は約43兆円であり、全体の61%を占めている。これに

表3 代替法による全国の森林の価値評価

機能の種類と評価額	比率	評価方法
二酸化炭素吸収 1兆2391億円/年	2%	森林バイオマスの増量から二酸化炭素吸収量を算出し、石炭火力発電所における二酸化炭素回収コストで評価
化石燃料代替 2261億円/年	0%	木造住宅が、全てRC造・鉄骨プレハブで建設された場合に増加する炭素放出量を上記二酸化炭素回収コストで評価
表面侵食防止 28兆2565億円/年	40%	有林地と無林地の侵食土砂量の差（表面侵食防止量）を堰堤の建設費で評価
表層崩壊防止 8兆4421億円/年	12%	有林地と無林地の崩壊面積の差（崩壊軽減面積）を山腹工事費用で評価
洪水緩和 6兆4686億円/年	9%	森林と裸地との比較において100年確率雨量に対する流量調節量を治水ダムの減価償却費及び年間維持費で評価
水資源貯留 8兆7407億円/年	12%	森林への降水量と蒸発散量から水資源貯留量を算出し、これを利水ダムの減価償却費及び年間維持費で評価
水質浄化 14兆6361億円/年	21%	生活用水相当分については水道代で、これ以外は中水程度の水質が必要として雨水処理施設の減価償却費及び年間維持費で評価
保健・レクリエーション 2兆2546億円/年	3%	わが国の自然風景を観賞することを目的とした旅行費用により評価
総額 70兆2638億円/年	100%	

日本学術会議（2001）「地球環境・人間生活にかかわる農業及び森林の多面的な機能の評価について（答申）」をもとに作成

対して、温暖化対策やレクリエーションは評価されているが、金額はかなり低いものとなっている。そして遺伝子資源の保全や野生動物保全など生物多様性に関わるものはそもそも評価されていない。この代替法による評価結果は、表1の世論調査の結果と比較すると整合的とは思えない。

　この原因は、代替法は置換可能な市場財が存在する環境の価値しか評価できないことがある。災害防止機能の場合は、ダム建設費用を用いることで評価が可能である。しかし、例えば希少種が絶滅したときに人工物で置換することは不可能であるため、生物多様性保全機能を代替法では評価できないのである。従って、森林・農地のグリーンインフラとしての価値を代替法で評価すると、災害防止機能は評価できるものの、グリーンインフラに特有のレクリエーション、景観、温暖化対策、生物多様性保全などの多様な環境価値が過小評価されてしまうのである。

グリーンインフラの多面的価値と評価手法

　代替法は直感的に分かりやすく、国内でも1970年代から使われてきたが、災害防止や水資源の保全以外は評価が困難であり、森林・農地グリーンインフラの持つ多様な価値を正しく評価できない。このため、近年は代替法とは異なる新しい評価手法が注目されるようになった[5]。市場価格の存在しない環境の価値を金銭単位で評価するために、環境経済学では様々な環境評価手法が開発されている（表4）。環境評価手法は、顕示選好法と表明選好法に区分される[6]。顕示選好法とは、環境が人々の経済活動に及ぼす影響を観測することで、間接的に環境の価値を評価する方法のことである。顕示選好法には代替法、トラベルコスト法、ヘドニック法などが含まれる。一方の表明選好法とは、環境の価値を人々に直接尋ねることで評価する方法のことである。表明選好法にはCVM（Contingent Valuation Method: 仮想評価法）とコンジョイント分析などが含まれる。

　森林・農地のグリーンインフラに対してこれらの環境評価手法を適用する場合を考えてみよう。災害防止機能については、ダムなどの代替財が存在す

表4 ■ 環境評価手法と森林への適用可能性

名称		顕示選好法			表明選好法	
		代替法	トラベルコスト法	ヘドニック法	CVM	コンジョイント分析
特徴		環境を人工物で置換する費用を用いて評価	訪問地までの旅費を用いて訪問価値を評価	環境が地代や賃金に及ぼす影響をもとに評価	環境変化に対する支払意思額をたずねて評価	複数の代替案に対する好ましさをたずねて評価
評価対象	災害防止	○	×	△	○	○
	水資源の保全	○	△	△	○	○
	大気浄化・騒音防止	△	△	○	○	○
	レクリエーション	△	○	×	○	○
	生物多様性の保全	×	×	×	○	○
	温暖化対策	△	×	×	○	○
論文数	森林グリーンインフラ	9	6	6	22	2
	農地グリーンインフラ	6	0	0	14	8

○適用可能、△部分的に適用可能、×適用は困難
論文数は環境評価データベースEVRI (http://www.evri.ca) より作成

るため代替法による評価が可能である。森林・農地グリーンインフラは、森林や農地の景観が形成され、レクリエーションとして利用できる場合はトラベルコスト法が適用できる。グリーンインフラが整備されて災害に対する安全性が高まると、周辺地域の地価が上昇すると考えられるのでヘドニック法も適用できるだろう。グリーンインフラが野鳥の生息環境を保全することの価値は、CVMやコンジョイント分析を用いる必要がある。

国内では森林・農地のグリーンインフラを評価した事例は少ないが、海外ではそれぞれ50件程度の実証研究が存在する。海外では代替法による評価は比較的少なく、森林・農地のどちらもCVMによる評価が最も多い。森林・農地におけるグリーンインフラの経済効果には生物多様性保全の価値が含まれるため、CVMが使われることが多いものと考えられる。

グリーンインフラの政策評価に向けて

以上のように、森林・農地のグリーンインフラには多様な価値が含まれる

ため、代替法では一部の価値しか評価できず、より新しい評価手法が必要となっている。

　最後に、森林・農地のグリーンインフラの政策評価を行う際に注意すべき今後の課題について検討しよう。

　第一の課題は、グリーンインフラの不確実性を考慮した評価手法の開発である。森林・農地を利用したグリーンインフラは土地条件などにより効果が左右されやすく、従来のダムなどに比べると災害防止効果の不確実性が高くなるであろう。一方で、グリーンインフラには生物多様性保全の効果が期待されているが、生態学的な知見が不足している現状では、生物多様性保全の効果にも不確実性が存在する。従って、グリーンインフラの経済効果を評価する際には、こうした不確実性を考慮して評価する必要がある。

　第二の課題は、グリーンインフラに対する人々の多様な価値観を考慮した評価手法の開発である。グリーンインフラは、メンテナンス費用が低く、生物多様性保全の効果が期待できる反面、災害防止効果の不確実性が高く、確実に災害を防止できるとは限らないというトレードオフが存在する。このため、グリーンインフラに高い価値を見いだす人もいれば、逆に低い価値しか認めない人もいるであろう。従来の経済評価では、こうした人々の価値観の多様性を無視していたが、グリーンインフラに対しては多様な価値観を考慮することが不可欠であろう。

　第三の課題は、グリーンインフラ政策の意思決定における市民参加として、経済評価の役割を見直すことである[7]。従来の公共事業評価は、公共事業関連省庁が自らの事業を自己評価し、財務省に予算請求を行うための資料として用いられてきた。このため、これまでの公共事業評価には地域住民の意見を反映する機会が設けられていなかった。だが、グリーンインフラは地域住民の中でも賛否が分かれる可能性が高く、従来のような行政主導の政策評価では住民の意見を反映することができない。グリーンインフラの導入に際しては、初期段階から地域住民の意見を反映する機会を設け、地域住民が議論するための材料として用いることが重要である。

グリーンインフラでは、環境を守るために災害リスクをどこまで許容すべきかを住民が判断することが求められる。従って、従来の行政主導の評価から住民を中心とした評価へと転換することが必要である。そうすることで、初めてグリーンインフラに対する社会の多様な要求を政策に反映することが可能となる。グリーンインフラ政策においてグリーンインフラの経済価値を評価する役割も、まさにその点にあるといえよう。

■ 引用文献

1) 林野庁(1972)「森林の公益的機能に関する費用分担及び公益的機能の計量、評価ならびに多面的機能の高度発揮の上から望ましい森林について(中間報告)」
2) 農業・農村の公益的機能の評価検討チーム(1998)「代替法による農業・農村の公益的機能評価」農業総合研究,52(4),113-138
3) 出村克彦,吉田謙太郎「農村アメニティの創造に向けて—農業・農村の公益的機能評価」大明堂,1999
4) 日本学術会議 (2001)「地球環境・人間生活にかかわる農業及び森林の多面的な機能の評価について(答申)」
5) 栗山浩一,馬奈木俊介「環境経済学をつかむ　第3版」有斐閣,2016
6) 栗山浩一,柘植隆宏,庄子康「初心者のための環境評価入門」勁草書房,2013
7) 栗山浩一(2016)「自然資源管理における市民の視点」林業経済研究,62(1), 28-39

執筆者プロフィール

栗山 浩一 （くりやま・こういち）
京都大学大学院農学研究科生物資源経済学専攻 教授

1967年生まれ。京都大学農学研究科生物資源経済学専攻教授。博士（農学）。
専門は環境経済学。主な著書に「初心者のための環境評価入門」(勁草書房, 共著)、「環境経済学をつかむ 第3版」(有斐閣, 共著)、「環境と観光の経済評価」(勁草書房, 共著) などがある

COLUMN 8

東日本大震災とEco-DRR

一ノ瀬 友博（いちのせ・ともひろ）慶應義塾大学環境情報学部

　ここでは筆者が研究代表者となり進めている環境省環境研究総合推進費「ハビタットロスの過程に着目した生態系減災機能評価と包括的便益評価手法の開発」（課題番号4-1505）の成果の一部を紹介する。宮城県気仙沼市は県の沿岸部で最も北に位置し、東日本大震災においては津波とその後の火災により甚大な被害を被った。七十七銀行によれば、震災により2161億円の生産減少となり、これは気仙沼市の市内総生産額の約半分に相当し、3分の1の雇用が失われたとしている。土地利用の変遷が津波による被害の拡大にどのように影響したのかを明らかにするために、市中心市街地の津波浸水範囲を対象に、ハビタットロスの過程を明らかにした。

　ハビタットロスとは失われた生息地としての価値のことであるが、ここで紹介する範囲であれば「土地利用」と読み替えてもそれほど大きな支障はない。用いた資料は、1913年、1952年発行の5万分の1地形図と1981年発行の5万分の1現存植生図および2013年発行の2万5千分の1現存植生図である。1913年、1952年、1981年、2011年の各ハビタットタイプの分布と2011年3月の東日本大震災の津波浸水域をそれぞれ図1に示した。1913年時点では津波浸水域の55.5%を占めていた水田は2011年には17.9%に激減していた。一方で、1913年時点では7.3%しか存在していなかった都市的土地利用は2011年までに76.1%まで激増した。開放水域は16.3%から1.6%に減少しているが、これは主に埋め立てによるものである。樹林、湿地も減少しており、これらも都市的土地利用に転換されていったと考えられる。七十七銀行が推定した被害額に基づき、分析対象範囲のハビタットタイプごとの被害額を算出した。その結果、水田と畑地は7200万円、都市的土地利用は1303億円の被害を被ったことが明らかになった。これを過去のハビタットタイプの面積であれば、どれだけの被害額となるかを試算した。1913年時点のハビタットタイプの

図1 気仙沼市中心市街地のハビタットロスの過程

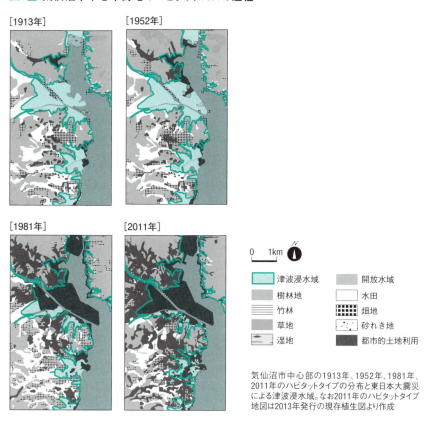

気仙沼市中心部の1913年、1952年、1981年、2011年のハビタットタイプの分布と東日本大震災による津波浸水域。なお2011年のハビタットタイプ地図は2013年発行の現存植生図より作成

分布であれば、水田、畑地は2億円、都市的土地利用は156億円と推定され、その合計は2011年に比較して8分の1程度であった。つまり、生産性の高い都市的土地利用が低地に拡大し、津波により被災したことにより、膨大な被害が生じたことが明らかになった。災害リスクの高い立地における集約的な土地利用を避けることが、被害の低減につながる。今後は、福井県三方五湖を対象に、将来の人口減少を前提に、自然再生と減災を両立させるEco-DRRの手法を明らかにする予定である。

24. 農山漁村　森林

国際協力におけるEco-DRRの事例

川島 裕（独立行政法人 国際協力機構（JICA）地球環境部）
力石 晴子（三菱UFJリサーチ＆コンサルティング 環境・エネルギー部）

近年、世界的に災害が増加する傾向にあるなか、生態系を活用した防災・減災の手法、Eco-DRRへの期待が高まっている。これまで国内の現場で培ってきた自然災害への対応力と国際協力の現場で積み重ねてきた知見、技術、協力手法を組み合わせることで、日本版Eco-DRRの取り組みが可能となる。

世界的に災害が増加する傾向にあるなか、近年、日本も積極的に生態系を活用した防災・減災の手法であるEco-DRRの重要性を発信している。ただ、このEco-DRRと呼ばれているものが何を指すのか、まだなじみがない人もいるだろう。実は、災害の多いわが国では、このEco-DRRと呼べる知見や技術を有しており、それが国際協力の現場でも活用されている。

　本稿では、国際社会や日本でのEco-DRRを取り巻く動向を整理したうえで、国際協力機構（JICA）の事例をもとに、Eco-DRRの取り組みについて具体的に紹介しつつ、その有効性やEco-DRRを今後推進していくうえでの課題についてまとめたい。

国際社会でのEco-DRR

　将来的に発生する可能性の高いリスクとして、異常気象や気候変動の影響による重大な自然災害が、上位に位置付けられ、災害による人々の生活や社会経済への影響などが懸念されている。こうしたなか、国際的にEco-DRRに対する期待が高まりつつある。

　例えば、2014年に韓国で開催された生物多様性条約第12回締約国会議では、気候変動関連と災害リスク削減に関する各国や各機関の施策の中に、日本の提案により、「生物多様性の保全及び持続可能な利用と生態系の再生が生態系の機能やレジリエンスを向上させることにより、沿岸や流域を保護し、災害に対する脆弱性を緩和することに留意」とした「持続可能な開発のための生物多様性に関するカンウォン宣言」が採択された[1]。

　また、2015年に仙台で開催された第3回国連防災世界会議では「仙台防災枠組2015-2030」が合意され、国家レベルや地方レベルにおいて、「生態系の持続可能な利用及び管理を強化し、災害リスク削減を組み込んだ統合的な環境・天然資源管理アプローチを実施する」[2]ことが重要な行動の一つとして盛り込まれた。

　つまり、防災・減災対策の取り組みに、「もっと生態系の活用を取り入れていこう」という流れが国際会議で唱えられていることになる。

日本でのEco-DRR

　Eco-DRRは、国際的に注目が集まっているとともに、その重要性について、日本からも、近年、積極的に発信を行っている。日本の国土は、気象的、地形・地質的に災害に対して脆弱であり、火山噴火、地震や津波、河川の氾濫、台風、土砂崩れが幾度となく発生し、大きな被害をもたらしてきた[3]。

　また江戸時代までは、建築用材、薪や炭の燃料、農業用の肥料、家畜の餌のほとんどを森林に頼っていたことから、森林が荒廃し、その結果、山腹崩壊や河川の氾濫などの深刻な被害が発生していた[4]。これらの災害への対策として、日本の治山事業は、100年を超える歴史のなかで発展してきた。治山事業では、崩壊地の復旧のために土木工事と緑化工事を組み合わせ、森林の維持や造成を通じて人の生命や財産を保全するとともに、水源の涵養、生活環境の保全・形成を図ってきた。これは、日本におけるEco-DRRの代表的な一例だろう。

　災害の多い日本では、治山事業以外にもEco-DRRと呼べる事例が多く、洪水対策のための河川管理や土地利用計画などの分野でも知見や経験が蓄積され、技術開発・製品開発も進んでいる。このように、Eco-DRRの取り組みにおいて、日本には活用できる強みが数多く存在すると言える。

Eco-DRRにおける日本の貢献

　こうした国際的な議論の高まり、また、日本として活用可能な知見や技術を有しているといった背景を踏まえ、JICA地球環境部では、自然環境保全分野事業戦略（2014-2020）の戦略課題の一つに「森林等生態系を活用した防災・減災」を掲げ、Eco-DRRに関わる取り組みの一層の強化を目指している。そこで、JICAの取り組みをもとに、海外における生態系を活用した防災・減災（Eco-DRR）の活用事例について紹介し、Eco-DRRの有効性や今後推進していくうえでの課題について考えていきたい。

　JICAでは、技術協力プロジェクトと呼ばれる支援の枠組みを中心に、諸外国において森林などの生態系の保全・管理のプロジェクトを実施してきた。

これらは、Eco-DRRとは名付けられてはいないものの、生態系を活用した防災・減災に資する取り組みが数多く存在する。例えば、ミャンマーでマングローブ植林などによる沿岸の防災機能強化を実施した「エーヤーワディ・デルタ住民参加型マングローブ総合管理計画プロジェクト」や、チリ、パナマ、ホンジュラス、パラグアイなど、中南米の各国で実施された流域管理による水害対策といった事例が、JICAのEco-DRRのパンフレットで紹介されている。

　では具体的に、生態系を活用した防災・減災機能を発揮させるための手法には、どのようなものがあるのだろうか。その手法は大きく分けて、保全、再生、造成の三つに区分できる。森林を例に挙げると、まず、現存の森林生態系をほかの土地利用からの圧力や山火事などから保全する手法、次に違法伐採などにより劣化した森林生態系を再生する手法、さらに山腹崩壊などで裸地化した土地や砂漠などに森林生態系を復旧・造成する手法である。また、これらの生態系の活用とともに、人工的構造物を組み合わせて活用する手法もある。

　それでは、これまでに植林などの森林整備を実施したJICAのプロジェクトにはどのようなものがあるのだろうか。幾つかの事例を抽出し、これらの事業が効果を及ぼした可能性がある災害種について、津波・高潮、洪水、土砂崩れや土壌流出などの山地災害に区分し、プロジェクト期間中に実施された対策についてまとめた（表1）。

　これらのJICAプロジェクトの特徴としては、案件名からも読み取れるように、森林生態系の保全や再生、造林などの活動と併せて、住民参加型の取り組みへの技術支援（生計向上や農業技術移転）、相手国政府機関の能力向上、関連する法制度の整備支援などの活動が一体的に実施されている。

ニカラグアでの実施事例

　Eco-DRRの利点には災害リスクの低減以外にも、(1) 維持管理の費用が低コストである、(2) 平時に多様な生態系サービスを発揮する、(3) 災害に強

表1 ■ JICAのプロジェクト

対象国:案件名	対象期間	災害種			実施された対策			
		津波高潮	洪水	山地災害	保全	再生	造成	組合せ
中華人民共和国:四川省震災後森林植生復旧計画プロジェクト	2010年02月〜2015年01月		●	●			●	●
パナマ:パナマ運河流域保全計画プロジェクト	2000年10月〜2005年09月			●	●	●		●
ニカラグア:住民による森林管理計画	2006年01月〜2011年01月		●		●	●		●
ベトナム:第2次中南部海岸保全林植林計画	2009年07月〜2015年12月	●					●	
東ティモール:持続可能な天然資源管理能力向上プロジェクト	2010年12月〜2015年10月		●		●	●		●

(資料:国際協力機構(JICA))

い地域の形成に貢献する、(4) 地域の活性化へ寄与する、ことなどが挙げられる。

このようなEco-DRRの特徴をよく示している事例として、ニカラグア共和国にて2006年から2011年に実施された「住民による森林管理計画」について、2016年に現地を訪れた際の様子を踏まえながら紹介したい。

ニカラグアは、中央アメリカのほぼ中央に位置している。太平洋側の海岸線に沿って火山帯が連なり、北部の山岳地帯の東側からカリブ海沿岸にかけての平地には湿地帯が広がっており、地震・津波、火山噴火のほか、洪水、地滑り、森林火災といった自然災害の多い国である。

ニカラグアの国家開発ビジョン「国家人間開発計画((2012-2016)」では、「あらゆる形態の植林実施とコミュニティ森林保護」、「土地利用改善、農業森林・森林牧草プロジェクトの実施」など、八つの対策を取り上げている。また、農村開発分野については「全ての人々が恩恵を受ける農村開発プログラム」において、「平等な人間開発と農村地域の家族の生活向上を持続可能な天然資源の活用によって達成する」ことを目標に掲げている。これらの政

策からニカラグア政府は、森林生態系を造成し活用することで、コミュニティーの強化を中心に据えた持続可能な地域の資源の利用による地域開発を図っていることがうかがえる。

プロジェクトが実施されたニカラグア北部太平洋岸地域の山岳地域は、住民の85％が貧困農民といわれており、ニカラグア国内でも特に貧しい地域である。このため、住民の森林施業に対する知識不足や継続的活動を実施するための経済的条件が整っていないことなどから、粗雑な森林利用が行われていた。また、森林更新のための適切な施業がなされず、焼畑耕作による無秩序な火入れや、農地転換、薪炭材利用のための森林伐採などにより、森林の劣化が進行していた。

こうしたなか、1998年のハリケーン・ミッチの襲来で、多くの人命・財産が被害を受けた。特に山岳地域では、大規模な土石流が発生し、二つの集落が壊滅し多数の被害者が出たほか、マナグア湖に流入する河川の氾濫や湖の水位上昇など自然環境面でも大きな被害を受けた。これらの被害により、自然環境の保全の重要性が認識されるとともに、河川流域の森林管理や植林事業を通じた水土保全機能の回復を踏まえた防災対策が喫緊の課題となっていた。

このような背景を踏まえ、JICAはニカラグア政府の要請を受け、「ニカラグア国北部太平洋岸地域防災森林管理計画調査」(2000年～2004年) で作成・実証調査を行った「防災森林管理マスタープラン」を踏まえ、「住民による森林管理計画」プロジェクトを実施した。プロジェクトの目標は、参加住民による持続的な森林管理活動が促進され、プロジェクト終了後も住民の自主的な取り組みが継続されることで、森林の水土保全機能が高められることとされた。

活動内容と成果

プロジェクトでは、対象村落の参加住民による防災森林管理活動計画の策定と実施、住民支援体制の強化、参加住民の森林管理技術の習得、参加住民による森林管理の重要性の理解醸成を目的として活動が進められた。

具体的には、対象9村落において防災森林管理計画が作成され、これに基づいて対象村落の全世帯約500戸の半数以上が個人計画を作成し、活動を実施した[5]。地域住民は、個人計画に基づいて、植林による人工林面積の拡大や天然林の回復（疎林状態となっている森林への有用樹の植栽や、焼畑耕作から常畑耕作への転換）、アグロフォレストリー（生垣柵、等高線上の樹木の植栽などによる傾斜地の農地の保全）、シルボパストラル（生垣柵、被陰樹および飼料木の植栽による傾斜地の放牧地の保全）などの森林整備や、土壌保全対策（石積工、植生筋工、谷止工など）を実施した。

プロジェクトが終了して5年半余りが経過した2016年に、現地調査で訪れたプロジェクト対象地では、土壌流失を防止する石垣、生垣柵、溝工などが、住民によって引き続き維持管理され、傾斜地の農地や牧草地の土壌流失が抑えられていることが確認できた（写真1、2、3）。途上国であるがゆえに、河川の流量や土砂流出のデータが整備されていないため、定量的な検証は困難であるが、一定の防災・減災効果があったことがうかがえた。

また、これらの取り組みの結果、無秩序な農地への火入れが減少し、水源周辺の森林が保全された。住民からは、水源地の湧水量が増え、乾季の湧水

写真1 ■ 山地斜面に広がる農地と放牧地の景観（2016年、レオン県）（写真：360ページまで川島 裕）

写真2■ 石積工と植栽による傾斜地の放牧地の土壌保全（2016年、チナンデガ県）

写真3■ 生垣柵と溝工による傾斜地の農地の土壌保全（2016年、レオン県）

枯渇が無くなったとの報告が聞かれるようになっている（写真4）

　また、プロジェクトの活動の中には、森林保全活動とともに、地域住民の生計にもプラスになるような取り組みが盛り込まれていた。薪材、支柱材、生垣柵などに利用できる樹種のほか、レモン、バナナ、コーヒーといった果樹や作物、野菜、薬草が植栽され、自家消費用または販売用として地域住民の生計向上に役立った。これらは、森林管理を継続していくうえでの住民のモチベーションにつながっており、2016年の現地調査時点で

写真4■ 周辺森林が保全された水源（2016年、レオン県）

も、これらの活動が住民によって継続的に取り組まれていることが確認された。また、近隣の村落住民もプロジェクトに興味を持つようになり、近隣の村落を含めた形でワークショップが実施され活動が広がりを見せるとともに、地域の篤農家も育成されつつある。

　今後、これらの活動がより広く実践されていくためには、取り組みに必要な費用の確保が課題となる。ニカラグアの場合、ドイツの国際協力公社（GIZ）の取り組みにヒントがある。GIZは、生態系サービスへの支払い制度（PES）の考え方をニカラグアで実施しているプロジェクトに取り入れている。ここでは、下流域の水の消費者から寄付を募り、上流域の農民が森林を農地開発しないことによる機会損失の補填や、アグロフォレストリーに必要な経費に充て、土壌浸食の防止や、下流域へ供給する水の水量確保と水質向上に取り組んでいる。このような取り組みは、今後、ニカラグアにおいて住民による森林管理活動を推進するうえで参考になるだろう。

Eco-DRRにおける日本の協力の形

　ニカラグアの事例でも分かるように、JICAでは生態系が持つ多様な便益を通じて、水土保全や土砂崩れ防止などの防災・減災機能の向上を図ってきた。これらには、日本の災害対策の歴史のなかで培われてきた森林の生態系を活用した防災・減災の技術が活かされている。これと同時に、JICAでは、多様な主体を巻き込み、共に活動する機会を創出し、ワークショップなどの意見交換の場を設けることなどを通じて、関係者の能力向上や相手国の環境を管理する体制づくりにも取り組んできた。こうしたソフト面での対策は、地域の災害に対する脆弱性への対処を強めるとともに、関係者のエンパワーメントを実現し、地域住民の生計向上による地域経済の発展に貢献することをも可能にする。

　このような環境面だけではなく、相手国側の社会的な背景やニーズを踏まえた、丁寧な社会的側面への働きかけを行う取り組みは、JICAの技術協力プロジェクトの特徴の一つであると言うことができ、Eco-DRRによる森林生態系の多面的機能の発揮をより効果的で持続的なものとする、日本ならではの協力の形だろう。

Eco-DRRの有効性と課題

　ほかのパートでも紹介されているように、グリーンインフラを取り入れることで、多様な生態系サービスの発揮が期待される。途上国では、住民にとって、自然資源の利用は日常的なものであり、住民は燃料、森林副産物、食糧などの供給、観光産業による収入源などの多様な生態系サービスを利用して生活している。

　さらに、Eco-DRRはグレーインフラに比べて、低コストでの実施や維持管理が可能であるとされる。途上国では予算や資機材の調達が難しかったり、人工構造物を適切に維持管理する技術や人材が限られていたりする場合にも導入が可能であり、これらの点からも、途上国での取り組みと親和性が高い手段と言える。

一方で、Eco-DRRにはグレーインフラを導入した防災・減災対策と比較した場合の課題もある。一つ目は、Eco-DRRは生態系の多面的な機能を活用することから、その効果が表れるのにはある程度の時間が必要であり、かつ直接的な防災・減災効果の発揮はグレーインフラに及ばないことである。二つ目は、Eco-DRRは多面的な効果を含めた有効性を関係者間で認識することが重要であるが、導入の際にその効果を定量的に示し、関わる人々の中で共通認識を持つことが難しい点である。

　実は、これらの課題への対応においても、日本の知見が活かせるのではないかと考える。例えば、林野庁が行う森林整備の事業では「林野公共事業における事前評価マニュアル」により、土砂流出防止といった山地保全便益や生物多様性の保全に伴う環境保全便益などの費用と効果の算定が行われる。日本の事業では、これらの試算を通じて、「事業の効率化および事業の決定過程における透明性の向上」が図られている。

　生態系の多面的機能評価関連の研究も進み、定量評価に関する知見が年々蓄積されていることから、わが国では事業の評価における手法も整備されつつあると言える。こうした成果を海外の現場にも応用することで、Eco-DRRだからこそ発揮できる多面的な効果をきちんと「見える化」することが可能になるのではないだろうか。

日本ならではのEco-DRRパッケージ

　ここまで見てきたように、日本の現場で蓄積されてきた技術とそれらを評価する仕組み、そして国際協力の現場で長年培われてきた、その国の社会背景に配慮しつつ、人々を巻き込んで実施されてきた技術協力の取り組みが日本にはある。国内と海外、それぞれの現場で培われてきた、「技術の蓄積＋国際協力の実績＋見える化するための評価手法」をパッケージ化することで、日本ならではのEco-DRRによる協力が可能になるのではないだろうか。

■ 引用文献
1) 国際協力機構 地球環境部 森林・自然環境グループ「途上国におけるJICAのEco-DRR」2015年
2) 外務省「仙台防災枠組2015-2030（仮訳）」http://www.mofa.go.jp/mofaj/files/000071588.pdf（2016年10月7日確認）
3) 環境省「自然と人がよりそって災害に対応するという考え方」2016年
4) 東北森林管理局、http://www.rinya.maff.go.jp/tohoku/introduction/gaiyou_kyoku/nibetu/4_kokudo/index.html、（2016年10月7日確認）
5) 国際協力機構「ニカラグア共和国住民による森林管理計画終了時評価調査報告書」2010年

> 執筆者プロフィール

川島 裕 （かわしま・ゆたか）
独立行政法人 国際協力機構（JICA）地球環境部 技術審議役

1988年度林野庁入庁。国有林野事業、林業普及指導事業のほか、在外公館（コタキナバル）勤務、JICA技プロ（インド）などに従事。2016年度から現職。マケドニア、ニカラグア等でのEco-DRR調査に参加。「JICA地球環境部では、Eco-DRRを自然環境保全分野事業戦略（2014-2020）の戦略課題の一つに位置付けており、取り組みを一層強化していきたい」

力石 晴子 （ちからいし・はるこ）
三菱UFJリサーチ＆コンサルティング 環境・エネルギー部 研究員

開発コンサルタント会社において海外の環境部門に所属し、JICAの森林関連の案件に従事。2013年より現職につき、2016年にはJICAのEco-DRRの調査事業に参加した。「グリーンインフラの活用は経済的な側面などの副次的な効果が多く、実施する地域の環境にも社会にも貢献できる。日本の強みを活かした海外での事業展開推進に貢献したい」

第4部
将来のグリーンインフラは？

考察と展望

これまでのグリーンインフラ、これからのグリーンインフラ

三菱UFJリサーチ&コンサルティング本社で2016年11月29日、グリーンインフラに取り組む中心メンバーの先生方に集まってもらい、鼎談(ていだん)を開催した。北海道大学大学院農学研究院の中村太士教授、東北大学大学院生命科学研究科・総合地球環境学研究所の中静透教授、九州大学工学研究院の島谷幸宏教授の3人が2時間以上にわたり熱論。グリーンインフラの将来像について非常に示唆に富む意見が飛び交った。ここでは、その内容を集約して掲載する(以下、本文以外は敬称略)。

趣旨説明．西田貴明（司会）

「グリーンインフラ」とは、社会資本整備や土地利用において、自然環境の多様な機能を活用する方策であり、持続可能で魅力ある国土づくりや地域づくりを後押しする概念と考えられます。簡単に言えば、環境保全と地方創生と国土強靭化の一挙三得を目指しているものです。

参考までにグリーンインフラの定義としては、様々な所で議論されていますが、グリーンインフラ研究会では、「自然が持つ多様な機能を賢く利用して、持続可能な社会と経済の発展に寄与するインフラや土地利用計画」としています。

現在、グリーンインフラについて、かなり幅広い分野から関心が集まってきています。2015年8月に策定された国土形成計画をはじめ、それ以降も様々な行政計画で、グリーンインフラの推進が明記されています。これに伴い、最近グリーンインフラの社会的関心ということで、インターネットの検索を見ても2015年以降、一気に増加し、今後、さらに大幅に数を伸ばすこ

西田 貴明（にしだ・たかあき）
三菱UFJリサーチ&コンサルティング
経営企画部 グリーンインフラ研究センター
副主任研究員

とが見込まれています。このようにグリーンインフラへの関心は高まっているのですが、我々の研究会の中でも、グリーンインフラという考え方は、多くの可能性を秘めている一方で、推進に当たって様々な課題があることが認識されています。

　さて、グリーンインフラは、自然を活用したインフラと土地利用計画ですが、インフラであれば、緑化施設や屋上緑化など普通にたくさんあるわけですが、それらとは何が違うのか。「グリーンインフラ」とすることによって、何を目指していくのでしょうか。端的に何かというと、今まで個別の土地利用の中で自然の力を引き出す取り組みは、既にたくさん行われていますが、これらのハードとソフトの取り組みをもっと連携させて、異なる土地利用もうまくつないで機能を発揮しなければいけない。そして、経済の仕組みの中に入れることもしなければいけないということがポイントであると見ています。その3点によって、これまでのグリーンインフラに関する取り組みもさらに広がるのではと期待されています。

　本日は、「これまでのグリーンインフラ、これからのグリーンインフラ」という題で、グリーンインフラの課題と可能性について鼎談として議論頂きたいと思います。特に、グリーンインフラをどのように捉えられているか、どのような点が今後期待されるのか、どのように社会に広げていくかについ

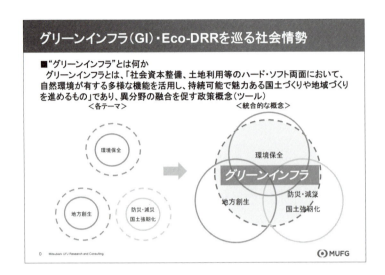

てご示唆を頂きたいと思っております。まずは、北海道大学大学院農学研究院の中村太士教授、次に東北大学大学院生命科学研究科・総合地球環境学研究所の中静透教授、最後に九州大学工学研究院の島谷幸宏教授から、それぞれのご視点で、グリーンインフラの考察と展望について、話題提供をお願いしたいと思います。

グリーンインフラの考え方と今後の可能性
話題提供1．中村太士

　私は、将来を考えるとグリーンインフラしかないと思っています。財政も含めて臨界に達すれば、きっと社会はグリーンインフラを取り入れるだろうと、楽観的に見ています。現在、人口が減って、高度経済成長期に造った社会資本の老朽化が始まっており、今後メンテナンスにかけるコストが高まり、メンテナンスコストが出なくなる可能性があります。さらに鬼怒川や、北海道の洪水など、災害リスクが高まる中、グリーンインフラを否定しようがない現実が迫ってきています。想定外の災害に向けて計画水準を上げるという

議論が本当に可能なのかというと、現実的には極めて難しく、グリーンインフラを活用した適応策をどうしても考えざるを得ないと思っています。さらに、耕作放棄地の管理や都市への人口集中の課題ももっと本気で考えていかなければいけない状況であります。そういった状況下において、生物多様性の保全も含めて考えると、選択肢としてはグリーンインフラしかないというのが私の結論です。

また、今まで様々な分野の融合とかは言われてきたにもかかわらず、うまく具体論として進めることができなかったのですが、この「グリーンインフラ」という言葉は、非常に多様な分野の人を引きつけます。法律の問題とか制度の問題に中心的に関わる人から、生物多様性や生態系サービスを評価する人、もしくは災害に対する影響について評価をする人まで、いろいろな人と話をしていてもスッと同じテーマに入っていけるというか、共通の問題意識をシェアできます。

このキーワードは、土木、建築の分野であったり、生態学の分野であったり、農学、林学の分野であったり、社会学、経済学といった分野など、非常に広い分野を包含できるコンセプトであることは一つの強みです。これまで一つひとつの還元的な要素としてグリーンインフラを計画、施工することはやられてきたのですが、それらをトータルとして考えていくときに、グリー

中村 太士（なかむら・ふとし）

北海道大学 大学院農学研究院 教授
北海道大学農学部卒。1958年生まれ。森と川のつながりなど、生態系間の相互作用を流域の視点から研究。森林学、応用生態工学、地形学、生態学分野で活躍。2009年生態学琵琶湖賞、2011年尾瀬賞、2012年みどりの学術賞受賞

ンインフラという概念が必要だと思います。

　もう一つ、大変強く思っているのは、先ほどインフラの維持管理費が不足するという議論の中で、高度経済成長期に整備した社会資本が老朽化を迎えて、それのメンテナンスが大変重要になってきている事実です。ただ、残念なこ

とにメンテナンスについては、社会の動きと切り離した形で、原状復帰という考え方が採用されています。しかし、実際には、新たなインフラを造っている場所のコミュニティー自体が、大きく変貌する可能性があることを考えなくてはならないと思います。東日本大震災後の復興は、これまでのインフラ整備の理念や技術の問題点を如実に示しました。「強固な堤防ができても人が戻らなければその技術は意味をなさない」という事実に対して、これまでのインフラ整備では対応しきれないのです。人口増加した高度経済成長期には安全な場所をつくれば人が集まる社会でしたが、人口減少社会では被災地からの人口流出が続く中での防災の在り方を考えなければなりません。

　レジリエンスはグリーンインフラの必要性を考えるもう一つの重要な入り口です。「生態系の回復力」と「経済的な回復力」と「社会的な回復力」の鼎立（ていりつ）というゴールを目指し、地域が元気になる技術としてグリーンインフラを位置づけることもできるでしょう。グリーンインフラは新たな技術論や計画論を求めています。まずは、グリーンインフラの特徴である遷移と撹乱（かくらん）の動態の中で維持される生態系管理の在り方を考えることが重要ですし、維持管理は関わる人にメリットがある形で進めることが有効です。こうした視点を包含できるグリーンインフラの新たな技術論や計画論が求められています。

中静 透（なかしずか・とおる）
東北大学大学院生命科学研究科教授・
総合地球環境学研究所特任教授
新潟県生まれ。大阪市立大学大学院理学
研究科後期博士課程単位取得退学（理
学博士）。京都大学生態学研究センター、
総合地球環境学研究所などを経て現職。
内閣府 第1回みどりの学術賞受賞。内閣
官房ナショナル・レジリエンス（防災・減災）
懇談会委員

話題提供2．中静透

　私はまず、なぜグリーンインフラに関心を持ったのかから話をしたいと思います。

　東日本太平洋沖地震により、強固な防潮堤も津波で破壊されました。このような大きな構造物でも機能に限界があるだけでなく、その存在により「間違った安心感」を生みやすいという問題があります。この反省がありながらも、震災後、これまでよりも巨大な防潮堤を建設して、そのような危険を再度生み出してしまいました。地震により、福島県相馬市の井田川浦のように、かつての地形が震災によって回復した場所も、数十年ぶりに回復した絶滅危惧種もあります。やはり生態系がレジリエンスを持つことは事実です。宮城県の気仙沼大谷のように、「ふゆみずたんぼ」（冬期の水田に水を張り、生きものの生息場所とする取り組みで、冬期湛水とも呼ばれる）をやっていた場所では、津波災害のその年から収穫ができ、むしろ収穫が向上した例もあります。「震災後に速やかに回復するインフラの在り方」、レジリエンスの高いインフラを考えることも重要です。

　一方で、生態系の経済評価が進み、沿岸湿地など、自然の持つ社会・経済的な価値などがよく分かってきました。しかし、その価値は、十分には社会に浸透しておらず、多くの社会的損失を生んでいます。人工物のインフラと

(資料:NPOたんぼ)

生態系のインフラで比較すると、生態系のインフラの特徴として、多面的効果があり、地域雇用の効果も挙げられていますが、このような価値の意思決定に結びつく判断材料がないとこの問題解決は進まないのではないかと、5年たってしみじみと思うのです。技術的な進歩はあり、成功例も随分あるのですが、グリーンインフラの多面的な良さを社会一般にきちんと広めていくことが大事です。その一方で、グリーンインフラは、地域コミュニティーのレジリエンスや地方創生にも結びつきますが、地域の生態系サービスや産業、文化にどのように貢献していくかという点について、もう少し研究者も明確に示していく必要があると思っています。

話題提供3. 島谷幸宏

　中村さんの話題提供と似ているのですが、グリーンインフラを推進する社会的背景として、気候変動、災害リスク、都市のヒートアイランド、水害、緑地の劣化、流域の森林荒廃と様々な課題があります。これらの課題は、国際的に大体一緒なのですが、わが国は人口減少の問題が先鋭的に出てきてい

島谷 幸宏（しまたに・ゆきひろ）
九州大学工学研究院 教授
山口県生まれ、子供の時は父の転勤のため、各地を移動。中高の卒業は長崎。建設省土木研究所、国土交通省九州地方整備局の武雄河川事務所長を経て九州大学 教授。日本湿地学会会長、応用生態工学会前副会長、流域圏学会副会長。専門は河川工学、河川環境。最近は、地域づくり、小水力発電導入、住民参加の川づくり、多自然川づくり、トキの野生復帰、自然再生、川の風景デザイン、流域全体での治水、技術者の技術力向上など精力的に取り組んでいる

ます。このような多面的な課題をどうやって解決するかということが重要で、これまでの国土管理のやり方を根本的に変えないといけないと思っています。人口減少と気候変動の時代を生き抜くには、生態系を踏まえた総合的な国土計画としてグリーンインフラを普及させるしかないと考えています。私はグリーンインフラのように耳あたりの良い概念で、国土管理の考え方を大きく転換したいと考えています。つまり、施設中心の国土管理から総合計画に基づく管理への転換と言ってもいいでしょう。

　さっき中村さんが話していたように、生態系自身は非常に冗長性があって復元力を有しています。取り扱いは今までのインフラとは全く違いますので、考え方を相当変えないといけません。ポイントは「多面的機能」です。多面的機能を最大限に生かすためには、多目的性に対応しなければなりません。これまでの国土計画や行政システムは単一の目的を達成するための論理でつくられてきたので、多目的性に対応することが苦手です。しかし、多目的に対応した計画論と技術論を確立し、それを教育や政策に反映させないと、グリーンインフラは意味を成しません。グリーンインフラは、これまでの集中と成長を基本理念にしてきた国土管理からのパラダイムシフトといえるでしょう。価値体系が根本的に異なるので、既存の行政組織による推進体制や、学術の体制など様々な組織の在り方自体を見直さなければなりません。例え

伝統知

- 伝統知の抽出と尊重を横串の1つの視座
- 日本の伝統治水や里山管理には、生態系管理やEco-DRRの知見が多数
- 先進国で伝統知が残る数少ない国
- 伝統知と科学的知見の融合

水害防備林

海岸林

ば、「河川のグリーンインフラ」、「農地のグリーンインフラ」といった特定の空間でのグリーンインフラ論だけでは、本質から目をそらすものであると思います。

　熊本県の阿蘇地方では、草原、遊水地、防災緑地、水田、湧き水、森林資源などを活用し、水資源の涵養、災害リスク軽減、生物多様性保全、地域資源を利用した暮らし、観光資源としての活用といった課題に結びつける必要があります。都市である東京都豊島区では、グリーンビルディング、グリーンロード、雨庭などを活用し、直下型地震対策、気候変動対策、魅力あるまちづくり、ヒートアイランド防止、都市の生物多様性確保などを実現する工夫が求められます。

　これらの推進で重要なものの一つに、「伝統知」があります。例えば、防災のための伝統的技術や思想です。江戸時代は縦割り行政ではないので、土地の特性を活かした様々な防災技術がありました。それは技術だけでなく、社会の仕組みとセットで機能していました。今後、日本におけるグリーンインフラは、治水、地震への対策、ヒートアイランド対策などの課題を持つ都市において、欧米型モデルの適用を通して、農山漁村よりも早く進むのでは

ないかと考えています。農山漁村では、自然資源を活用して地域の産業を活性化し極端な過疎化を止めることが重要になります。

　私たちは、様々な観点から物事を判断して、暮らしをしています。様々な社会資本の一つひとつの機能で最大限の効果を発揮しようという意味では、これまでのシステムは非常に効率的だったわけですけれども、これほど問題が複雑化して、単目的で解決できることが概ね確立した現代においては、いかにして多目的なものを多目的として解決するかという計画論、技術論の確立も必須なのです。

鼎談「これまでのグリーンインフラ、これからのグリーンインフラ」

司会　ここからの議論は、中村先生にコーディネートしてもらいながら進めたいと思います。「これまでのグリーンインフラ、これからのグリーンインフラ」というタイトルで、グリーンインフラの考え方における重要なポイント、期待されること、推進に向けてというテーマで議論をお願い致します。

グリーンインフラの推進体制

中村　これまでの話題提供で、「多面的機能」が重要なキーワードでした。島谷さんは、これまでの農地や森林の「多面的機能」を捉えることだけでは、グリーンインフラとして十分ではなく、もっと全体論としてパラダイムを組み立てるべきだという主張をされました。とにかくグリーンインフラは、全体論でいくべきだというのを非常に強く推していたと思うので、もう一回その辺の話を詳しく説明してください。これは大事なポイントの一つだと思います。

島谷　「河川のグリーンインフラ」、「農地のグリーンインフラ」という言い方をすることがありますが、特定の空間だけでグリーンインフラを進めると、グリーンインフラの本質を捉えていないと思います。例えば、雨水処理を考えると、排出される水を処理する対処療法だけでなく、浸透を促進する緑の増加などを併せて考える必要があります。さらに、温暖化のような構造変化

に対しては、特定の「装置」で対応するのは無理で、社会の構造を変える必要があります。

　今の社会課題は、分野を越えて解決しないといけないものが残っています。しかも、地球温暖化のように将来の姿がほとんど見えないときに、装置で対応することの危険性があり、面的、分散的、自立的に物事を解決するようなインフラストラクチャーに変えていく必要があります。ただ、誰が実行したらいいか、それをどうやってやるかということは未知数なわけです。要するに生態系というのは多面的な機能を持っているわけだから、それの一部だけを切り出して課題に対処することは、明らかに不自然です。もともと私たちが暮らしていた生態系に依拠しながら暮らすことが最も合理的であり持続可能なので、もう少し多面的な価値を多面的な方策として取り上げる方法しかないと考えております。

中静　統合的な社会のデザインの議論は、どうしてもこれから必要になってくると思います。自分たちが持っている地域の資源や価値は、十分に評価できていません。今、自然資本という言い方で、自分たちが地域生活の中で産業に使えるものや広い意味で利益につながるものとして評価しようとしてい

ます。時として、インフラを造ることによって、そのような資産を損失している可能性もあるし、それをうまく増強できることもあるかもしれないので、自然資本も含めた地域の総合的なデザインみたいなものが、グリーンインフラの先にあるということだと思います。

島谷 日本において、特に中山間地においては、未利用資源というのは自然資源なのです。未利用資源をもう少し効果的に活用すること、日本の経済社会システムを考えることが、根本的に重要であると思っています。中山間地に自然資源がせっかくあるのに、地域外の資源を持ち込むやり方は成功する可能性が非常に低いです。グリーンインフラは、未利用資源である自然資源に新たな視点で価値を与えることにより、その地域のレジリエンスを高める社会資本として自然を捉えよう、という概念だとも思います。

中村 日本の社会システムは、基本的に縦割りでできている。それぞれミッションがあって、その枠の中で仕事をしていくことが基本です。日本の縦割り構造の中において、部分最適を取り除くようなパラダイムシフトも重要であると考えています。その際、具体的に起こす原動力になる単位は、基礎自治体、都道府県レベルなのか、流域レベルなのかを考える必要があると思います。

島谷 今の行政システムは、明治維新以降くらいの歴史しか持っていません。時代の変化に合わせて構造を変えるべきだし、変えていけると思います。

中村 しかし、これまで個別分野の還元論的な議論に封じ込められていて、グリーンインフラも要素主義的な議論になりつつあると感じています。そのような構造変化は、容易ではないのではないでしょうが、地方自治体での取り組みなら期待できるかもしれませんね。

島谷 それに異論はありません。地方自治体への期待や、市町村横断的な地域をガバナンスする団体の在り方も様々な所で考えられています。逆に言うとビジョンが明確にあって、コストも安くて経済効果もあるということが明確になれば、社会制度は確実に後で付いてくる。だけど、今まではビジョンがしっかり描けていませんでした。新しい地域像がまだ描けてなくて、成功

事例もないので、それに対応する組織ができていないということかと思います。例えば、特区はこの試みにかなり近くて、グリーンインフラ特区みたいなものをつくればいいと思うのです。制度に起因するものは余り気にしなくていいのではないかと思っているのです。

生態系サービスの評価と支払い

中静 地方のガバナンスと関連しますが、グリーンインフラの機能である、生態系サービスに対する支払いの制度は、水源税、認証米など、既に動いています。しかし、グリーンインフラの推進に必要となる統合した生態系サービスの評価や支払いの仕組みは、一部では始まっているものの、まだまだ不足しています。都市住民は中山間地の生態系サービスをかなり安く買っているという自覚を持つべきでしょう。こういった取り組みが、グリーンインフラを進めていくドライバーになるだろうと思っています

中村 私の知る限り公共事業の費用対効果の議論においても、基本的に自然資本がなくなることによるマイナス効果はカウントされません。将来的に考えると、自然資本がきちんと貨幣価値化され、事業により自然資本が減少する場合、きちんとそれを評価していく必要があると思います。

中静 自然資本の貨幣価値評価は、近年になって幅広くできるようになっています。実際に評価ツールとしてはありますが、あとはそれを皆さんが認めてくれるかどうか。それを認めて頂くためにも、様々な研究や取り組みをしなければいけないと思います。

合意形成の課題

島谷 地域自体に何か課題があるときに、地域の人がそこでどう暮らしたいかという合意形成の在り方も必要なのだと思います。多目的なものを多数の利害関係者とどうやって調整するかというプランニングの方法論を我々は、まだ持ち合わせていない。グリーンインフラの計画論として、人がどこに住むか、緑をどこに配置するか、どこに投資したら経済が成り立つかといった

計画を地域の多様な主体で合意形成する方法論が確立されていないと思います。この計画論をきちんと示すことができたら、グリーンインフラの議論は大きく進むと思います。

中村 それは同意します。しかし、皆さんが多面的な価値を認識して合意形成をするならよいのですが、多くの場合、例えば津波からの防災という個別目的の議論に終始し、地域の人々や関係者の多面的な価値が見過ごされがちではないでしょうか。

島谷 東北の津波からの復旧・復興では、議論の場が、既に海岸防災という範疇の中に設けられてしまい、全体の議論が十分にできませんでした。もっと大きなスケールで、今後の防災や土地利用の在り方を議論する必要があったのは間違いないのですが、そのような枠組みはつくれませんでした。その反省を踏まえて、事前にそのような枠組みをつくれるように、今から備える必要があると思います。

中静 同感です。地域で自然資源を生かすことを重視した議論をしている地域があるのに、大きな防潮堤ができてしまうのは、一種の矛盾です。

島谷 東北では、混乱を回避するという点から、これまでの計画論を白紙に

して計画するという議論を避けることになりました。とにかく合意形成はとても難しいから、まずは防潮堤を造って、次に堤防の中を議論するということになったわけです。しかし、それは後で大きな対立を生むことは、最初から予想できました。そういう意味では、20世紀型の社会システムの賞味期限を迎えているということであり、思い切って勇気を持って、混乱を恐れず変えていかないといけないと思っています。

地域資源管理のパラダイムシフト

中村 グリーンインフラの活用では、遷移と撹乱といった生態系の動態の管理が重要なのですが、この点について、これまでのインフラ管理の方法がなじみにくいという問題があります。それについてどう思われますか？

中静 生態学者が生態系の動態やその価値について十分に伝えてこられなかったことには反省があります。東北の津波被災地でも、湿地として残した方が地域としても得だったところはあるはずなのに、それを実現できなかったのは、一つには、生態系の動態についての認識共有の不足があるからでしょう。

島谷 そういった管理の在り方を展開する上で、グリーンインフラに取り組む人的資源が非常に重要です。グリーンインフラが各地で行われるときに、その根本となる共有概念をきちんと持って、日本に真っ当なグリーンインフラが入って行くような人的資源が一番重要だと思うのです。

会場からの質問

――グリーンインフラの財源についての質問です。公共財政の活用、民間企業の活動の両方のアプローチが考えられると思いますが、どちらが現実的でしょうか？

中村 公共事業と民間事業のどちらかに偏るのは、本質を見誤るように思います。地域計画を見直すのであれば、多様なリソースを活用することになるでしょう。例えば、家具メーカーが自治体に対してふるさと納税をした例があります。このような地域づくりに共感を持った企業からの支援など、企業の個別の意思を反映できる仕組みは、今後ますます有効になると思います。

島谷 対象に応じてふさわしい財源が変わりますので、両方を視野に入れることが重要です。例えば、雨水管理のグリーンインフラは、これまでの下水道より安くなくなるところがあるので公共投資がふさわしいでしょう。アザメの瀬（佐賀県唐津市）では、自然再生への20億円の投資で$50m^3/s$の洪水カットに成功しています。一般的に毎秒$1m^3$の水を洪水処理するのに1億円以上掛かると言われていますから、グレーインフラよりも面積は必要ですが、コストは安いということになります。これは公共投資で実施することが可能です。また、グリーンビルディングのように不動産価値が上がるものは、民間の経済活動として行うことが適当です。

中静 どのリスクに誰がどれだけ対策費用を払っているのか、十分に評価、可視化されるともっと明確になるでしょう。その理解が進めば、負担の在り方ももっと分かってくると思います。

――グリーンインフラには社会資本整備と土地利用計画の両方が含まれると

いうご説明でした。そのうち土地利用計画の議論では、どのくらいのスケールを考えるべきでしょうか？

中村 東海豪雨に端を発する中京圏の治水の議論では、流域スケールで自治体の枠を超えた取り組みが実現しています。広域自治体という単位も不可能ではないでしょう。さらに、コウノトリが利用する湿地の連携のように、より広域的な連携も本当は考えなければならないのかもしれません。つまり、グリーンインフラの計画の議論は、単一のスケールではなく、様々なレベルがあってもいいと思います。

島谷 グリーンインフラの対象のスケールは、まず課題があって、その解決に見合ったスケールを考えるという順序で考えるべきでしょう。例えば、都市型洪水が起こるポイントの解決は小規模での取り組みで効果がありますが、阿蘇の草原管理は大規模に考えなければなりません。ただし、誰が計画や実施するかは、大概の場合、非常に大きな問題になってくると思います。実施主体をどう形成するかは、普通は自治体の方になりますが、自治体がやれないときは、国や研究者が担うこともあり得ます。実施主体に関する制度化が今はできておらず、課題解決の対象が複数の自治体に絡んでいる領域のときに、物事を解決するための仕組みが今のところ日本の場合は少なく、今後期待されているところです。

――今後の人口減少の予測を踏まえると、グリーンインフラを含めてインフラを考えるのは諦めて撤退するという議論もありますが、どのように捉えられますか。

中村 撤退はあくまで自主的な撤退であって、強制的な撤退はあり得ないと思うのです。ただ、ある事例では、人工林を生産林として維持する選択肢と、地主さんとの協議の上で自然林に戻してしまうという選択肢を与えている取り組みがあります。その土地に住んでいる人たちが、もう孫も子もいないのにどこまで生産林として回すのか。それは無理だと考えたときには、自然林に戻す方向性が自らの発想の中で出てくる。もしくは、決断するための情報

を提供することが大事かと思います。日本は自由な国で、民主主義ですから、本人もしくは地域の人たちが決断していくことになるのではないかと思います。

島谷 人口が今よりももっと少ない江戸時代には、過疎の中で地域を維持してきました。自然資源を有効に使えば、過疎地域でも物質やエネルギー的に成り立つのでしょう。しかし、現代は地方における中央への依存度の在り方が江戸時代とは異なるために、容易ではないわけです。ただ、将来も今の状態が続くとは言い切れず、中山間地で自立して集落を維持するという選択もあるかもしれません。グリーンインフラはその地域の自立を助けるツールにもなると、柔軟に考えるべきだと思います。

——今後のグリーンインフラはどのようにビジネスにつなげることができるでしょうか？

中静 グリーンインフラやEco-DRRは、実は僕は先進国よりも途上国でとても需要があると思っています。途上国には、日本が創り上げてきた高度なインフラ整備の資金はないし、その整備に対応するスピードから考えても間

に合わない。このため、途上国ではグリーンインフラ中心で考えていかざるを得ない場合があると思います。その際、日本がそういう技術を持っているというのはすごい強みだと思います。

島谷 地域で利用されていなかった資源を活用し、食料やエネルギーの自給率を上げれば、内需が拡大し、経済は発展する（実質的に国民に入るお金が増える）と考えております。私は、グリーンインフラが広がることで、自然資源を活用してエネルギーや食料の自給率が上がれば、未利用資源を活用することだから、必ず地域の市場が広がってくると思います。

中村 海外では、グリーンインフラや自然再生を進めると、地域外から人がたくさん来るという話を必ず聞きます。こういった現象は、日本も可能性があると思います。また、貨幣価値のみで考える経済に偏重することもないかと思っています。違う価値を提供するグリーンインフラは経済とは別の尺度で見直すことも大事かと思います。実際、貨幣経済が発展すれば、人々の幸福感が得られるかという時代は、早晩終わっているのではないかという感じがします。

島谷 僕は業態の転換も起こると思うのです。コンサルタントの人たちも、モノの設計から社会システムの設計がテーマになってくるだろうし、グリーンインフラは、状況によっては脆弱性があり、地域の特性により必要となるものは大きく変動します。このため、グリーンインフラをどうコントロールするかは仕事にきっとなっていくだろうし、そういった意味で、今考えられていない仕事が生まれてくると思います。加えて、IoT（モノのインターネット）とグリーンインフラみたいなものは相性がいいと思います。IoT自体が分散型の仕組みなので、こういった分野と組み合わせると新しい社会的な価値がもっと出てくると思います。

——最後に、この本のポイントについて、先生方に一言ずつ御紹介頂けないでしょうか。

中村 本当にすばらしい本だと思いました。最初のグリーンインフラとは何かということも含め、極めてバランスが取れた形で書いてあります。定義に

関する議論も明瞭で書き方も対立軸ではなくて、どうやってグリーンインフラを社会に広めていくかを書いているので、非常によくまとまった本だなと思いました。これは本音です。すばらしいと思いました。

中静 私もやはり対立軸で書かれていない点で、すごくいい本だと思います。具体的で良い事例がたくさん出ています。僕はグリーンインフラという考え方を主流化していくためにも、事例を知らないことには難しいと思っているので、良い事例をたくさん集めて頂いて、良かったと思います。

島谷 グリーンインフラ研究会では、グリーンインフラに関するまとまった本が欲しいという話をしていました。そして、幅広い一般の方に呼んで頂ける本を出版したいとずっと言っていました。今回の本は、自然環境の本ではなくて、社会経済も含めて、新しい時代に向けた日本の国づくりを目指している人、特に若い人たちを中心として、夢を持って頂ける本になっていると思います。

司会 長時間おつき合いいただき、3人の先生方、本当にありがとうございました。今日は、ここまでとさせて頂きたいのですが、また様々な場を設けて、グリーンインフラに関する議論をより具体化していきたいと思います。

執筆者（五十音順）

執筆者のカッコ内は初版執筆時点の所属・肩書き。以下に続く数字は掲載ページ

青木 進（公益財団法人 日本生態系協会 環境政策部長）
▶184-195

厳島 怜（九州大学 持続可能な社会のための決断科学センター 助教）
▶314-323

岩浅 有記（環境省 関東地方環境事務所 国立公園課 自然再生企画官（元国土交通省 国土政策局 総合計画課））
▶20-24、58-69

上野 裕介（東邦大学 理学部 博士研究員（元国土交通省 国土技術政策総合研究所））
▶164-172

上原 三知（信州大学大学院 総合理工学研究科 准教授）
▶283-293

岡田 尚（公益財団法人 日本生態系協会）
▶333-342

加藤 禎久（岡山大学 グローバル人材育成院 准教授）
▶25-42、207-215

神谷 博（法政大学 エコ地域デザイン研究センター 兼任研究員）
▶173-183

河口 洋一（徳島大学大学院 理工学研究部 准教授）
▶304-311

川島 裕（独立行政法人 国際協力機構（JICA）地球環境部 技術審議役）
▶352-363

木田 幸男（東邦レオ 専務取締役）
▶119-131

木下 剛（千葉大学大学院 園芸学研究科 緑地環境学コース 准教授）
▶241-251

栗山 浩一（京都大学大学院 農学研究科 生物資源経済学専攻 教授）
▶343-349

阪井 暖子（東京都 都市整備局 市街地整備部 企画課（元国土交通省 国土交通政策研究所））
▶268-274

清水 裕之（名古屋大学大学院 環境学研究科 教授）
▶254-264

曽根 直幸（国土交通省 都市局 まちづくり推進課 専門調査官）
▶108-118

力石 晴子（三菱UFJリサーチ＆コンサルティング 環境・エネルギー部 研究員）
▶352-363

執筆者（五十音順） 執筆者のカッコ内は初版執筆時点の所属・肩書き。以下に続く数字は掲載ページ

豊田 光世（新潟大学 研究推進機構 朱鷺・自然再生学研究センター 准教授）
▶324-332

中山 直樹（環境省 自然環境局 自然環境計画課 生物多様性施策推進室 室長補佐）
▶58-69

西田 貴明（三菱UFJリサーチ&コンサルティング 経営企画部 グリーンインフラ研究センター 副主任研究員）
▶20-24、25-42、44-69、89-97

西廣 淳（東邦大学 理学部 生命圏環境科学科 准教授）
▶20-24、198-206、304-311

橋本 禅（東京大学大学院 農学生命科学研究科 准教授）
▶275-282

長谷川 啓一（福山コンサルタント 地域・環境マネジメント事業部 課長補佐）
▶164-172

原口 真（インターリスク総研 事業リスクマネジメント部 環境・社会グループ マネジャー・主任研究員）
▶89-97

原田 芳樹（コーネル大学 都市緑化研究所 / OAP（Office of Applied Practices Inc.）代表）
▶230-240

日置 佳之（鳥取大学 農学部 教授）
▶155-163

深澤 圭太（国立研究開発法人 国立環境研究所 主任研究員）
▶333-342

福岡 孝則（神戸大学大学院 工学研究科建築学専攻 持続的住環境創成講座 特命准教授）
▶100-118、216-227

古田 尚也（大正大学 地域構想研究所 教授／IUCN（国際自然保護連合）日本リエゾンオフィス コーディネーター）
▶81-88

松島 肇（北海道大学大学院 農学研究院 講師）
▶294-303

森本 幸裕（京都大学名誉教授・京都学園大学教授）
▶134-143

山田 順之（鹿島建設 環境本部 グリーンインフラグループ グループ長）
▶146-154

吉田 丈人（東京大学大学院 総合文化研究科 准教授）
▶20-24、70-80

コラム執筆者（五十音順）　所属・肩書き・経歴は初版執筆時点。肩書きに続く数字は掲載ページ

一ノ瀬 友博（いちのせ・ともひろ）慶應義塾大学 環境情報学部 教授　▶350-351
東京大学大学院農学生命科学研究科で博士（農学）を取得し、ミュンヘン工科大学や兵庫県立大学を経て、2008年より現職。専門は、景観生態学、緑地計画学、農村計画学。東日本大震災以降は、宮城県気仙沼市において復興支援や調査研究活動を行っており、現在は生態系を基盤とした防災・減災に関わる研究を推進している

内池 智広（うちいけ・ともひろ）大成建設 環境本部 サステナブルソリューション部 課長　▶228-229
東京工業大学大学院卒、2001年大成建設に入社。主に、地域環境・自然環境の解析及び環境を活かした施設計画を実施。大手町の森、品川シーズンテラスなどに関与。CASBEE－街区検討小委員会委員などを歴任。「グリーンインフラが、自然と共存し自然を活かした社会づくりの道標になることを期待している」

浦嶋 裕子（うらしま・ひろこ）三井住友海上火災保険 総務部 地球環境・社会貢献室 課長　▶132-133
MS&ADインシュアランス グループの環境、CSR取組を担当。駿河台緑地や環境コミュニケーションスペース「ECOM駿河台」の利活用、PRに取り組んでいる。千代田区生物多様性推進会議委員会委員。「グリーンインフラによる減災効果の「見える化」が進み、自然の多面的機能が社会により評価されることを期待する」

佐々木 正顕（ささき・まさあき）積水ハウス 環境推進部 部長　▶144-145
関西大学法学部卒業後、1989年積水ハウス入社。1996年から関西経済連合会で主任研究員として都市政策を担当。1999年より環境推進部にて持続可能性を核とした住宅事業、サプライチェーンを巻き込んだ生態系配慮の住宅緑地等を推進。「グリーンインフラは、社会課題解決に向けた住宅のポテンシャル拡大の重要な契機と期待」

佐藤 伸彦（さとう・のぶひこ）公益財団法人 日本生態系協会 生態系研究センター　▶196-197
JHEP認証制度の開発・運用とともに、生態系ネットワークを通じた地域づくりに取り組む。著書に、「サステナブル不動産—マルチステークホルダーの動きから読む」（共著）、「進化する金融機関の環境リスク戦略」（共著）など。「グリーンインフラの形成が、地域の活力につながるような展開を目指し、知恵を絞っていきたい」

竹内 和也（たけうち・かずや）三菱地所 環境・CSR推進部 副長　▶252-253
1969年生まれ。東京都台東区出身。1992年、三菱地所株式会社入社。マンション開発事業、ホテル事業を経て、2009年より環境・CSR推進部、今日に至る。「環境配慮型の社会基盤整備といえるグリーンインフラを従来インフラの補足や代替として用いることで、生物多様性保全や地域の活性化に寄与することを期待している」

中村 太士（なかむら・ふとし）北海道大学大学院 農学研究院 教授　▶312-313
北海道大学農学部卒。1958年生まれ。森と川のつながりなど、生態系間の相互作用を流域の視点から研究。森林学、応用生態工学、地形学、生態学分野で活躍。2009年生態学琵琶湖賞、2011年尾瀬賞、2012年みどりの学術賞受賞。「グリーンインフラが、様々な分野の人を結びつけ、自然豊かな日本の未来につながることを期待している」

三輪 隆（みわ・たかし）竹中工務店 技術研究所 リサーチフェロー　▶265-267
1987年竹中工務店入社以降、緑化や生態系保全技術の研究開発に従事。JBIB持続的土地利用WGとABINC研究部会のリーダーを務める。「グリーンインフラはレジリエンス向上だけでなく、都市の魅力向上や競争力強化に貢献しつつあり、この認識が企業や自治体の行動を変え、都市の土地利用が新たなステージに進むことを願っている」

■ グリーンインフラ研究会

グリーンインフラ研究会は、グリーンインフラに関心を持つ研究者や実務者などから構成される研究会で、グリーンインフラに関する情報収集・発信、普及啓発、政策提案、研究・事業探索などの活動に取り組んでいる。
近年の国際トレンドや国内の社会課題を踏まえて、グリーンインフラの考え方を社会に広め、その具体化を図ることにより、環境・文化の多様性を確保しながら、社会のレジリエンスを高め、一人ひとりが豊かさを実感できる持続可能な社会の実現を目指している。
URL：http://www.greeninfra.net/

■ 三菱UFJリサーチ&コンサルティング株式会社

三菱UFJフィナンシャル・グループのシンクタンク・コンサルティングファーム。東京・名古屋・大阪の3大都市を拠点に、国内外の様々な分野の課題に対応できる多彩な人材を配し、コンサルティング、政策研究、国際関係業務、教育研修、マクロ経済分析など幅広い事業を展開。同社のシンクタンク部門である政策研究事業本部では、国や自治体などのクライアントに対して、高度な専門性と幅広いネットワークを活用しながら、政策立案・実行支援などのソリューションを提供している。
URL：http://www.murc.jp

■ 日経コンストラクション

日経BPが発行する土木と建設のプロのための総合情報誌。1989年創刊。土木の時事問題をはじめ、技術開発や入札制度の動向、受注のノウハウ、資格取得のコツなど、土木・建設に関わる情報を幅広くタイムリーに提供している。雑誌は月2回発行し、発行部数は2万2000部。ウェブでは毎日、情報を発信している。
URL：http://ncr.nikkeibp.co.jp/

グリーンインフラ研究会「決定版!グリーンインフラ」編集委員会

[編集委員]
加藤 禎久（岡山大学）
西田 貴明（三菱UFJリサーチ&コンサルティング）
西廣 淳（東邦大学）
福岡 孝則（神戸大学）
吉田 丈人（東京大学）

[編集協力]
竹谷 多賀子（三菱UFJリサーチ&コンサルティング）
真鍋 政彦（日経BP）　　　　　　　　　　　　　　　（以上、五十音順）

決定版！グリーンインフラ

2017年1月24日　初版第1刷発行
2022年4月4日　初版第4刷発行

編集	グリーンインフラ研究会
	三菱UFJリサーチ&コンサルティング
	日経コンストラクション
編集スタッフ	真鍋 政彦
発行者	戸川 尚樹
発行	日経BP社
発売	日経BPマーケティング
	〒105-8308 東京都港区虎ノ門4-3-12
ブックデザイン・イラスト	Four Rooms
印刷・製本	図書印刷株式会社

ISBN978-4-8222-3522-2
Printed in Japan

本書の無断複写・複製(コピー等)は著作権法上の例外を除き、禁じられています。
購入者以外の第三者による電子データ化および電子書籍化は私的使用を含め一切認められておりません。
本書籍に関するお問い合わせ、ご連絡は下記にて承ります。
https://nkbp.jp/booksQA